碳纳米材料对蚯蚓的
生态毒理学效应

成杰民　徐　坤　著

科学出版社

北京

内 容 简 介

本书主要介绍碳纳米材料的毒理学效应研究进展，碳纳米材料对蚯蚓毒理效应研究方法，碳纳米材料的表面改性、表征及其对重金属的吸附性能；不同形貌碳纳米材料对蚯蚓的生态毒理效应；碳纳米材料表面改性对蚯蚓的生态毒理效应；碳纳米材料用于 Cd 污染土壤修复对蚯蚓的毒理效应，最后探讨了碳纳米材料对蚯蚓的生态毒理效应机理，并指出今后的相关研究方向。

本书可作为环境学、土壤学、生物学等学科研究生学习用书，可供环境、土壤、农业、林业、生物、地学等学科科技工作者、技术管理人员以及大专院校相关专业师生参考。

图书在版编目（CIP）数据

碳纳米材料对蚯蚓的生态毒理学效应 / 成杰民，徐坤著. —北京：科学出版社，2021.9

ISBN 978-7-03-069734-9

Ⅰ. ①碳…　Ⅱ. ①成…　②徐…　Ⅲ. ①碳-纳米材料-作用-蚯蚓-环境毒理学-研究　Ⅳ. ①Q959.193

中国版本图书馆CIP数据核字(2021)第184335号

责任编辑：张　析 / 责任校对：杜子昂
责任印制：吴兆东 / 封面设计：东方人华

科 学 出 版 社 出版
北京东黄城根北街 16 号
邮政编码：100717
http://www.sciencep.com
北京中石油彩色印刷有限责任公司 印刷
科学出版社发行　各地新华书店经销
＊
2021 年 9 月第 一 版　开本：720 × 1000 1/16
2023 年 2 月第二次印刷　印张：13
字数：262 000
定价：108.00 元
（如有印装质量问题，我社负责调换）

"碳纳米材料对蚯蚓的生态毒理学效应"

项目研究成员（按汉语拼音排序）

成杰民　李　通　李欣芮　刘雅心

刘玉真　鲁成秀　吕　艳　孙子涵

王晓凤　徐　坤　于　蕾　于亚琴

前　言

随着《土壤污染防治行动计划》和《土壤污染防治法》的颁布实施，我国土壤污染防治进入了新的时期。针对我国土壤重金属轻微、轻度污染的特点，原位钝化修复技术蓬勃发展。纳米颗粒往往具有大的比表面积，这使得它们作为高活性的吸附剂，被应用于土壤重金属的原位钝化修复研究。纳米羟基磷灰石、纳米零价铁、改性纳米炭黑，以及磁性纳米材料、复合/负载纳米材料、掺杂纳米材料等已成为当前重金属污染耕地土壤钝化修复技术的研究热点，有些研究已进入小试和中试阶段。

纳米颗粒不管是通过污染土壤修复途径有目的引入土壤，还是通过化肥和杀虫剂施用、污泥农用、污水灌溉、大气沉降等无意识进入土壤，都将在土壤中积累。但是，应用于重金属污染土壤修复的纳米材料与通过其他途径进入土壤的纳米材料有显著的不同：①它在土壤中浓度高，一般使用量为 0.15%～2.00%。②它选择性钝化吸附了大量重金属，改变了纳米材料的表面性质。纳米材料，尤其应用于重金属污染土壤修复后，在土壤中长期蓄积令人担忧。"强化土壤污染管控和修复，有效防范风险"要求必须清楚认识进入土壤的纳米材料和将要应用于污染土壤修复的纳米材料的生物毒理效应，这对土壤污染管控至关重要。

目前有关纳米材料在空气、水体中对生物影响的研究已逐步开展。众多研究表明，纳米颗粒与生物体接触或进入机体后的毒作用表现包括抗氧化酶系统变化；细胞膜过磷酸化、磷脂双分子层破坏；脂质过氧化等氧化损伤；细胞失活和细胞生长周期的改变；DNA 损伤以及基因的异常表达。但是纳米材料经土壤对土壤动物毒理效应研究仅有零星报道。蚯蚓是影响土壤形成和有机质分解的重要无脊椎动物，当污染物进入土壤后会与蚯蚓直接接触或进入蚯蚓体内富集，引起一系列生理变化，而且蚯蚓个体大，易解剖观察，因而它被当作土壤污染的指示生物广泛应用于土壤污染评价，并形成了一系列标准方法。随着高精仪器的飞速发展，蚯蚓毒理响应指标体系不断丰富，评价对象也将从最初的重金属、有机污染物延伸到纳米材料等新型污染物。值得注意的是应用于重金属污染土壤修复的纳米材料除了本身的毒性外，重金属还会通过吸附、键合、表面反应等影响纳米材料表面性质、微观结构，产生不同于单一纳米材料或重金属的毒理效应，目前这方面研究鲜有报道。该领域的研究将有助于加深对应用于重金属污染土壤修复的纳米材料的生态风险认识。

作者自 2011 年以来，先后在国家自然科学基金"改性纳米黑碳钝化修复重金属污染土壤的机理及其环境效应研究"（项目编号：41171251）、"重金属污染土壤原位钝化修复的稳定性及其影响机理"（项目编号：41471255）和"土壤修复过程中纳米材料-重金属对蚯蚓的联合毒理效应与分子机理"（项目编号：41877119）的资助下，致力于纳米材料钝化修复重金属污染土壤的研究，取得了重要的原创性研究成果，本书正是以大量实验数据、图、表的形式呈现这些研究成果。

本书共分 9 章。为了更好地把握该领域国内外研究动态及发展趋势，首先在第 1 章综述了国内外碳纳米材料的毒理效应研究进展，第 2 章梳理了碳纳米材料对蚯蚓毒理效应研究方法，第 3 章碳纳米材料的表面改性及其对重金属吸附性能的差异分析以及第 4 章不同碳纳米材料的形貌、表面性质、结晶度和缺陷、含重金属杂质等的差异分析，为第 5 章不同形貌碳纳米材料对蚯蚓的生态毒理效应、第 6 章碳纳米材料表面改性对蚯蚓的生态毒理效应和第 7 章碳纳米材料用于 Cd 污染土壤修复对蚯蚓的毒理效应提供了依据。最后在第 8 章利用大篇幅深入探讨了碳纳米材料对蚯蚓生态毒理效应机理，并在第 9 章对今后的相关研究方向进行了展望。

本书主要内容有三个显著特点：①碳纳米材料的生物毒理效应研究是一较新的研究领域，已有的报道往往聚焦于单一碳纳米材料的生物毒理效应。本书则是从目前碳纳米材料应用于重金属污染土壤修复的实际出发，聚焦于碳纳米材料-重金属相互作用对蚯蚓的毒理效应机制研究。这是碳纳米材料应用于重金属污染土壤修复的生态风险的判断依据。②目前将现代仪器分析技术应用于污染物与材料的微观结合机理、污染物对蚯蚓的毒理效应分子机理研究均有报道，但是很少涉及纳米材料-重金属结合后对蚯蚓毒理效应分子机理研究。本书正是借助现代仪器分析技术，从分子水平探讨不同形貌和不同表面性质碳纳米材料对蚯蚓的毒理效应差异及机理，为纳米材料应用于重金属污染土壤修复提供理论依据。③传统的蚯蚓联合毒性试验多使用土壤培养，在复杂的实验设计情况下，土壤中的培养过程影响因素多、耗时耗力。本书首次利用蚯蚓体腔细胞研究重金属和纳米材料的联合毒理效应，该方法具有省时简便的优点，并利用析因分析、联合作用指数和 MIXTOX 模型分析了改性纳米炭黑和 Cd 的联合作用类型，为土壤新型污染物在细胞水平上的联合毒性研究提供了有价值的参考。另外，本书列出了近年国内外在该领域的主要参考文献近 400 篇，有助于读者查阅并加深对书中研究内容的理解。

如果本书对环境、土壤、农业、林业、生物、地学等有关科技工作者、技术管理人员以及大专院校相关专业师生有所帮助，作者将感到莫大的欣慰。由于碳纳米材料的生物毒理效应研究是一较新的研究领域，加上作者水平有限，虽几经易稿，书中难免还有疏漏之处，敬请读者批评指正。

成杰民

2021 年 4 月

目　　录

英文缩略语词表

缩略语	英文全称	中文名
AgNPs	silver nanoparticles	银纳米颗粒
CA	concentration addition	浓度相加(模型)
CAT	catalase	过氧化氢酶
CB	carbon black	炭黑
CNFs	carbon nanofibers	碳纳米纤维
CNs	carbon-based nanomaterials	碳纳米材料
CNTs	carbon nanotubes	碳纳米管
DL	dose level-dependent deviation	剂量水平-依赖背离
DLS	dynamic light scattering	动态光散射
DNA	deoxyribonucleic acid	脱氧核糖核酸
DOPC	dioleoyl phosphatidylcholine	二油酰基磷脂酰胆碱
DOPG	dioleoyl phosphatidylglycerole	二油酰基磷脂酰甘油
DGPC	differential gel permeation chromatography	差减凝胶渗透色谱
DR	dose ratio-dependent deviation	剂量比率-依赖背离
DWCNTs	double-walled carbon nanotubes	双壁碳纳米管
EDS	energy disperse spectroscopy	能谱仪
FTIR	Fourier transform infrared spectroscopy	傅里叶变换红外光谱
GO	graphite oxide	氧化石墨烯
GSH	glutathione	谷胱甘肽
GSSG	oxidized glutathione	氧化型谷胱甘肽
GUVs	giant unilamellar vesicles	巨型单层囊泡
GUV$^+$	giant unilamellar vesicles with positively charge	带正电荷巨型单层囊泡
GUV$^-$	giant unilamellar vesicles with negative charge	带负电荷巨型单层囊泡

续表

缩略语	英文全称	中文名
IA	independent action	独立作用(模型)
LDH	lactic dehydrogenase	乳酸脱氢酶
MCB	modified carbon black	改性炭黑
MDA	Malonaldehyde	丙二醛
MWCNTs	multi-walled carbon nanotubes	多壁碳纳米管
NMs	nano materials	纳米材料
OTM	Olive tail moment	Olive 尾矩
OTU	operational taxonomic unit	操作分类单位
PCR	polymerase chain reaction	聚合酶链式反应
RAFT	reversible addition-fragmentation chain transfer polymerization	可逆加成-断裂链转移聚合
ROS	reactive oxygen species	活性氧
RGO	reduced graphene oxide	还原氧化石墨烯
S/A	synergism-antagonism deviation	协同/拮抗背离
SEM	scanning electron microscope	扫描电子显微镜
SOD	superoxide dismutase	超氧化物歧化
SSA	specific surface area	比表面积
SWCNT/SWNT	single-walled carbon nanotube	单壁碳纳米管
TEM	transmission electron microscopy	透射电子显微镜
UPLC-MS	ultra-high-performance liquid chromatography-mass spectrometry	超高效液相色谱-质谱联用仪
XPS	X-ray photoelectron spectroscopy	X 射线光电子能谱
XRD	X-ray diffraction	X 射线衍射
XRF	X-ray fluorescence spectroscopy	X 射线荧光光谱

第1章 绪　论

1.1　纳米材料及其对土壤生物的毒理效应

1.1.1　纳米材料定义

纳米材料简单定义是指颗粒三维粒径中，至少有一维尺寸在纳米尺度（1～100 nm）的材料。ISO 定义纳米物体为一维、二维或三维外部维度处于纳米尺度的物体[1]。*Science* 文章中广被接受的纳米材料定义为：任何有机的、无机的或混合的（有机金属）材料，由于其超微小的尺寸，通常在纳米尺度区域（从 1 纳米、几纳米到几十纳米），而呈现出独特的化学、物理和/或电学特性[2]。纳米材料的定义仍是科学和政策中广泛讨论的话题，但一致认同尺寸小，表面积大，反应活性强于块体材料是纳米材料应满足的要求。根据来源的不同，纳米材料又可分为自然纳米材料、工程纳米材料、偶然纳米材料，其中工程纳米材料和偶然纳米材料合称为人为纳米材料[2]。

1.1.2　土壤中纳米材料的毒理效应

纳米毒理学是从与工作场所和一般环境以及消费者安全相关的成熟科学——颗粒毒理学发展而来的一个新领域[3,4]，是研究负面纳米生物效应的科学[5]。目前，更多的研究关注于大气中的纳米颗粒通过呼吸途径造成的肺毒性，但对于纳米颗粒在土壤中生物毒性研究仍处于起步阶段。纳米材料对土壤生物的影响主要包括对土壤微生物和酶活性、土壤植物、土壤动物的影响几个方面。

（1）纳米材料对土壤酶活性的影响

土壤酶主要位于土壤微生物、植物根系分泌物、动植物残体中，包括只能在细胞内发挥作用的与代谢中心相关的细胞内酶（例如糖酵解酶）和可以泌出胞外保持活性的细胞外酶[6]。土壤酶是土壤微生物学和生物化学的主要研究议题，也是评估土壤质量和土壤健康的重要指标。几种用于反映金属氧化物纳米材料影响的重要酶是氧化还原酶（如过氧化氢酶）、水解酶（如脲酶）和转化酶（如蔗糖酶）。研究指出，Zn 和 ZnO 纳米颗粒会降低土壤中的脱氢酶、磷酸酶和 β-葡糖苷酶活性，然而纳米 Zn 和 ZnO 对脱氢酶活性的抑制效应小于 Zn^{2+}[7]，并且 ZnO 纳米颗粒也会显著抑制土壤蛋白酶、过氧化氢酶和过氧化物酶的活性[8]这些研究都认为离子释放是金属基纳米颗粒产生毒性的原因。但是对纳米银（AgNPs）的研究发现，AgNPs 可以在受试浓度内（1 μg/g、10 μg/g、100 μg/g 和 1000 μg/g）对土壤外酶活性产生负影响，并且由于几乎没有 Ag^+ 溶解，因此抑制作用可推断是由 AgNPs 本身引起的[9]。另一项研究未发现 3.2～320 μg/kg AgNPs 对荧光发光酶的处理效应[10]。Asadishad 等在农田土壤中添加 1～100 mg/kg 工程纳米颗粒并对土壤 5 种胞外营养循环酶进行了测定，发现纳米 ZnO 和 CuO 对酶活性无影响或正影响，TiO_2 则倾向于无影响或负影响，而 AgNPs 在 100 mg/kg 水平抑制了酶活性[11]。由此可见，纳米材料的剂量和种类、酶的种类都是影响正向和负向反馈结果的因素。因此更全面的生物学信息将有助于纳米科技在农业中的可持续应用。

(2) 纳米材料对土壤植物的影响

纳米材料对植物既存在有益的影响，也存在有害的影响。有研究表明碳纳米管可以穿透种皮提供水分运输通道，促进种子的萌发[12-14]。Servin 等综述了工程纳米材料（金属、金属氧化物、碳等）在减轻植物病虫害、提供微量元素、提高作物产量方面的功效[15]。鉴于以上优点，纳米农业应运而生。但同时也有相当的研究和综述文章关注纳米材料潜在的植物毒性。目前，研究中纳米材料的植物毒性主要从植物生理（例如减少的生物量、根长、发芽率和植物蒸腾作用等）、细胞积累和细胞毒性、亚细胞转运和分子水平[例如活性氧（ROS）诱导和 DNA 损伤]等方面考虑[16]。研究表明 AgNPs 以线性剂量反应关系抑制幼苗的根伸长。AgNPs 的银离子释放不能完全解释这种植物毒性作用[17]。有趣的是，暴露于 AgNPs 悬浮液的拟南芥中的银含量比 $AgNO_3$ 高，并且在用 AgNPs 取代 Ag^+ 处理时观察到所谓的"褐色根尖"现象，表明 AgNPs 可以被植物吸收，而 AgNPs 及其团聚物的大小（20 nm、40 nm、80 nm）要比植物细胞壁的最大孔径还大[17]，这表明可能存在一种特殊的摄取机制，即可能被胞间连丝（50 nm）捕获或细胞壁灵活地改变孔大小摄取颗粒到共质体[17]。Peng 等使用微区 X 射线荧光（μ-XRF）和微区 X 射线吸收近边结构（μ-XANES）分析表明，CuO 纳米颗粒可横向穿过根表皮、外皮和皮质，最终到达内皮层。但无法轻易通过凯氏带[18]。Zhang 等利用 STXM 和 XANES 技术发现纳米 CeO_2 在黄瓜根部为 CeO_2 和 $CePO_4$ 形态，而转移到地上部为 CeO_2 和羧酸 Ce 形态，还原性物质如抗坏血酸在转化中发挥了重要作用[19]。本实验室最近在添加 4%改性纳米炭黑土壤培养的印度芥菜根细胞中发现了黑色纳米颗粒[20]。纳米材料和陆生植物相互作用机理已被 Gardea-Torresdey 和 Rico 团队很好地总结[21-23]，不再赘述。目前学界一致认为积累在植物细胞中的纳米材料的潜在毒性尚不确定，因此在纳米农业应用时应保持谨慎并加强监管。

土壤中，黏土矿物和有机质可能是主导因素。大分子有机质可能通过绑定纳米材料减小其移动性，而小分子溶解性有机质可能会通过空间位阻、静电斥力增大纳米材料的稳定性和迁移能力。土壤颗粒会降低纳米 TiO_2 在水相中的悬浮稳定[62]。有研究基于 DLVO 理论的计算显示不同体系间存在的能量势垒差别造成了纳米 ZnO 在介质中截留程度的不同[78]。纳米 ZnO 在沙壤土中的截留率可达 99%，而在沙质土中仅有 68%，电子探针图显示，纳米 Zn/ZnO 与硅铝矿物结合。土壤类型和理化参数的差异会影响纳米材料的生物效应[79]。例如纳米 ZnO 与 CeO_2 在水稻土中会对蚯蚓产生毒性效应，诱导抗氧化系统产生显著性差异，引起丙二醛和蛋白质羰基含量的增加，而在红壤中对蚯蚓的毒性效果较小[80]。另外，纳米材料在环境中的氧化、硫化、氯化及再转化，都会改变纳米材料的存在形态而影响其生物效应[81-84]，如低 Eh、低 pH、高 S^{2-} 环境中 AgNPs 会转化为生物有效性低的纳米硫化银。研究纳米材料在土壤中的转化、迁移、分配等行为是解开纳米材料土壤生物效应问题的一把钥匙。

纵观国内外纳米材料在各类环境受体中对生物的影响研究发现：①大多数研究聚焦于单一纳米材料的生物效应研究，不同纳米材料对生物的影响机理不尽相同。②在土壤中，影响纳米材料行为和生物效应的因素更为复杂，生物风险评价的不确定性增加。③土壤化学组分多样，纳米材料与土壤组分、重金属相互作用对纳米材料生物效应的影响需要证明。④目前的研究多在实验室采用试管或人工土壤短期的暴露方法，而缺乏在实际土壤中长期暴露的影响研究。这些是弄清纳米材料，尤其是应用于重金属污染土壤修复的纳米材料的生态风险，必须解决的关键科学问题。

1.3 碳纳米材料及其毒理效应

碳纳米材料/碳基纳米材料(carbon-based nanomaterials，CNs)是应用较为广泛的纳米材料。碳纳米材料的种类多样，有三个维度均在纳米尺度的零维材料，如球形炭黑(CB)、富勒烯(C_{60})；两个维度在纳米尺度的一维材料，如碳纳米管(CNTs)、碳纤维(CNFs)；一个维度在纳米尺度的二维材料如石墨烯(graphene)[1]。

1.3.1 碳纳米材料种类

(1)纳米炭黑

纳米炭黑(nano-carbon black，CB)是尺度在纳米级的工业形式的烟灰，主要用于橡胶化合物的填料，如用于汽车轮胎制造等[85-88]。2015 年我国 CB 产量超过500 万吨，占世界总产量的 41%，居世界首位[89]。CB 的粒径通常在纳米范围内，平均值为 20～300 nm[85]。CB 与黑碳(BC)的主要区别是 CB 主要强调工业和商业来源和用途。自然界中的 BC 是由化石燃料或植物不完全燃烧产生的燃烧连续体,从焦炭(char)、木炭(charcoal)到石墨(graphite)再到气相过程凝结产生的烟灰(soot)都可称为 BC[90]。可见,BC 涵盖的内容更为广泛。BC 中粒径较小的纳米颗粒与工业 CB 本质是相同的,但其多是自然来源。BC 在土壤和沉降物中普遍存在,不同国家和地区、不同类型 BC 分布各异。早期研究统计了相关 300 篇文献后发现世界各地沉积物中 BC 约占总有机碳的 9%(四分位数范围为 5%～18%);对于 90 种土壤,BC:TOC 文献值的中位数为 4%(四分位数范围为 2%～13%);在受火灾影响的土壤中,BC 的含量甚至达到总有机碳的 30%～45%[91]。而对于土壤中 CB 的含量暂未找到权威的报道。

(2)碳纳米管

碳纳米管(carbon nanotubes,CNTs)是由单层或多层石墨薄片按一定角度卷曲而成的直径在纳米尺度的同心圆柱结构[92,93]。1991 年 Iijima 发现了第一根碳纳米管而引起广泛关注并得以发展[94]。根据卷曲的石墨烯层数/同心圆柱的个数不同,CNTs 可分为单壁碳纳米管(SWCNT)、双壁碳纳米管(DWCNTs)和多壁碳纳米管(MWCNTs)[93]。CNTs 的生产方法有电弧法、激光刻蚀法,以及最广泛应用的化学气相沉积法[92]。CNTs 既具有韧性又具有足够的硬度,由于特殊的碳排列结构又具有与金属和半导体相似的电化学特性,已被应用于电子扫描探针、场发射源、液晶屏、导电薄膜、传热材料、可穿戴设备、储能材料等工业、农业、军事领域[92]。

(3)石墨烯

石墨烯(graphene)严格意义上是指单层石墨烯(1LG),即由一个碳原子与周围三个碳原子结合形成蜂窝状结构的碳原子单层[95],石墨烯的横向尺寸可以从纳米至宏观尺寸。2004 年,单层石墨烯被诺贝尔奖得主 Konstantin Novoselov 和 Andre Geim 通过微机械剥离法获取[96]。石墨烯的制备方法有机械剥离法、氧化还原法、化学气相沉积法等[97,98]。通过氧化还原法,将石墨氧化、膨胀/剥离制得氧化石墨烯(GO),GO 中碳原子与氧官能团共价结合,如羟基、环氧和含 sp³ 杂化基团的羧基,这些极性基团在石墨烯平面上下移动[99]。继续用化学方法将氧化石墨烯通过热、化学或电处理还原制得的石墨烯样片又被称为还原氧化石墨烯(RGO)[99]。石墨烯层(2～10)堆垛形成碳薄膜,广义上也称为石墨烯,或少层/多层石墨烯。当石墨烯层的数量小于等于 10 时是二维材料,厚度大于 10 层时则为体材料,即石墨[95]。石墨烯这种宇宙中最神奇的材料囊括了众多最高级的称号——最薄、最强的物质,可以承受比铜高 6 个数量级的电流密度,创纪录的导热性和刚度等[100]。经过十几年的发展,石墨烯的制备更加高效,生产规模不断扩大。石墨烯的应用已覆盖各行各业，研究文章数量直线上升。

由上可见，不同类型的碳纳米材料已在各行各业发光发热，除此之外，它们也已渗透到日常生活的各个角落。根据美国伍德罗·威尔逊国际学者中心和新兴纳米技术项目制定的纳米消费品库存(图 1-2)[101]，在 1814 中纳米消费品中，碳纳米材料数量仅次于金属纳米材料。而含炭黑消费品在碳质纳米材料中居首。随着生产利用规模不断庞大，碳纳米材料对于生态系统特别是人体健康的安全问题也日益凸显。研究它们的生态毒理效应和机理，对于公众健康、市场监督、政策监管都至关重要。

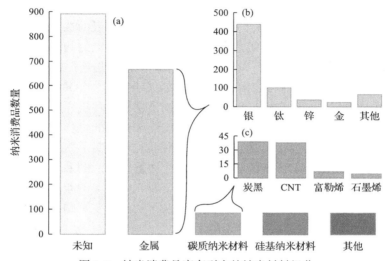

图 1-2　纳米消费品库存列出的纳米材料组分

分为五大类：未知、金属(包括金属和金属氧化物)、碳质纳米材料(炭黑、CNT、富勒烯、石墨烯)、硅基纳米材料(硅和二氧化硅)和其他(有机物、聚合物、陶瓷等)；引自参考文献[6]

1.3.2　碳纳米材料对蚯蚓的毒理效应

纳米材料的出现深刻而长远地影响着人类发展的进程。合理的使用纳米材料可以为人类带来诸多正面和积极的影响。例如，纳米材料已广泛应用于电子设备、药物载体、纳米机器人等前沿新型领域，在改善人类衣、食、住、行及健康等方面发挥巨大功效。然而，不合理的使用、意外的泄漏，以及无防护的暴露等将打开纳米材料潘多拉魔盒的另一面，对生态安全、职业卫生、人类健康造成威胁。纳米毒理学是一门新兴学科，纳米材料在大气、水体环境中的迁移、转化、富集以及毒理学效应已经得到较为全面的认识。纳米材料的毒理学效应及病理生理学后果主要包括：由活性氧产生导致的氧化应激、蛋白质和膜损伤；由氧化应激引发的Ⅱ相酶诱导、炎症和线粒体扰动；由线粒体扰动导致的能量衰竭和凋亡；由炎症导致的组织炎性细胞浸润、纤维化、肉芽肿；由 DNA 损伤导致的三致效应等[102]。

　　氧化应激是同行认可度最高的机理模式。氧化应激包括三个阶段：第一阶段是抗氧化途径，此时的应激水平较低，主要表现为通过 Nrf-2 通路发生的 II 相酶的诱导；第二阶段是炎症阶段，主要表现为通过 MAPK 激酶信号通路导致的细胞因子和趋化因子的释放；第三阶段是细胞毒性阶段，此时氧化应激水平已达到顶峰，通过线粒体 PT 孔通路发生细胞凋亡[102,103]。

　　纳米材料的性质是影响其毒理效应的决定性因素。形状可以显著影响纳米材料直接接触产生的生物损伤。研究表明 MWCNTs 和 SWCNT 大于直径较大的碳纤维（CF）、碳纳米纤维（CNF）[104]。AgNPs 对多花黑麦草的毒根毛毒性：球形＞立方体＞线形[105]。表面性质也会显著影响材料的毒性，表面性质会显著影响纳米颗粒与蛋白和脂质受体的结合能力。有研究表明，带正电的纳米颗粒显著破坏带负电的质膜，而带负电的颗粒可以与细胞膜局部带正电的离子域（如 NH_2^+）相互作用[106,107]。改性后的纳米材料表面官能团（例如 C＝O，—COOH，—OH）可显著影响纳米材料本身的氧化和抗氧化活性[108]。纳米颗粒与环境介质的相互作用显著地影响纳米材料的迁移转化和归趋，进而影响纳米材料的生物有效性。纳米材料与环境中共存污染物的吸附、键合、分配等不可逆地改变了彼此的生物毒性。

　　纳米材料对土壤动物影响的研究较少。土壤是个复杂的系统，影响纳米材料毒性的因素众多[109]。不同土壤 pH、黏粒、金属氧化物等的差异影响了土壤对纳米材料的静电引力吸附和纳米材料的团聚程度，从而改变了纳米材料在土壤中的滞留和移动性，影响纳米材料的生物毒性。

1.3.3　碳纳米材料与重金属的联合毒性

　　毒物的联合作用形式包括相加作用、独立作用，以及拮抗作用和协同作用等[110,111]。目前联合毒性研究方法有析因分析（两因素方差分析）、等效曲线法[112]、毒性单位法（TU）[113,114]，以及浓度加和模型（CA）和独立作用模型（IA）等[110,111,115]。随着毒物种类和组合方式多样性的增加，又发展出了两阶段预测模型、定量构效关系模型等[116]。MIXTOX 模型是一种依赖模型，可以进行 2 种或多种毒物的预测，并可以进行显著性分析[117]。

　　目前，纳米材料之间、纳米材料和传统污染物之间的联合毒性研究已经很丰富。例如，Deng 等对纳米材料与常规污染物之间相互作用及环境溶解性有机质的关系方面的研究做了非常细致的综述[112]。但是，当前大部分的研究集中在水体环境中，在土壤环境中的相关研究还比较匮乏。另外，从化学组成角度，有关金属及其氧化物纳米颗粒与碳纳米材料（CNs）和有机物之间的研究十分热门，而对于碳纳米材料与重金属相互作用对生物影响的报道较少。由于重金属的毒性一般大于 CNs，近期有关 CNs 与重金属联合作用的研究，多考虑 CNs 对重金属的影响。

比较后发现大部分研究中 CNs 会增强重金属的毒性(需要注意的是增强不一定是协同作用,拮抗作用也可能毒性增加)。这些研究的共同点是 CNs 或多或少都会吸附重金属,且 CNs 可以被生物摄取、吸收。少数研究发现 CNs 和重金属的抑制作用,而 CNs 不能被摄取是产生抑制/拮抗的前提条件或原因。

1.4　改性纳米炭黑及其毒理效应

1.4.1　纳米炭黑

炭黑(carbon black,CB)是化石燃料或者生物体中的挥发分在高温热解或者不完全燃烧情形下形成的一种气态过程产物。它主要由碳元素组成,含量达 80%以上(表 1-2),除碳元素外,还包括氢、氧、氮和硫等元素。研究表明经过高温燃烧后的炭黑,具有芳香化合物的结构特性,有羧基、酚羟基、羰基等含氧功能团[118,119],且具有较小的粒径和较大的比表面积,是一种化学性质相对稳定并普遍存在的碳化合物[118]。该种纳米材料被美国环境保护署认定为 PM$_{2.5}$(空气动力学当量直径<2.5 μm)的主要成分,通常情形下炭黑的原子质量为 10^6 amu,颗粒直径 30～50 nm,密度为 1.8～2.0 g/cm^3,采用经验化学式 C$_8$H 表示。

虽然很多研究者都应用炭黑这个概念,但迄今为止,炭黑还没有一个确切的、被大多数研究者所接受的概念。在英文文献中,炭黑与木炭[120]、火成碳[121]、焦化碳[122]、元素态碳[123]、烟灰[124]等的含义是一致的。但不同研究领域的学者对炭黑又有不同的叫法,目前的描述主要有木炭(charcoal)、石墨碳(graphitic carbon)、焦炭(char)、烟灰(soot)、热解碳(polymeric carbon)、元素碳(elemental carbon)、生物质碳(biochar)、游离碳(free carbon)、炭黑(carbon black)、黑碳(black carbon)等,炭黑和黑碳是当前研究中使用最广泛的概念。

表 1-2　炭黑的理化性质

比表面积/(m^2/g)	直径/nm	密度/(g/m^3)	元素组成		
			C/%	H/%	O/%
89±2	30～35	1.8～2.0	87～92.5	1.2～1.6	6.0～11

1.4.2　纳米炭黑的改性方法

炭黑具有较强的吸附能力,因此可以作为吸附或钝化剂用在环境污染治理中,但其粒径和比表面积大小、元素含量、表面官能团种类和数量、表面电负性、pH 值等物理和化学性质对其应用的可行性和应用范围有着重要的影响。研究表明,炭黑是疏水性的非极性吸附剂[125,126],在水溶液中不易分散,影响了炭黑从水溶液中吸附极性污染物的应用。炭黑具有稠环芳烃结构,稠环周边结合有酚羟基、羧基和内酯基等官能团(图 1-3)，如果对炭黑进行氧化，稠环周边的官能团首先发生氧化反应，氧化处理后可增加稠环周边官能团的种类和数量，改变了炭黑表面性质，增加了炭黑的亲水性[127]。

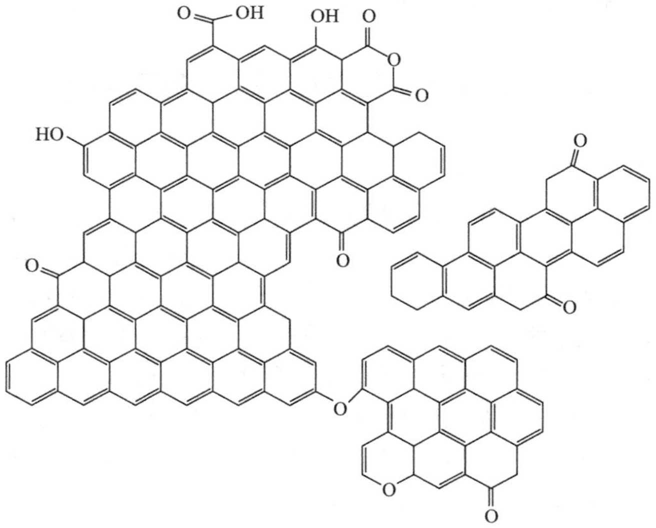

图 1-3　炭黑的结构示意图

　　炭黑作为一种非极性疏水吸附剂，对重金属的吸附亲和性较弱，而对非极性有机物展现出较强的亲和力。根据文献[128]～[130]记载，为显著增强炭黑对 Pb^{2+}、Cr^{2+}、Cu^{2+} 等较强极性重金属离子的吸附，可通过氧化改性的途径调节表面酸性基团含量。传统的炭黑氧化改性方法包括气相法，气相法的氧化剂包括氧气加氮氧化物、氧气、二氧化碳和臭氧等。Sosa 等分别在 400℃和 600℃下用氧气氧化改性炭黑 N326，改性后炭黑不仅 BET 比表面积扩大，而且炭黑表面的氧含量与酸性提升，即 pH 减小、含氧基团增多、亲水性增强、分散性提高。盛恩宏等[131]为在炭黑上引入羧基，采用氧气、臭氧氧化炭黑，此种方法增加了比表面积，扩大了含氧官能团在炭黑表面的数量，加大重金属离子的吸附量，但炭黑吸附的金属氧化物不能被溶解，一定程度上制约了其吸附效果。目前，炭黑改性方法主要有液相法、气相法和等离子体法，而液相法是最常用的方法。

（1）液相法

　　液相法也称化学氧化法，其过程工艺为氧化剂在液相环境中与炭黑反应，通过氧化炭黑表面稠环芳烃周边结合的酚羟基、羧基和内酯基，增加稠环周边官能团种类和数量的改性方法。该法是工业上和目前研究中常用的炭黑改性方法，其相关文献报道较多[132-135]，所用的氧化剂多是硝酸、高氯酸、次氯酸等和氧化性溶液，如过氧化氢溶液、饱和过硫酸铵溶液、异氰酸盐溶液和高锰酸钾溶液[136,137]等。

无论何种氧化剂氧化，氧化反应的机理近乎一致，即在炭黑表面引入特殊的活性官能团，增强炭黑表面官能团的数量和丰富度，氧化机理如图 1-4 所示。

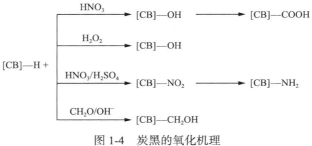

图 1-4 炭黑的氧化机理

研究表明，经氧化改性后的炭黑表面含氧基团含量明显增大，但不同种类氧化剂和同种类氧化剂不同浓度液相氧化后，改性炭黑各元素含量和表面含氧基团含量发生了不同的变化，如表 1-3[138,139]所示。赵建义等[140]用硝酸、过氧化氢、过氧乙酸等氧化两种炭黑，用光电子能谱仪(XPS)分析表面官能团和元素组成得出，改性后炭黑的氧元素含量增加，且表面羧基和羟基含量增加，改性炭黑的极性增强，与水的亲和力增加[140,141]。杨明平等[142]研究表明，用硝酸(1:1)氧化改性后的炭黑，表面引入了大量的含氧基团，如—COOH，—OH 等，且对 Cr(Ⅵ)的去除率高达 97.5%。Prabakaran 等[135]用 H_2SO_4 改性的炭黑对 Ni 的吸附能力很强；Choma 等[143]用质量分数分别为 0.3 和 0.65 的过氧化氢溶液、高氯酸和硝酸改性 SAPEX 炭黑，改性后，炭黑的比表面积有了不同程度的提高。Radenovic 等[144]用乙酸改性炭黑，改性后炭黑对水溶液中 Ni 吸附量明显增大。用酸溶解的液相法，经一系列研究表明其具有以下四方面优点：①被吸附于炭黑表面的金属氧化物能较好被溶解，进而减少了竞争吸附点位。②炭黑表面引入—COOH，—OH 等大量含氧官能团(图 1-5)[145]，在水中的分散性得以增强。③炭黑表面显现负电[146]，有利于通过静电力吸附带正电的重金属阳离子。④炭黑增大的比表面积使得吸附量明显增多。

表 1-3 炭黑氧化后元素和含氧基团的含量

处理	元素组成/%				表面含氧基团/%			总计
	碳	氧	氢	氮	羧基	酚羟基及醚	醌基	
未氧化	97.40	1.02	0.15	0.08	0	1.10	0	1.10
硝酸氧化	96.00	1.67	0.12	0.21	0.33	2.00	0.07	2.40
过硫酸铵氧化	95.38	2.10	0.13	0.28	1.38	4.12	0	5.50
过氧化氢氧化	97.08	1.64	0.17	0	1.45	1.45	0	2.90

注：几种氧化剂的组成分别为硝酸质量分数为 0.69；过硫酸铵的浓度为 1 mol/L；过氧化氢质量分数为 0.3，数据来源于文献[139]。

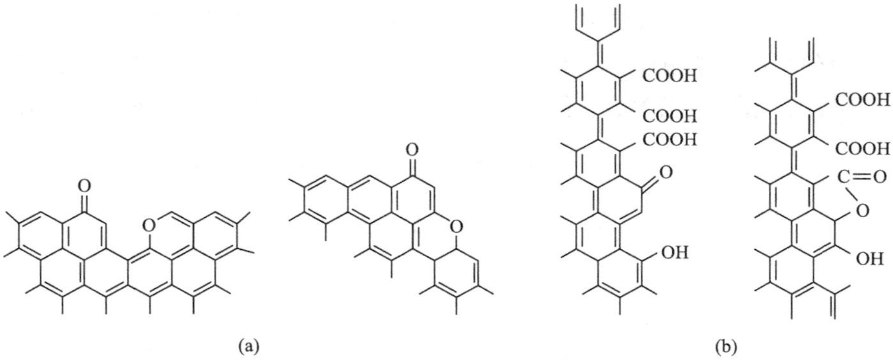

(a)　　　　　　　　　　　　　　(b)

图 1-5　炭黑表面的主要官能团

（2）气相法

气相法是一种比较传统的炭黑氧化改性方法[147,148]，其工艺过程为在炭黑制备后期通入氧化性气体，如氧气、二氧化氮、硝酸气体或臭氧等氧化炭黑，氧化后可改变炭黑的分散性和流变性，也可以使其表面的羟基、羧基、羰基(醌基)等官能团增加[149,150]，Bradley 等[151]用臭氧气体氧化炭黑，提高了炭黑的表面活性和含氧量，氧化后炭黑氧元素的组成由 0.9%增加到 6.7%。Jeguirim 等[149]用氧气和 NO₂混合气体氧化炭黑，结果表明，氧化后炭黑表面含氧官能团数量增加。气相法是在炭黑制备过程中常用的一种方法，通常增加其分散性和流变性，增加了其作为化工原料的应用范围，但这种氧化方法在改变炭黑表面的亲水性和吸附性能方面改进较少，因此在作为吸附材料或者钝化材料的改性方面应用较少。

（3）等离子体法

等离子体法是一种物理的方法[152]，等离子体法的氧化剂主要为氧气等离子体，其过程工艺为：往原料装置中通入等离子体，在高温的瞬间条件下，经过初期反应、成核作用、离子聚集、聚集体表面增长、氧化作用等过程而完成。等离子体氧化一般只发生在炭黑的表面，且这种氧化过程可以在除氧化氛围下的还原、惰性等条件下进行，改性成本较低，等离子体氧化炭黑主要是改变它的基本结构、聚集体形态参数、流变性和导电性能[153]，主要在橡胶补强、着色、充当导电介质等应用中，在环境污染治理方面用得较少。

1.4.3　改性纳米炭黑对重金属的吸附性能

较强的表面吸附能力与较大的比表面积是炭黑的两个特征，其表面的官能团可以分为碱性和酸性基团，其中非极性物质和极性较弱者易于被碱性官能团吸附，而酸性官能团则有利于吸附各种极性较强的化合物[154]。Rhodes 等[155]在土壤中按

0、0.1%、0.5%、5%比例加入炭黑，研究其对土壤中菲的吸附与对羟丙基-β-环糊精（hydroxypropyl-β-cyclodextrin，HPCD）提取和生物有效性的影响，数据显示，菲能被炭黑有效吸附，从而降低四种土壤中菲含量，并且 HPCD 提取与生物有效性都与土壤中炭黑的加入量显著相关。除此之外，炭黑对非极性有机污染物如多环芳烃[156]、多氯联苯[157]、除草剂[158]、农药敌草隆[159]等均有较强的亲和力。李光林等[160]则发现虽然 Pb^{2+}能在一定程度上被炭黑吸附，但较之腐殖酸与黏土矿物，炭黑的最大吸附量远小于前两者。

炭黑对极性重金属的吸附性能可以通过氧化改性强化。贺璐等[161]用不同材料改性炭黑，改性后炭黑用于垃圾堆肥产品中重金属治理，结果显示，重金属的碳酸盐结合态和可交换态的占比可通过改性炭黑明显降低，对于 Cr、Pb 的吸附，$KMnO_4$改性效果最佳，HNO_3效果次之。王汉卫等[162]借助硝酸改性炭黑，改性后通过红外光谱表征发现炭黑表面不仅 O—H 与 C=C 基团增多，而且引入了新的官能团（O=C—OH、C—O、CNO），按 1%、3%和 5%的比例投加改性炭黑的土壤中，有效态 Cu 含量分别降低了 47.3%、72.0%和 80.9%，有效态 Zn 含量分别降低了 3.0%、17.7%和 43.6%。Radenovic 等[144]用有机酸 CH_3COOH 改性炭黑，改性后炭黑对水溶液中 Ni（Ⅱ）的吸附可用 Freundlich 和 Langmuir 吸附等温方程拟合，最大吸附量近似于未改性炭黑的 5 倍，达 86.96 mg/g。Prabakaran 等[135]用 H_2SO_4改性炭黑，用改性后材料处理含 Ni^{2+}废水，借助热力学、吸附动力学实验探索吸附机理，并分析影响改性炭黑对 Ni^{2+}吸附的因素，最终得出改性炭黑是经济、高效钝化材料的结论。

纳米炭黑来源广泛，且在土壤中普遍存在，并具有强吸附能力，且氧化改性后增强了对极性物质的吸附能力。与目前所研究的金属及其氧化物纳米材料相比，纳米炭黑应用于钝化修复重金属土壤污染是一种环境友好、兼容性好、应用可行性大的纳米材料。

1.4.4　改性纳米炭黑的土壤环境行为

在工业领域中炭黑的用途广泛，主要作为橡胶的补强剂和填料，来源通常是严苛条件下烃类的气相热解或者不完全燃烧形成[163]。

通过多种途径进入土壤的炭黑，在土壤的多孔介质中可能发生迁移转化行为（图 1-6）。目前，已有零星报道碳纳米材料穿透土层进入或污染地下水的潜力，且多集中于实验室模拟试验[164]，Lecoanet 等[165]对碳纳米材料在多孔介质中的迁移状况进行了研究，发现水溶性的羟基富勒烯单壁碳纳米管可以在多孔介质中进行迁移，且比胶态 C_{60}聚集体的迁移能力强，但在较高流速的流体中，C_{60}聚集体迁移能力较强，当流体速度设计为典型地下流 0.38 m/d 时，其在多孔介质中的迁移能力变弱[166]。研究表明纳米材料在土壤孔隙中的迁移扩散能力与纳米材料本身性质和土壤性质有关,如纳米材料的颗粒大小[167]、表面所带电负性及材料的亲水性、土壤质地、土壤 pH、土壤有机碳含量[168]等;纳米材料在砂土中的穿透能力大于在壤土和黏土中的穿透能力,且随土壤中可溶性有机碳含量增加,纳米材料在土壤中的穿透能力增加[169]。胶态 C_{60} 聚集体在多孔介质中的迁移以及沉降性能受土壤电解质的组成和浓度、胶态 C_{60} 的制备方法等条件影响[170]。Masiello 等[171]发现经过大气沉降和水流输送进入全球小型河流的炭黑总量不亚于大型河流,但这些炭黑来自于古老岩石和土壤的侵蚀,并非化石燃料燃烧的炭黑,也有研究表明,在瑞士 Witzwil 泥炭沼泽土壤,由于其孔隙度较高,土壤中炭黑可在垂直方向上进行迁移,迁移速度为 0.63~1.16 cm/a[172]。碳纳米材料在土壤孔隙环境中的迁移扩散能力与材料的颗粒大小、表面电荷及亲水性等有关[167,168],Fang 等[169]研究表明,碳纳米材料在砂土中的穿透能力大于土壤和黏土,且穿透能力随土壤中可溶性有机碳含量增加而增加。

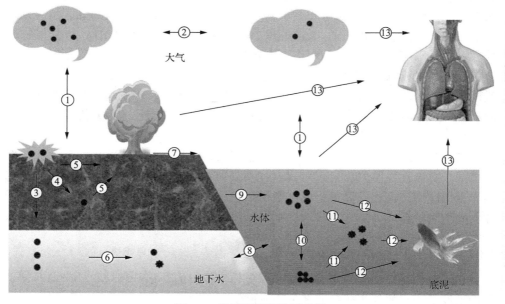

图 1-6　炭黑环境行为示意图

1-大气与地表间的交换;2-大气输送;3-土壤中迁移扩散/渗透;4-土壤中转化;5-陆生生物吸收富集;
6-地下水中迁移/转化;7-地表径流;8-水体与土壤间交换;9-水中分散与悬浮;10-水中团聚与沉淀;
11-水体中转化;12-水生生物吸收富集;13-人体暴露

目前研究的炭黑在土壤或多孔介质中的迁移多为定性的纳米炭黑,对化石燃料燃烧和生物质燃烧产生的炭黑的迁移研究较少,尤其是改性后的纳米炭黑在土壤中的迁移情况还未见报道。

1.4.5　改性纳米炭黑的生物毒理效应

随着科技的进步和发展，纳米材料作为一种先进的工程材料应用日益广泛，尤其是碳纳米材料近十几年来成为一大研究热点[173-176]。但碳纳米材料的广泛应用及处置不可避免地通过多种途径进入大气、水、土壤环境以及生物体中[177,178]。碳纳米材料主要通过人类活动排放到大气中，然后通过大气干/湿沉降降落到地表，或者分散在大气中的碳纳米材料通过大气环流进行迁移、扩散[179,180]；随着水体条件的变化，进入到水体中的碳纳米材料发生聚集、分散[170,181]，因外界和水环境的物理、化学和生物作用，碳纳米材料可能进行转化和降解，也有可能被水生生物吸收和积累[182,183]。

已有研究表明纳米材料由于其较小的粒径和独特的表面特性，进入环境中可能对环境中的生物产生一定的毒性[184]，众多学者认为纳米材料在将来可能成为一种新型污染物。目前研究比较多的是金属及氧化物纳米材料的生物毒性[185-187]。但近年来，碳纳米材料应用越来越广，再加上其质量非常小，有可能通过呼吸、饮食等到达人的肺部，对人体健康造成影响，因此碳纳米材料进入大气、水和土壤环境中，在环境中的生物安全性也被人们所关注。目前研究较多的碳纳米材料包括：C_{60}[188,189]、MWCNTs[190]、SWCNT[191]等。Lin 等[183]研究 MWCNTs 对 6 种植物种子发芽和根生长的影响，结果表明，其对黑麦草、萝卜等植物种子的发芽没有抑制作用，对根的伸长也无影响，但对水稻的影响研究表明 SWCNT 和 MWCNTs 等碳纳米材料在水稻生长过程中，能被吸收、转运并可以转移到下一代[182]。Sayes 等[192]对小鼠进行气管内滴注实验，结果表明 C_{60} 对小鼠肺部无毒性或毒性较小，Baker 等[193]也发现 10 天的短期呼吸暴露，C_{60} 未对小鼠产生明显毒性效应。

由以上研究看出，目前纳米材料的环境行为和生物毒理效应主要集中在水、大气环境中，产生影响的对象多为水生生物、动物，而对土壤环境中微生物及植物毒理效应的研究只发现了零星的报道，尤其纳米炭黑氧化改性后引入大量含氧官能团，表面所带负电荷增加，进入土壤后，对生物的影响报道较少。

1.5　改性纳米炭黑在修复 Cd 污染土壤中的应用

1.5.1　我国土壤 Cd 污染现状

我国工农业用地均存在重金属污染现象，导致可利用耕地减少。2014 年生态环境部发布的《全国污染调查公报》表明，我国土壤总的点位超标率是 16.1%（依据 GB15618—1995 二级标准的评价结果），其中 Cd 的点位超标率为 7.0%，超标情况位于调查无机污染物之首。2018 年，Yang 等[194]综述了我国 402 个工业土壤点位和 1041 个农业土壤点位，结果表明，Cd 在工业区点位均值超出 0.3 mg/kg 79.2 倍，超标率 100%；在农业区土壤样点中，超出 0.3 mg/kg 2.9 倍，超标率 36.7%。Cd 仍是我国工农业用地土壤中主要污染重金属，其健康风险（尤其对于儿童）不容忽视。

1.5.2　土壤中 Cd 的生物毒性

Cd 是一种极具毒性的重金属。Cd 毒性效应主要包括肾毒性、致癌性、致畸性、内分泌和生殖毒性[195,196]。尽管 Cd 不是人体必需元素，但是因它与必需元素 Zn、Cu 具有相似的代谢途径，从而扰乱人体的代谢和正常功能[195]。Cd 的特征毒性是会导致骨骼矿质（Ca）流失，如日本 20 世纪 40 年代爆发的痛痛病就是饮食了含 Cd 稻米所致[195]。Cd 的致毒机制包括以下几点：①Cd 和锌、铜的物理化学性质相似，在分子水平上，Cd 取代了生物大分子中（如金属酶）的锌、铜，而使酶的空间构象破坏、催化活性丧失。②钙调蛋白-Ca-Cd 相互作用，干扰与 Ca 相关的生化反应过程。Cd 通过结合钙调蛋白，干扰钙调节功能，刺激细胞内 Ca 的释放；干扰钙信号转导蛋白，从而干扰正常的细胞通讯、生长和分化。③Cd 诱导氧化应激反应，进而引发一系列副反应[195]。尽管 Cd 不是芬顿金属，但大量研究表明 Cd 会导致活性氧的产生，其机理可能与对芬顿重金属的替换有关[196]。

土壤中 Cd 对蚯蚓具有急性毒性，$Cd(NO_3)_2$ 对赤子爱胜蚓的半致死浓度 LC_{50} 滤纸试验中约为 10 μg/cm²，人工土壤介质中为 374 mg/kg[197]；草甸棕壤中 Cd（$CdCl_2$）的 LC_{50} 为 900 mg/kg[198]。土壤中的 Cd 不仅会使作物减产，降低土壤质量；还会被小麦、水稻等作物吸收、积累，经人体摄食后将在体内长期蓄积，对人体健康造成威胁[199]。

1.5.3　改性纳米炭黑修复 Cd 污染土壤机制

炭黑对非极性有机污染物具有较强的吸附能力，对重金属的吸附力较差[146]。因此，通常通过对炭黑表面改性的方法增强其对重金属的吸附能力。早期研究利用 HNO_3、H_2SO_4 等酸性氧化剂对炭黑表面改性，对水中 As^{5+}、Cu^{2+}、Cd^{2+} 有较好的吸附效果[87,200]。

针对我国农田土壤重金属轻微轻度污染的特点，土壤原位钝化修复技术蓬勃开展。课题组率先开展改性纳米炭黑钝化剂用于土壤重金属污染改良研究。王汉卫等利用 1%～5%的 HNO_3 改性纳米炭黑使土壤中 TCLP（毒性特性溶出程序）-浸提态 Cu 含量降低了 47%～81%，优于对 Zn 的钝化效果，并创新性地探索了可以将材料回收的包施法的钝化效果[162]。为了进一步减少改性过程中高浓度废酸液的产生和能量的损耗，减小废水二次处理危害和成本，发明了一种两段式低浓度硝酸-$KMnO_4$ 改性的方法，也对土壤 Cu、Zn 具有较好的钝化效果[201]。除了对土壤重金属的钝化效果，在土壤-植物系统中，改性纳米炭黑还会增加黑麦草的生物量，减少重金属向黑麦草地上部转移，减轻重金属对植物根系的损伤[202,203]。改性纳米炭黑还会对土壤微生态产生影响,例如改性纳米炭黑会提高土壤脲酶活性,增加土壤速效氮含量[204],增加氮、磷转化功能细菌的丰度[205]。

综上,尽管改性纳米炭黑在重金属污染土壤修复中具备诸多优点,但是纳米材料本身的性质及其应用于土壤重金属修复后与重金属的联合作用都会产生异于单一材料和未改性材料的生态毒理效应。因此系统地研究不同碳纳米材料和表面改性纳米材料以及改性纳米炭黑与典型重金属的联合毒理效应将为其在污染土壤修复中的安全应用提供科学依据。

参 考 文 献

[1] 国家市场监督管理总局, 中国国家标准化管理委员会. GB/T 37156-2018. 纳米技术 材料规范 纳米物体特性指南[S]. 北京: 中国标准出版社, 2018.

[2] Hochella M F, Mogk D W, Ranville J, Allen I C, Luther G W, Marr L C, Mcgrail B P, Murayama M, Qafoku N P, Rosso K M. Natural, incidental, and engineered nanomaterials and their impacts on the earth system[J]. Science, 2019, 363(6434): eaau8299.

[3] Donaldson K, Stone V, Tran C, Kreyling W, Borm P J A. Nanotoxicology[J]. Occupational and Environmental Medicine, 2004, 61(9): 727-728.

[4] Oberdörster G, Oberdörster E, Oberdörster J. Nanotoxicology: An emerging discipline evolving from studies of ultrafine particles[J]. Environmental Health Perspectives, 2005, 113(7): 823-839.

[5] 赵宇亮, 柴之芳. 纳米生物效应研究进展[J]. 中国科学院院刊, 2005, 20(3): 194-199.

[6] Burns R G. Enzyme activity in soil: Location and a possible role in microbial ecology[J]. Soil Biology & Biochemistry, 1982, 14(5): 423-427.

[7] Kim S, Kim J, Lee I. Effects of Zn and ZnO nanoparticles and Zn^{2+} on soil enzyme activity and bioaccumulation of Zn in *Cucumis sativus*[J]. Chemistry & Ecology, 2011, 27(1): 49-55.

[8] Du W, Sun Y, Ji R, Zhu J, Wu J, Guo H. TiO_2 and ZnO nanoparticles negatively affect wheat growth and soil enzyme activities in agricultural soil[J]. Journal of Environmental Monitoring, 2011, 13(4): 822-828.

[9] Shin Y-J, Kwak J I, An Y-J. Evidence for the inhibitory effects of silver nanoparticles on the activities of soil exoenzymes[J]. Chemosphere, 2012, 88(4): 524-529.

[10] Hänsch M, Emmerling C. Effects of silver nanoparticles on the microbiota and enzyme activity in soil[J]. Journal of Plant Nutrition and Soil Science, 2010, 173(4): 554-558.

[11] Asadishad B, Chahal S, Akbari A, Cianciarelli V, Azodi M, Ghoshal S, Tufenkji N. Amendment of agricultural soil with metal nanoparticles: Effects on soil enzyme activity and microbial community composition[J]. Environmental Science & Technology, 2018, 52(4): 1908-1918.

[12] Lahiani M H, Dervishi E, Ivanov I, Chen J, Khodakovskaya M. Comparative study of plant responses to carbon-based nanomaterials with different morphologies[J]. Nanotechnology, 2016, 27(26): 265102.

[13] Geng J, Kim K, Zhang J, Escalada A, Tunuguntla R, Comolli L R, Allen F I, Shnyrova A V, Cho K R, Munoz D. Stochastic transport through carbon nanotubes in lipid bilayers and live cell membranes[J]. Nature, 2014, 514(7524): 612-615.

[14] Khodakovskaya M, Dervishi E, Mahmood M, Xu Y, Li Z, Watanabe F, Biris A S. Carbon nanotubes are able to penetrate plant seed coat and dramatically affect seed germination and plant growth[J]. ACS Nano, 2009, 3(10): 3221-3227.

[15] Servin A, Elmer W, Mukherjee A, De La Torre-Roche R, Hamdi H, White J C, Bindraban P, Dimkpa C. A review of the use of engineered nanomaterials to suppress plant disease and enhance crop yield[J]. Journal of Nanoparticle Research, 2015, 17(2): 92. DOI: 10.1007/s11051-015-2907-7.

[16] Anjum N A, Gill S S, Duarte A C, Pereira E, Ahmad I. Silver nanoparticles in soil-plant systems[J]. Journal of Nanoparticle Research, 2013, 15(9): 1896.

[17] Geisler-Lee J, Wang Q, Yao Y, Zhang W, Geisler M, Li K, Huang Y, Chen Y, Kolmakov A, Ma X. Phytotoxicity, accumulation and transport of silver nanoparticles by *Arabidopsis thaliana*[J]. Nanotoxicology, 2013, 7(3): 323-337.

[18] Peng C, Duan D, Xu C, Chen Y, Sun L, Zhang H, Yuan X, Zheng L, Yang Y, Yang J. Translocation and biotransformation of CuO nanoparticles in rice (*Oryza sativa* L.) plants[J]. Environmental Pollution, 2015, 197: 99-107.

[19] Zhang P, Ma Y, Zhang Z, He X, Zhang J, Guo Z, Tai R, Zhao Y, Chai Z. Biotransformation of ceria nanoparticles in cucumber plants[J]. Acs Nano, 2012, 6(11): 9943-9950.

[20] 于亚琴. 不同钝化材料对重金属钝化稳定性机理研究[D]. 济南: 山东师范大学, 2017.

[21] Gardea-Torresdey J L, Rico C M, White J C. Trophic transfer, transformation, and impact of engineered nanomaterials in terrestrial environments[J]. Environmental Science & Technology, 2014, 48(5): 2526-2540.

[22] Rico C, Peralta-Videa J, Gardea-Torresdey J. Chemistry, biochemistry of nanoparticles, and their role in antioxidant defense system in plants[M]. New York: Springer International Publishing, 2015: 1-17.

[23] Rico C M, Majumdar S, Duarte-Gardea M, Peralta-Videa J R, Gardea-Torresdey J L. Interaction of nanoparticles with edible plants and their possible implications in the food chain[J]. Journal of Agricultural and Food Chemistry, 2011, 59(8): 3485-3498.

[24] Åslund M L W, Mcshane H, Simpson M J, Simpson A J, Whalen J K, Hendershot W H, Sunahara G I. Earthworm sublethal responses to titanium dioxide nanomaterial in soil detected by ^{1}H NMR metabolomics[J]. Environmental Science & Technology, 2012, 46(2): 1111-1118.

[25] Mcshane H, Sarrazin M, Whalen J K, Hendershot W H, Sunahara G I. Reproductive and behavioral responses of earthworms exposed to nano-sized titanium dioxide in soil[J]. Environmental Toxicology & Chemistry, 2012, 31(1): 184-193.

[26] Hu C W, Li M, Cui Y B, Li D S, Chen J, Yang L Y. Toxicological effects of TiO$_2$ and ZnO nanoparticles in soil on earthworm *Eisenia fetida*[J]. Soil Biology & Biochemistry, 2010, 42(4): 586-591.

[27] Carbone S, Hertel-Aas T, Joner E J, Oughton D H. Bioavailability of CeO$_2$ and SnO$_2$ nanoparticles evaluated by dietary uptake in the earthworm *Eisenia fetida* and sequential extraction of soil and feed[J]. Chemosphere, 2016, 162: 16-22.

[28] Shoults-Wilson W A, Reinsch B C, Tsyusko O V, Bertsch P M, Lowry G V, Unrine J M. Effect of silver nanoparticle surface coating on bioaccumulation and reproductive toxicity in earthworms (*Eisenia fetida*)[J]. Nanotoxicology, 2011, 5(3): 432-444.

[29] Scott-Fordsmand J J, Krogh P H, Schaefer M, Johansen A. The toxicity testing of double-walled nanotubes-contaminated food to *Eisenia veneta* earthworms[J]. Ecotoxicology and Environmental Safety, 2008, 71(3): 616-619.

[30] Patricia C S, Nerea G V, Erik U, Elena S M, Eider B, Dmw D, Manu S. Responses to silver nanoparticles and silver nitrate in a battery of biomarkers measured in coelomocytes and in target tissues of *Eisenia fetida* earthworms[J]. Ecotoxicology & Environmental Safety, 2017, 141: 57-63.

[31] Zhang L, Hu C, Wang W, Ji F, Cui Y, Li M. Acute toxicity of multi-walled carbon nanotubes, sodium pentachlorophenate, and their complex on earthworm *Eisenia fetida*[J]. Ecotoxicology & Environmental Safety, 2014, 103 (1): 29-35.

[32] Petersen E J, Huang Q, Jr W W. Bioaccumulation of radio-labeled carbon nanotubes by *Eisenia foetida*[J]. Environmental Science & Technology, 2008, 42 (8): 3090-3095.

[33] Petersen E J, Pinto R A, Zhang L, Huang Q, Landrum P F, Weber W J. Effects of polyethyleneimine-mediated functionalization of multi-walled carbon nanotubes on earthworm bioaccumulation and sorption by soils[J]. Environmental Science & Technology, 2011, 45 (8): 3718-3724.

[34] Petersen E J, Huang Q, Jr W W J. Ecological uptake and depuration of carbon nanotubes by *Lumbriculus variegatus*[J]. Environmental Health Perspectives, 2008, 116 (4): 496-500.

[35] Nel A, Xia T, Madler L, Li N. Toxic potential of materials at the nanolevel[J]. Science, 2006, 311 (5761): 622-627.

[36] Nel A E, Mädler L, Velegol D, Xia T, Hoek E M, Somasundaran P, Klaessig F, Castranova V, Thompson M. Understanding biophysicochemical interactions at the nano–bio interface[J]. Nature materials, 2009, 8 (7): 543-557.

[37] Tchounwou P B, Yedjou C G, Patlolla A K, Sutton D J. Heavy metal toxicity and the environment[J]. Experientia Supplementum, 2012 (101): 133-164. DOI:10.1007/978-3-7643-8340-4_6.

[38] Pullman A, Pullman B. Electronic structure and carcinogenic activity of aromatic molecules new developments[J]. Advances in Cancer Research, 1955, 3: 117-169.

[39] ISO. ISO/TS 27687. Nanotechnologies-terminology and definitions for nano-objects-nanoparticle, nanofibre and nanoplate. International Organization for Standardization[S]. Geneva: International Organization for Standardization, 2008.

[40] Roiter Y, Ornatska M, Rammohan A R, Balakrishnan J, Heine D R, Minko S. Interaction of lipid membrane with nanostructured surfaces[J]. Langmuir 2009, 25 (11): 6287-6299.

[41] Qu Z G, He X C, Lin M, Sha B Y, Shi X H, Lu T J, Xu F. Advances in the understanding of nanomaterial-biomembrane interactions and their mathematical and numerical modeling[J]. Nanomedicine, 2013, 8 (6): 995-1011.

[42] Li Y, Kröger M, Liu W K. Shape effect in cellular uptake of PEGylated nanoparticles: comparison between sphere, rod, cube and disk[J]. Nanoscale, 2015, 7 (40): 16631-16646.

[43] Zhang S, Gao H, Bao G. Physical principles of nanoparticle cellular endocytosis[J]. ACS nano, 2015, 9 (9): 8655-8671.

[44] Kraszewski S, Picaud F, Elhechmi I, Gharbi T, Ramseyer C. How long a functionalized carbon nanotube can passively penetrate a lipid membrane[J]. Carbon, 2012, 50 (14): 5301-5308.

[45] Kang S, Herzberg M, Rodrigues D F, Elimelech M. Antibacterial effects of carbon nanotubes: Size does matter[J]. Langmuir, 2008, 24 (13): 6409-6413.

[46] Mu Q, Broughton D L, Yan B. Endosomal leakage and nuclear translocation of multiwalled carbon nanotubes: Developing a model for cell uptake[J]. Nano letters, 2009, 9 (12): 4370-4375.

[47] Omid A, Elham G. Toxicity of graphene and graphene oxide nanowalls against bacteria[J]. Acs Nano, 2010, 4 (10): 5731-5736.

[48] Tu Y, Lv M, Xiu P, Huynh T, Zhang M, Castelli M, Liu Z, Huang Q, Fan C, Fang H, Zhou R. Destructive extraction of phospholipids from *Escherichia coli* membranes by graphene nanosheets[J]. Nature Nanotechnology, 2013, 8 (8): 594-601.

[49] Carlson C, Hussain S M, Schrand A M, Braydichstolle L K, Hess K L, Jones R L, Schlager J J. Unique cellular interaction of silver nanoparticles: Size-dependent generation of reactive oxygen species[J]. Journal of Physical Chemistry B, 2008, 112 (43): 13608-13619.

[50] Meyer J N, Lord C A, Yang X Y, Turner E A, Badireddy A R, Marinakos S M, Chilkoti A, Wiesner M R, Auffan M. Intracellular uptake and associated toxicity of silver nanoparticles in *Caenorhabditis elegans*[J]. Aquatic Toxicology, 2010, 100(2): 140-150.

[51] Sayes C M, Fortner J D, Guo W, Lyon D, Boyd A M, Ausman K D, Tao Y J, Sitharaman B, Wilson L J, Hughes J B. The differential cytotoxicity of water-soluble fullerenes[J]. Nano Letters, 2004, 4(10): 1881-1887.

[52] Tong H, Mcgee J K, Saxena R K, Kodavanti U P, Devlin R B, Gilmour M I. Influence of acid functionalization on the cardiopulmonary toxicity of carbon nanotubes and carbon black particles in mice[J]. Toxicology and Applied Pharmacology, 2009, 239(3): 224-232.

[53] Dong P X, Wan B, Guo L H. In vitro toxicity of acid-functionalized single-walled carbon nanotubes: Effects on murine macrophages and gene expression profiling[J]. Nanotoxicology, 2012, 6(3): 288-303.

[54] Magrez A, Kasas S, Salicio V, Pasquier N, Seo J W, Celio M, Catsicas S, Schwaller B, Forró L. Cellular toxicity of carbon-based nanomaterials[J]. Nano Letters, 2006, 6(6): 1121-1125.

[55] Kingheiden T C, Wiecinski P N, Mangham A N, Metz K M, Nesbit D, Pedersen J A, Hamers R J, Heideman W, Peterson R E. Quantum dot nanotoxicity assessment using the zebrafish embryo[J]. Environmental Science & Technology, 2009, 43(5): 1605-1611.

[56] Li Y, Feng L, Shi X, Wang X, Yang Y, Yang K, Liu T, Yang G, Liu Z. Surface coating-dependent cytotoxicity and degradation of graphene derivatives: Towards the Design of non-toxic, degradable nano-graphene[J]. Small, 2014, 10(8): 1544-1554.

[57] Fan W, Cui M, Liu H, Wang C, Shi Z, Tan C, Yang X. Nano-TiO$_2$ enhances the toxicity of copper in natural water to *Daphnia magna*[J]. Environmental Pollution, 2011, 159(3): 729-734.

[58] 辛元元, 陈金媛, 程艳红, 赵美蓉. 纳米 TiO$_2$ 与重金属 Cd 对铜绿微囊藻生物效应的影响[J]. 生态毒理学报, 2013, 8(1): 23-28.

[59] Cano A M, Maul J D, Saed M, Irin F, Shah S A, Green M J, French A D, Klein D M, Crago J, Canas-Carrell J E. Trophic transfer and accumulation of multiwalled carbon nanotubes in the presence of copper ions in *Daphnia magna* and fathead minnow (*Pimephales promelas*)[J]. Environmental Science & Technology, 2018, 52(2): 794-800.

[60] Fang J, Shan X Q, Wen B, Huang R X. Mobility of TX100 suspended multiwalled carbon nanotubes (MWCNTs) and the facilitated transport of phenanthrene in real soil columns[J]. Geoderma, 2013, s 207-208(1): 1-7.

[61] Zhang L, Wang L, Zhang P, Kan A T, Chen W, Tomson M B. Facilitated transport of 2,2',5, 5'-polychlorinated biphenyl and phenanthrene by fullerene nanoparticles through sandy soil columns[J]. Environmental Science & Technology, 2011, 45(4): 1341-1348.

[62] Fang J, Zhang K, Sun P, Lin D, Shen B, Luo Y. Co-transport of Pb^{2+} and TiO$_2$ nanoparticles in repacked homogeneous soil columns under saturation condition: Effect of ionic strength and fulvic acid[J]. Science of the Total Environment, 2016, 571: 471-478.

[63] 周东美. 纳米 Ag 粒子在我国主要类型土壤中的迁移转化过程与环境效应[J]. 环境化学, 2015, 34(4): 605-613.

[64] Wang R, Dang F, Liu C, Wang D J, Cui P X, Yan H J, Zhou D M. Heteroaggregation and dissolution of silver nanoparticles by iron oxide colloids under environmentally relevant conditions[J]. Environmental Science: Nano, 2019, 6(1): 195-206.

[65] 汪登俊. 生物炭胶体和几种人工纳米粒子在饱和多孔介质中的迁移和滞留研究[D]. 北京: 中国科学院大学, 2014.

[66] 刘玉真. 改性纳米黑碳的土壤环境行为及其环境效应研究[D]. 济南: 山东师范大学, 2015.

[67] Lowry G V, Gregory K B, Apte S C, Lead J R. Transformations of nanomaterials in the environment[J]. Environmental Science & Technology, 2012, 46(13): 6893-6899.

[68] Keller A A, Wang H, Zhou D, Lenihan H S, Cherr G, Cardinale B J, Miller R, Ji Z. Stability and aggregation of metal oxide nanoparticles in natural aqueous matrices[J]. Environmental Science & Technology, 2010, 44(6): 1962-1967.

[69] French R A, Jacobson A R, Kim B, Isley S L, Penn R L, Baveye P C. Influence of ionic strength, pH, and cation valence on aggregation kinetics of titanium dioxide nanoparticles[J]. Environmental Science & Technology, 2009, 43(5): 1354-1359.

[70] Huynh K A, Chen K L. Aggregation kinetics of citrate and polyvinylpyrrolidone coated silver nanoparticles in monovalent and divalent electrolyte solutions[J]. Environmental Science & Technology, 2011, 45(13): 5564-5571.

[71] Metreveli G, Frombold B, Seitz F, Grün A, Philippe A, Rosenfeldt R R, Bundschuh M, Schulz R, Manz W, Schaumann G E. Impact of chemical composition of ecotoxicological test media on the stability and aggregation status of silver nanoparticles[J]. Environmental Science: Nano, 2016, 3(2): 418-433.

[72] Liu J, Legros S, Kammer F V D, Hofmann T. Natural organic matter concentration and hydrochemistry influence aggregation kinetics of functionalized engineered nanoparticles[J]. Environmental Science & Technology, 2013, 47(9): 4113-4120.

[73] Surette M C, Nason J A. Effects of surface coating character and interactions with natural organic matter on the colloidal stability of gold nanoparticles[J]. Environmental Science: Nano, 2016, 3(5): 1144-1152.

[74] Zhang W, Yao Y, Li K, Huang Y, Chen Y. Influence of dissolved oxygen on aggregation kinetics of citrate-coated silver nanoparticles[J]. Environmental Pollution, 2011, 159(12): 3757-3762.

[75] Cheng Y, Yin L, Lin S, Wiesner M, Bernhardt E, Liu J. Toxicity reduction of polymer-stabilized silver nanoparticles by sunlight[J]. Journal of Physical Chemistry C, 2011, 115(11): 4425-4432.

[76] Chowdhury I, Hou W C, Goodwin D, Henderson M, Zepp R G, Bouchard D. Sunlight affects aggregation and deposition of graphene oxide in the aquatic environment[J]. Water Research, 2015, 78: 37-46.

[77] Baalousha M, Sikder M, Prasad A, Lead J, Merrifield R, Chandler G T. The concentration-dependent behaviour of nanoparticles[J]. Environmental Chemistry, 2015, 13(1): 1-3.

[78] Sun P, Shijirbaatar A, Fang J, Owens G, Lin D, Zhang K. Distinguishable transport behavior of zinc oxide nanoparticles in silica sand and soil columns[J]. Science of the Total Environment, 2015, 505(505): 189-198.

[79] Zhao L J, Peralta-Videa J R, Hernandez-Viezcas J A, Hong J, Gardea-Torresdey J L. Transport and retention behavior of ZnO nanoparticles in two natural soils: Effect of surface coating and soil composition[J]. Journal of Nano Research, 2012, 17(6): 229-242.

[80] 曹圣来. 典型纳米金属氧化物对不同类型土壤中蚯蚓、小麦的毒性效应[D]. 南京: 南京大学, 2015.

[81] Grillet N, Manchon D, Cottancin E, Bertorelle F, Bonnet C, Broyer M, Lermé J, Pellarin M. Photo-oxidation of individual silver nanoparticles: A real-time tracking of optical and morphological changes[J]. Journal of Physical Chemistry C, 2013, 117(5): 2274-2282.

[82] Levard C, Mitra S, Yang T, Jew A D, Badireddy A R, Lowry G V, Jr B G. Effect of chloride on the dissolution rate of silver nanoparticles and toxicity to *E. coli*[J]. Environmental Science & Technology, 2013, 47(11): 5738-5745.

[83] Levard C, Hotze E M, Lowry G V, Jr B G. Environmental transformations of silver nanoparticles: Impact on stability and toxicity[J]. Environmental Science & Technology, 2012, 46(13): 6900-6914.

[84] Levard C, Reinsch B C, Michel F M, Oumahi C, Lowry G V, Brown Jr G E. Sulfidation processes of PVP-coated silver nanoparticles in aqueous solution: Impact on dissolution rate[J]. Environmental Science & Technology, 2011, 45(12): 5260-5266.

[85] Nowack B, Bucheli T D. Occurrence, behavior and effects of nanoparticles in the environment[J]. Environmental Pollution, 2007, 150 (1) : 5-22.

[86] Borah D, Satokawa S, Kato S, Kojima T. Characterization of chemically modified carbon black for sorption application[J]. Applied Surface Science, 254 (10) : 3049-3056.

[87] Zhou D M, Wang Y J, Wang H W, Wang S Q, Cheng J M. Surface-modified nanoscale carbon black used as sorbents for Cu (Ⅱ) and Cd (Ⅱ) [J]. Journal of Hazardous Materials, 2010, 174 (1-3) : 34-39.

[88] Project on Emerging Nanotechnologies. Consumer Products Inventory[EB/OL]. http://www.nanotechproject.org/cpi/browse/nanomaterials/carbon/.

[89] Duo L, He L, Zhao S. The impact of modified nanoscale carbon black on soil nematode assemblages under turfgrass growth conditions[J]. European Journal of Soil Biology, 2017, 80 : 53-58.

[90] Schmidt M W I, Noack A G. Black carbon in soils and sediments: Analysis, distribution, implications, and current challenges[J]. Global Biogeochemical Cycles, 2000, 14 (3) : 777-793.

[91] Cornelissen G, Gustafsson Ö, Bucheli T D, Jonker M T, Koelmans A A, Van Noort P C. Extensive sorption of organic compounds to black carbon, coal, and kerogen in sediments and soils: Mechanisms and consequences for distribution, bioaccumulation, and biodegradation[J]. Environmental science & technology, 2005, 39 (18) : 6881-6895.

[92] Liné C, Larue C, Flahaut E. Carbon nanotubes: Impacts and behaviour in the terrestrial ecosystem-A review[J]. Carbon, 2017, 123 : 767-785.

[93] Belin T, Epron F. Characterization methods of carbon nanotubes: A review[J]. Materials Science and Engineering: B, 2005, 119 (2) : 105-118.

[94] Iijima S. Helical microtubules of graphitic carbon[J]. Nature, 1991, 354 (6348) : 56-58.

[95] 国家市场监督管理总局, 中国国家标准化管理委员会. GB/T 30544.13-2018. 纳米科技 术语 第 13 部分: 石墨烯及相关二维材料[S]. 北京: 中国标准出版社, 2018.

[96] Novoselov K S, Geim A K, Morozov S V, Jiang D, Zhang Y, Dubonos S V, Grigorieva I V, Firsov A A. Electric field effect in atomically thin carbon films[J]. Science, 2004, 306 (5696) : 666-669.

[97] Stobinski L, Lesiak B, Malolepszy A, Mazurkiewicz M, Mierzwa B, Zemek J, Jiricek P, Bieloshapka I. Graphene oxide and reduced graphene oxide studied by the XRD, TEM and electron spectroscopy methods[J]. Journal of Electron Spectroscopy and Related Phenomena, 2014, 195 : 145-154.

[98] Lin L, Deng B, Sun J, Peng H, Liu Z. Bridging the gap between reality and ideal in chemical vapor deposition growth of graphene[J]. Chemical Reviews, 2018, 118 (18) : 9281-9343.

[99] De Marchi L, Pretti C, Gabriel B, Marques P A, Freitas R, Neto V. An overview of graphene materials: Properties, applications and toxicity on aquatic environments[J]. Science of the Total Environment, 2018, 631 : 1440-1456.

[100] Novoselov K S, Jiang D, Schedin F, Booth T, Khotkevich V, Morozov S, Geim A K. Two-dimensional atomic crystals[J]. Proceedings of the National Academy of Sciences, 2005, 102 (30) : 10451-10453.

[101] Vance M E, Kuiken T, Vejerano E P, Mcginnis S P, Jr M F H, Rejeski D, Hull M S. Nanotechnology in the real world: Redeveloping the nanomaterial consumer products inventory[J]. Beilstein Journal of Nanotechnology, 2015, 6 : 1769-1780.

[102] Nel A, Xia T, Madler L, Li N. Toxic potential of materials at the nanolevel[J]. Science, 2006, 311 (5761) : 622-627.

[103] Sunil K. M, Shubhashish S, Johnny B, Kimberly W, Enrique V B, Olufisayo J, Allison C R, Govindarajan T R. Single-walled carbon nanotube induces oxidative stress and activates nuclear transcription factor-κB in human keratinocytes[J]. Nano Letters, 2005, 5 (9) : 1676-1684.

[104] Grabinski C, Hussain S, Lafdi K, Braydich-Stolle L, Schlager J. Effect of particle dimension on biocompatibility of carbon nanomaterials[J]. Carbon, 2007, 45(14): 2828-2835.

[105] Gorka D E, Osterberg J S, Gwin C A, Colman B P, Meyer J N, Bernhardt E S, Gunsch C K, Digulio R T, Liu J. Reducing environmental toxicity of silver nanoparticles through shape control[J]. Environmental Science & Technology, 2015, 49(16): 10093-10098.

[106] Jiang W, Wang Q, Qu X, Wang L, Wei X, Zhu D, Yang K. Effects of charge and surface defects of multi-walled carbon nanotubes on the disruption of model cell membranes[J]. Science of the Total Environment, 2017, 574: 771-780.

[107] Li S, Stein A J, Kruger A, Leblanc R M. Head groups of lipids govern the interaction and orientation between graphene oxide and lipids[J]. The Journal of Physical Chemistry C, 2013, 117(31): 16150-16158.

[108] Fu P P, Xia Q, Hwang H-M, Ray P C, Yu H. Mechanisms of nanotoxicity: Generation of reactive oxygen species[J]. Journal of Food and Drug Analysis, 2014, 22(1): 64-75.

[109] 周东美. 纳米 Ag 粒子在我国主要类型土壤中的迁移转化过程与环境效应[J]. 环境化学, 2015, 34(4): 605-613.

[110] 刘树深, 张瑾, 张亚辉, 覃礼堂. APTox: 化学混合物毒性评估与预测[J]. 化学学报, 2012, 70(14): 1511-1517.

[111] Backhaus T, Faust M. Predictive environmental risk assessment of chemical mixtures: A conceptual framework[J]. Environmental Science & Technology, 2012, 46(5): 2564-2573.

[112] Deng R, Lin D, Zhu L, Majumdar S, White J C, Gardea-Torresdey J L, Xing B. Nanoparticle interactions with co-existing contaminants: Joint toxicity, bioaccumulation and risk[J]. Nanotoxicology, 2017, 11(5): 591-612.

[113] Wang D, Lin Z, Yao Z, Yu H. Surfactants present complex joint effects on the toxicities of metal oxide nanoparticles[J]. Chemosphere, 2014, 108: 70-75.

[114] Van Gestel C A, Hensbergen P J. Interaction of Cd and Zn toxicity for *Folsomia candida* Willem (Collembola: Isotomidae) in relation to bioavailability in soil[J]. Environmental Toxicology and Chemistry: An International Journal, 1997, 16(6): 1177-1186.

[115] 刘树深, 刘玲, 陈浮. 浓度加和模型在化学混合物毒性评估中的应用[J]. 化学学报, 2013, 71(10): 1335-1340.

[116] Kim J, Kim S, Schaumann G. Development of QSAR-based two-stage prediction model for estimating mixture toxicity[J]. SAR and QSAR in Environmental Research, 2013, 24(10): 841-861.

[117] Jonker M J, Svendsen C, Bedaux J J, Bongers M, Kammenga J E. Significance testing of synergistic/antagonistic, dose level-dependent, or dose ratio-dependent effects in mixture dose-response analysis[J]. Environmental Toxicology & Chemistry, 2005, 24(10): 2701-2713.

[118] Liu S L. On soot inception in nonpremixed flames and the effects of flame structure[D]. Hawaii: University of Hawaii, 2002.

[119] Goldberg E D. Black carbon in the environment: Properties and distribution[M]. New York: John Wiley, 1985.

[120] Skjemstad J O, Donald A, Reicoskyb C, et al. Charcoal in U. S. agricultural soils[J]. Soil Science Society of America Journal, 2002, 66: 1249-1255.

[121] Bird MI. Fire in the earth science[J]. Episodes, 1997, 20: 223-226.

[122] Schmidt M, Skjemstad J, Jager C. Carbon isotope geochemistry and nanomorphology of soil black carbon: Black chernozemic soils in central Europe originate from ancient biomass burning[J]. Global Biogeochemical Cycles, 2002, 16: 11-23.

[123] Griffin J J, Goldberg E D. The fluxes of element carbon in coastal marine sediments[J]. Limnol Oceangr, 1975, 20: 456-463.

[124] Liu Q L, Chen B, Wang Q L, et al. Carbon nanotube as molecular transporters for walled plant cells[J]. Nano Letters, 2009, 9(3): 1007-1010.

[125] Fanning P E, Vannice M. A DRIFTS study of the formation of surface groups on carbon by oxidation[J]. Carbon, 1993, 31(5): 721-730.

[126] Lin J H. Identification of the surface characteristic of carbon black by pyrolysis GC-Mass[J]. Carbon, 2002, 40(1): 183-187.

[127] 袁霞, 房宽峻. 炭黑亲水性改性的研究进展[J]. 化工进展, 2007, 26(5): 657-667.

[128] 范延臻, 王宝贞, 王琳, 等. 改性活性炭的表面特性及其对金属离子的吸附性能[J]. 环境化学, 2001, 20(5): 437-443.

[129] 白树林. 改性活性炭对水溶液中 Cr(Ⅲ)吸附的研究[J]. 化学研究与应用, 2001, 13(6): 670-672.

[130] 余梅芳, 胡晓斌, 倪生良. 化学改性活性炭对 Cu(Ⅱ)离子吸附性能的研究[J]. 湖州师范学院学报, 2006(2): 48-50.

[131] 盛恩宏, 周运友. 炭黑的表面臭氧氧化[J]. 化学世界, 2000(2): 70-72.

[132] Cheng J M, Yu Y Q, Li T, Liu Y Z, Lu C X. A comparing study on Cu(Ⅱ) adsorption on nano-scale carbon black modified by different kinds of acid[J]. International Journal of Nanoscience, 2015, 14(1-2) 1460024: 1-5.

[133] Zhang B S, Lv X F, Zhang Z X, et al. Effect of carbon black content on microcellular structure and physical properties of chlorinated polyethylene rubber foams[J]. Materials and Design, 2010, 31: 3106-3110.

[134] Ankica R, Jadranka M. Adsorption ability of carbon black for nickel ions uptake from aqueous solution[J]. Scientific Paper, 2013, 67(1): 51-58.

[135] Prabakaran R, Arivoli S. Adsorption kinetics, equilibrium and thermodynamic studies of Nickel adsorption onto *Thespesia populnea* bark as biosorbent from aqueous[J]. European Journal of Applied Engineering and Scientific Research, 2012, 1(4): 134-142.

[136] Frysz C A, Chung D D L. Improving the electrochemical behavior of carbon black and carbon filaments by oxidation[J]. Carbon, 1997, 35(8): 1111-1127.

[137] 李炳炎. 白炭黑生产应用现状和趋势[J]. 无机盐工业, 2000, 32(6): 26-29.

[138] 唐杨, 韩贵琳, 徐志方. 黑碳研究进展[J]. 地球与环境, 2010, 38(1): 98-108.

[139] Beck N V, Meech S E, Norman P R, et al. Characterisation of surface oxides on carbon and their influence on dynamic adsorption[J]. Carbon, 2001, 39(4): 531-540.

[140] 赵建义, 王成扬, 时志强, 等. 炭黑的表面氧化及对羟甲基化影响[C]. 中国金属学会碳素材料分会第十八次学术交流会, 2004, 48-54.

[141] Kim M, Lim J W, Lee D G. Surface modification of carbon fiber phenolic bipolar plate for the HT-PEMFC with nano-carbon black and carbon felts[J]. Composite Structures, 2015, 119: 630-637.

[142] 杨明平, 彭荣华, 胡忠于. 用磺化泥炭吸附铬(Ⅵ)的热力学特性研究[J], 材料保护, 2008, 41(5): 74-76.

[143] Choma J, Burakiewicz W, Jaroniec M, et al. Monitoring changes in surface and properties of porous carbons modified by different oxidizing agents[J]. Journal of Colloid and Interface Science, 1999, 214(2): 438-446.

[144] Radenovic A, Malina J. Adsorption ability of carbon black for carbon black for nickel ions uptake from aqueous solution[J]. Scientific Paper, 2013, 67(1): 51-58.

[145] 余梅芳, 胡晓斌, 倪生良. 化学改性活性炭对 Cu(Ⅱ)离子吸附性能的研究[J]. 湖州师范学院学报, 2006(2): 48-50.

[146] 成杰民. 改性黑碳应用于钝化修复重金属污染土壤中的问题探讨[J]. 农业环境科学学报, 2011, 30(1): 1-13.

[147] Gomez-Serrano V, Alvarez P M, Jaramillo J, et al. Formation of oxygen complexes by ozonation of carbonaceous material prepared from cherry stones. Thermal effects[J]. Carbon, 2002, 40(4): 513-522.

[148] Wang W D, Kevin C. Carbon black used as a fluidization aid in gas phase elastomer polymerization. Ⅰ. Carbon black monomer interactions[J]. Carbon, 2002, 40(2): 221-224.

[149] Jeguirim M, Tschamber V, Brilhac J F, et al. Oxidation mechanism of carbon black by NO$_2$: Effect of water vapor [J]. Fuel, 2005, 84: 1949-1956.

[150] Jacquot F, Logie V, Brilhac J F, et al. Kinetics of the oxidation of carbon black by NO$_2$: Influence of the presence of water and oxygen[J]. Carbon, 2002, 40: 335-343.

[151] Bradley R H, Sheng E, Sutherland I, et al. Adsorption of a diamine salt od carboxylic acid by carbon blacks[J]. Carbon, 1995, 33: 233-234.

[152] 李兰英, 肖英, 尚书勇, 等. 炭黑氧化改性的方法[J]. 橡胶工业, 2004, 51: 698-701.

[153] 尤建国, 徐绍平, 刘淑琴, 等. 等离子体技术在炭黑制备中的应用[J]. 新型炭材料, 2003, 18(2): 144-152.

[154] 姜成春. 高锰酸钾与粉末活性炭[D]. 哈尔滨: 哈尔滨工业大学, 2001.

[155] Rhodes A. H., Carlin A., Semple K. T. Impact of black carbon in the extraction and mineralization of phenanthrene in soil[J]. Environmental Science & Technology 2008, 42(3): 740-745.

[156] Mohan D, Singh K P. Single-and multi-component adsorption of cadmium and zinc using activated carbon derived from bagassean agricultural waste[J]. Water Research, 2002, 36(9): 2304-2318.

[157] Jonker M T O, Koelmans A A. Sorption of polycyclic aromatic hydrocarbons and polychlorinated biphenyls to soot and soot-like materials in the aqueous environment: Mechanistic considerations[J]. Environmental Science & Technology 2002, 36(17): 3725-3734.

[158] Sobek A, Stamm N, Bucheli T D. Sorption of phenyl urea herbicides to black carbon[J]. Environmental Science & Technology 2009, 43(21): 8147-8152.

[159] 余向阳, 应光国, 刘贤进, Rai Kookana, 张兴. 土壤中黑碳对农药敌草隆的吸附-解吸迟滞行为研究[J]. 土壤学报, 2007, 44(4): 650-655.

[160] 李光林, 魏世强, 牟树森. 土壤胡敏酸对 Pb 的吸附特征与影响因素[J]. 农业环境科学学报, 2004, 23(2): 308-312.

[161] 贺璐, 多立安, 赵树兰. 改性纳米炭黑对生活垃圾堆肥重金属不同形态的影响[J]. 农业环境科学学报, 2014, 33(3): 508-513.

[162] 王汉卫, 王玉军, 陈杰华, 王慎强, 成杰民, 周东美. 改性黑碳用于重金属污染土壤改良的研究[J]. 中国环境科学, 2009, 29(4): 431-436.

[163] 张东生. 2005 年世界黑碳产量增长[J]. 国际化工信息, 2006, 16(10): 10-11.

[164] 岳芳宁, 罗水明, 张承东. 人工碳纳米材料在环境中的降解与转化研究进展[J]. 应用生态学报, 2013, 24(2): 589-596.

[165] Lecoanet H F, Wiesner M R. Velocity effects on fullerene and oxide nanoparticle deposition in porous media[J]. Environmental Science & Technology, 2004, 38: 4377-4382.

[166] Cheng X, Kan A T, Tomson M B. Study of C$_{60}$ transport in porous media and the effect of sorbed C$_{60}$ on naphthalene transport[J]. Journal of Materials Research, 2005, 20: 3244-3254.

[167] Schrick B, Hydutsky B W, Blough J L, et al. Delivery vehicles for zerovalent metal nanoparticles in soil and groundwater[J]. Journal of Material of Chemistry, 2004, 16: 2187-2193.

[168] Li Y S, Wang Y G, Pennell K D, et al. Investigation of the transport and deposition of fullerene (C$_{60}$) nanoparticles in quartz sands under varying flow conditions[J]. Environmental Science & Technology, 2008, 42: 7174-7180.

[169] Fang J, Shan X Q, Wen B, et al. Stability of titania nanoparticles in soil suspensions and transport in saturated homogeneous soil columns[J]. Environmental Pollution, 2009, 157: 1101-1109.

[170] Espinasse B, Hotze E M, Wiesner M R. Transport and retention of colloidal aggregates of C_{60} in porous media effects of organic macromolecules, ionic composition, and preparation method[J]. Environmental Science & Technology, 2007, 41: 7396-7402.

[171] Masiello C A, Druffel E R M. Carbon isotope geochemistry of the Santa Clara River[J]. Global Biogeochemical Cycles, 2001, 15(2): 407-416.

[172] Leifeld J, Fenner S, Müller M. Mobility of black carbon in drained peatland soils[J]. Biogeosciences, 2007, 4: 425-432.

[173] Mauter M S, Elimelech M. Environmental applications of carbon-based nanomaterials[J]. Environmental Science & Technology, 2008, 42(16): 5843-5859.

[174] Yang K, Xing B S. Desorption of polycyclic aromatic hydrocarbons from carbon nanomaterials in water[J]. Environmental Pollution, 2007, 145(2): 529-537.

[175] Liu Q L, Chen B, Wang Q L, et al. Carbon nanotube as molecular transporters for walled plant cells[J]. Nano Letters, 2009, 9(3): 1007-1010.

[176] 樊伟, 卞战强, 田向红, 等. 碳纳米材料去除水中重金属研究进展[J]. 环境科学与技术, 2013, 36(6): 72-77.

[177] Gu Y G, Li Q S, Fang J H, et al. Identification of heavy metal sources in the reclaimed farmland soils of the pearl river estuary in China using a multivariate geostatistical approach[J]. Ecotoxicology and Environmental Safety, 2014, 105: 7-12.

[178] 徐磊, 段林, 陈威. 碳纳米材料的环境行为及其对环境中污染物迁移归趋的影响[J]. 应用生态学报, 2009, 20(1): 205-212.

[179] Biswas P, Wu C Y. Critical review: Nanoparticles and the environment[J]. Journal of the Air & Waste Management Association, 2005, 55(6): 708-746.

[180] Buzea C, Blandino I I P, Robbie K. Nanomaterials and nanoparticles: Sources and toxicity[J]. Biointerphases, 2007, 2: 17-71.

[181] Brant J A, Labille J, Bottero J Y, et al. Characterizing the impact of preparation method on fullerene cluster structure and chemistry[J]. Langmuir, 2006, 22: 3878-3885.

[182] Lin D H, Xing B S. Phytotoxicity of nanoparticles: Inhibition of seed germination and root elongation[J]. Environmental Pollution, 2007, 150(2): 243-250.

[183] Lin S J, Reppert J, HU Q, et al. Uptake, translocation and transmission of carbon nanomaterials in rice plants[J]. Small, 2009, 5(10): 1128-1132.

[184] 应佳丽, 张婷, 唐萌. 量化构效关系研究方法及其在金属纳米材料毒性研究中的应用进展[J]. 中国药理学与毒理学杂志, 2014, 6: 947-951.

[185] Adams L K, Lyon D Y, Alvarez P J J. Comparative eco-toxicity of nanoscale TiO_2, SiO_2, and ZnO water suspensions[J]. Water Research, 2006, 40: 3527-3532.

[186] Heinlaan M, Ivask A, Blinova I, et al. Toxicity of nanosized and bulk ZnO, CuO and TiO_2 to bacteria *Vibrio fischeri* and crustaceans *Daphnia magna* and *Thamnocephalus platyurus*[J]. Chemosphere, 2008, 71: 1308-1316.

[187] Jiang W, Mashayekhi H, Xing B. Bacterial toxicity comparison between nano and microscaled oxide particles[J]. Environmental Pollution, 2009, 157: 1619-1625.

[188] 晏晓敏, 石宝友, 王东升. 纳米富勒烯(nC_{60})的生态毒性效应[J]. 化学进展, 2008, 20: 422-428.

[189] Porter A E, Gass M, Muller K, et al. Visualizing the uptake of C_{60} to the cytoplasm and nucleus of human monocyte-derived macro-phage cells using energy-filtered transmission electron microscopy and electron tomography[J]. Environmental Science & Technology, 2007, 41: 3012-3017.

[190] Zhu Y, Zhao Q, Li Y, et al. The interaction and toxicity of multi-walled carbon nanotubes with *Stylonychia mytilus*[J]. Journal of Nanoscience Nanotechnology, 2006, 6: 1357-1364.

[191] Arias L R, Yang L J. Inactivation of bacterial pathogens by carbon nanotubes in suspensions[J]. Langmuir, 2009, 25: 3003-3012.

[192] Sayes C M, Marchione A A, Reed K L, et al. Comparative pulmonary toxicity assessments of C_{60} water suspensions in rats: Few differences in fullerene toxicity in vivo in contrast to in vitro profiles[J]. Nano Letters, 2007, 7: 2399-2406.

[193] Baker G L, Gupta A, Clark M L, et al. Inhalation toxicity and lung toxicokinetics of C_{60} fullerene nanoparticles and microparticles[J]. Toxicol Science, 2008, 101: 122-131.

[194] Yang Q, Li Z, Lu X, Duan Q, Huang L, Bi J. A review of soil heavy metal pollution from industrial and agricultural regions in China: Pollution and risk assessment[J]. Science of the Total Environment, 2018, 642: 690-700.

[195] Goering P, Waalkes M, Klaassen C. Toxicology of cadmium[A]//Goyer R A, Cherian M G. Toxicology of metals[M]. Berlin: Springer, 1995: 189-214.

[196] Waalkes M P. Cadmium carcinogenesis[J]. Mutation Research/Fundamental and Molecular Mechanisms of Mutagenesis, 2003, 533(1-2): 107-120.

[197] Fitzpatrick L C, Muratti-Ortiz J F, Venables B J, Goven A J. Comparative toxicity in earthworms *Eisenia fetida* and *Lumbricus terrestris* exposed to cadmium nitrate using artificial soil and filter paper protocols[J]. Bulletin of Environmental Contamination & Toxicology, 1996, 57(1): 63-68.

[198] 宋玉芳, 周启星, 许华夏, 任丽萍, 孙铁珩, 龚平. 土壤重金属污染对蚯蚓的急性毒性效应研究[J]. 应用生态学报, 2002, 13(2): 187-190.

[199] Liu J, Qian M, Cai G, Yang J, Zhu Q. Uptake and translocation of Cd in different rice cultivars and the relation with Cd accumulation in rice grain[J]. Journal of Hazardous Materials, 2007, 143(1-2): 443-447.

[200] Borah D, Satokawa S, Kato S, Kojima T. Surface-modified carbon black for As(V) removal[J]. Journal of Colloid and Interface Science, 2008, 319(1): 53-62.

[201] 成杰民, 刘玉真, 孙艳, 王汉卫. 一种重金属污染土壤修复用的纳米黑碳钝化剂制备方法: 中国专利, CN 103084153 A[P]. 2013-05-08.

[202] 王汉卫, 王玉军, 陈杰华, 王慎强, 成杰民, 周东美. 改性纳米炭黑用于重金属污染土壤改良的研究[J]. 中国环境科学, 2009, 29(4): 431-436.

[203] Cheng J, Sun Z, Yu Y, Li X, Li T. Effects of modified carbon black nanoparticles on plant-microbe remediation of petroleum and heavy metal co-contaminated soils[J]. International Journal of Phytoremediation, 2019: 1-9.

[204] 刘玉真, 成杰民. 改性纳米黑碳对棕壤有效态 Cu、酶活性和微生物呼吸的影响[J]. 湖北农业科学, 2015, 54(3): 578-581.

[205] Cheng J, Sun Z, Li X, Ya Q Y. Effects of modified nanoscale carbon black on plant growth, root cellular morphogenesis and microbial community in cadmium-contaminated soil[J]. Environmental Science and Pollution Research, 2020. DOI: 10.1007/s11356-020-08081-z.

第 2 章　碳纳米材料对蚯蚓毒理效应研究方法

2.1　供 试 材 料

2.1.1　供试纳米材料

纳米炭黑(CB)购于济南天成炭黑厂，粒径为 20～70 nm。还原氧化石墨烯(RGO，产品编号：TNRGO)和单壁碳纳米管(SWCNT，产品编号：TNSR)购买自中国科学院成都有机化学研究所(http://www.timesnano.com)。RGO 标称技术数据为：纯度>98%，层数<10，厚度 0.55～3.74 nm(原子力显微镜数据)，直径 0.5～3 μm，比表面积 500～1000 m^2/g。SWCNT 标称技术数据为：纯度>95%，直径 1～2 nm，长度 5～30 μm，比表面积>690 m^2/g。

2.1.2　供试蚯蚓

蚯蚓品种为赤子爱胜蚓(*Eisenia fetida*)，购自江苏句容某蚯蚓养殖基地。蚯蚓在受试土壤中驯化一周后，选择具有生殖环带的体重相近的健康成年个体(0.3～0.6 g)进行毒性试验。

2.1.3　供试土壤

采自山东师范大学附近农田土壤表层(0～20 cm)，土壤类型为褐土。供试土壤基本理化性质见表 2-1。土壤过 2 mm 筛后风干备用。

表 2-1　供试土壤基本理化性质

pH	WHC[a] /%	有机质 /%	CEC[b] /(cmol/g)	全量 Cu[c]	全量 Zn[c]	全量 Pb[c]	全量 Cd[c]	全量 Ni[c]	黏粒[d] /%	粉粒[e] /%	砂粒[f] /%
6.8±0.07	60.5±1.47	2.7±0.00	14.4±2.7	3.85	234.33	4.30	0.28	2.58	8.01	32.11	59.88

a 最大持水量；b 阳离子交换量；c mg/kg；d <0.002 mm；e 0.002～0.02 mm；f 0.02～2 mm。

2.1.4　试剂和设备

(1)试剂

除另加说明，实验所用试剂均购自上海国药集团化学试剂有限公司。NaOH、HNO_3、HCl、HF 皆为优级纯。试验用水均为超纯水(18.2 MΩ, Synergy®UV, Millpore

Corporation，Billerica，MA，USA）。RPMI-1640 培养基购自南京凯基生物有限公司。

组织匀浆缓冲液为 pH 7.6 的 Tris-HCl 含 50 mmol/L Tris（生化试剂，北京索莱宝科技有限公司）、1 mmol/L 二硫苏糖醇（DTT，生化试剂）、1 mmol/L EDTA-2Na 和 250 mmol/L 蔗糖[1]。

体腔细胞提取液配方为：950 mL 0.85% NaCl 和 50 mL 无水乙醇混合，含 10 g/L 愈创木酚甘油醚和 2.5 g/L EDTA，1 mol/L NaOH 调节 pH 为 7.3。

PBS 缓冲液（pH=7.3）、0.04%台盼蓝染液购自北京索莱宝科技有限公司。

RPMI-1640 培养基（pH=7.2，含 10%胎牛血清、2.0 g/L NaHCO$_3$、80 units/mL 青霉素、0.08 mg/mL 链霉素、2 g/L 葡萄糖和 0.3 g/L L-谷氨酰胺），订制于南京凯基生物有限公司。

Cell Counting Kit 8（CCK-8）购自美国 APExBIO 公司。2-氯乙酰胺（化学纯，≥98.5%）。

总蛋白定量，过氧化氢酶（catalase，CAT）、超氧化物歧化酶（superoxide dismutase，SOD）活性、丙二醛（malondialdehyde，MDA）定量、活性氧检测试剂盒均购于南京建成生物工程研究所。

（2）仪器与设备

研究所涉及的主要仪器设备如表 2-2 所示。

表 2-2　仪器设备汇总

名称	型号	生产厂家
电感耦合等离子体发射光谱仪（ICP-OES）	HK-8100	北京华科易通
电子显微镜-X 射线能谱仪（SEM-EDS）	FEI-Prisma-E	美国 Thermo Fisher Scientific
高清 X 射线荧光光谱仪（HDXRF）	Cadence	美国 XOS
傅里叶变换红外光谱仪（FTIR）	ALPHA	德国 Bruker
透射电子显微镜（TEM）	JEM-2100F	日本 JEOL
显微共聚焦拉曼光谱仪	LabRAM HR800	法国 HORLBA JY
纳米粒度和 Zeta 电位仪	Zetasizer Nano	英国马尔文
X 射线衍射仪（XRD）	Ultima IV	日本 Rigaku
超高效液相色谱-质谱联用仪	Agilent 1290 Infinity-Agilent 6545 UHD Accurate-Mass Q-TOF	德国安捷伦
全自动比表面仪	3H-2000PSA4	北京贝士德
紫外-可见光分光光度计	UV-1601	北京瑞利

续表

名称	型号	生产厂家
荧光分光光度计	F-7000	日本日立
光学生物显微镜	DM500	上海徕卡显微系统
酶标仪	Multiskan FC	美国 Thermo Fisher Scientific
高速冷冻离心机	TGL-16M	湖南湘仪
智能人工气候箱	PRX-350B	上海左乐
低速离心机	TDZS-WS	湖南湘仪
电热鼓风干燥箱	101 型	北京永光明
水浴恒温振荡器	SHA-C	江苏金坛
普通电子天平	YP5102	上海光正
超声波清洗机	BK-240B	济南巴克
分析电子天平	AL104(0.0001g)	上海梅特勒-托利多
涡旋混合器	Vortex-Genie 2	美国 Scientific Industries
手持式高速匀浆机	F6/10	上海净信
电热恒温水浴锅	XM-TD400	北京永光明
电热恒温培养箱	DHP-9082	上海一恒科技
低速离心机	TDZS-WS	湖南湘仪
超低温冰箱	DW-86W100J	青岛海尔
普通冰箱	BCD-325WDGB	青岛海尔

2.2　研　究　方　法

2.2.1　纳米炭黑的改性方法

（1）改性纳米炭黑的制备方法

炭黑是疏水性的非极性吸附剂，对非极性有机物具有较强的亲和力，而对极性物质的吸附能力较弱，纳米炭黑用来吸附、钝化重金属离子前需要进行改性，增加其亲水性。对炭黑进行液相氧化改性是改变其亲水性最常用的方法。常采用的氧化剂有浓硫酸、硝酸等强酸。本研究选用了硝酸、硫酸和酸性高锰酸钾作为改性剂，具体方案如表 2-3 所示。

表 2-3　改性纳米炭黑的制备方案

改性剂	浓硝酸	1∶1 硫酸	酸性高锰酸钾
改性方案	称取 10 g 纳米炭黑于 250 mL 锥形瓶中，加入 120 mL 浓硝酸，放于通风橱内静置 2 天后，电炉加热 140℃ 氧化反应 2 小时，将反应液离心，倒掉上清液，加蒸馏水反复清洗，至离心后的上清液 pH 稳定，然后将清洗后的炭黑于 60℃下烘干至恒重，研磨后放在干燥器内备用	称取 10 g 纳米炭黑于 250 mL 锥形瓶中，每瓶加入 120 mL 1∶1 硫酸，放于通风橱内静置 2 天后，电炉加热 140℃氧化反应 2 小时，将反应液离心，倒掉上清液，加蒸馏水反复清洗，至离心后的上清液 pH 稳定，然后将清洗后的炭黑于 60℃下烘干至恒重，研磨后放在干燥器内备用	称取 10 g 纳米炭黑于 250 mL 锥形瓶中，加入 KMnO₄ 溶液和一定体积的浓硝酸溶液共 120 mL，在水浴中反应一段时间后，用去离子水反复清洗，直至上清液 pH 不变为止，然后将清洗后的炭黑于 60℃下烘干至恒重，研磨后放在干燥器内备用

（2）改性纳米炭黑制备方法的优化

通过上述改性方案，制备改性纳米炭黑，依据其对 Cu^{2+} 和 Cd^{2+} 的吸附能力，最终选择用酸性高锰酸钾作为改性剂制备本研究所用钝化剂。但液相氧化制备改性纳米炭黑时，氧化剂的浓度、溶液的酸度、氧化时间及氧化温度等均影响改性纳米炭黑的性能，本研究在选定改性剂的同时，选取四个主要影响因素，即 A-高锰酸钾浓度、B-改性时间、C-改性温度、D-改性剂酸度，每个因素取四个水平，组成四因素四水平正交试验表，通过正交实验方案的设计，优化制备条件。具体正交试验条件如表 2-4 所示。

表 2-4　改性纳米炭黑的正交试验条件

样品号	A 高锰酸钾浓度/(mol/L)	B 改性时间/h	C 改性温度/℃	D 改性剂酸度/(mol/L)
1	0.05	1.0	30	1.0
2	0.05	1.5	50	2.0
3	0.05	2.0	70	3.0
4	0.05	2.5	90	4.0
5	0.10	1.0	50	3.0
6	0.10	1.5	30	4.0
7	0.10	2.0	90	1.0
8	0.10	2.5	70	2.0
9	0.15	1.0	70	4.0
10	0.15	1.5	90	3.0
11	0.15	2.0	30	2.0
12	0.15	2.5	50	1.0
13	0.20	1.0	90	2.0
14	0.20	1.5	70	1.0
15	0.20	2.0	50	4.0
16	0.20	2.5	30	3.0

2.2.2　纳米炭黑对重金属的吸附特性

(1)纳米炭黑对 Cd^{2+} 的吸附实验

分别称取若干份改性纳米炭黑吸附剂 0.1 g 于 50 mL 聚四氟乙烯离心管中,分别加入一定浓度 Cd^{2+} 的硝酸盐溶液,用去离子水定容至 30 mL,使得体系中 Cd^{2+} 的浓度梯度为 0、20 mg/L、40 mg/L、60 mg/L、80 mg/L、100 mg/L、120 mg/L、150 mg/L 和 180 mg/L。25℃恒温振荡 2 h,4000 r/min 离心 15 min,上清液过 0.2 μm 滤膜后测定 Cd^{2+} 的浓度。用差减法计算吸附剂对 Cd^{2+} 的吸附量。

(2)吸附等温线实验

准确称取多份纳米炭黑样品 0.1 g 于 50 mL 聚四氟乙烯离心管中,以 pH 为 5.5 的 0.01 mol/L $NaNO_3$ 溶液为支持电解质, 使体系中 Cd^{2+} 浓度梯度为 0、20 mg/L、40 mg/L、60 mg/L、80 mg/L、100 mg/L、120 mg/L、150 mg/L 和 180 mg/L。25℃恒温振荡 2 h, 4000 r/min 离心 15 min, 上清液过 0.2 μm 滤膜后测定 Cd^{2+} 的浓度。用差减法计算改性纳米炭黑对 Cd^{2+} 的吸附量。

(3)吸附动力学实验

准确称取多份纳米炭黑样品 0.1 g 于 50 mL 聚四氟乙烯离心管中,以 pH 为 5.5 的 0.01 mol/L $NaNO_3$ 溶液为支持电解质, 使体系中 Cd^{2+} 的浓度为 150 mg/L, 总体积为 30 mL, 25℃恒温振荡时间分别为 20 min、30 min、40 min、60 min、90 min、120 min、180 min、300 min、420 min、600 min、720 min、900 min, 取下一个离心管, 4000 r/min 离心 15 min, 上清液过 0.2 μm 滤膜后测定 Cd^{2+} 的浓度。用差减法计算各时刻的吸附量。

(4)吸附影响因素实验

温度对纳米炭黑吸附 Cd^{2+} 的影响:分别称取纳米炭黑样品 0.1 g 于聚四氟乙烯离心管中,用 pH 为 5.5 的 0.01 mol/L $NaNO_3$ 溶液配制浓度梯度为 60 mg/L、80 mg/L、100 mg/L 的 Cd^{2+} 溶液, 分别于 20℃、40℃、60℃、80℃恒温振荡 2h, 4000 r/min 离心 15 min, 上清液过 0.2 μm 滤膜后测定 Cd^{2+} 的浓度。用差减法计算吸附剂对 Cd^{2+} 的吸附量。

溶液 pH 对纳米炭黑吸附 Cd^{2+} 的影响:分别称取纳米炭黑样品 0.1 g 于聚四氟乙烯离心管中, 配制浓度梯度为 60 mg/L、80 mg/L、100 mg/L 的 Cd^{2+} 溶液, 加入少量盐酸或氢氧化钠调节溶液 pH; 其他同吸附等温线实验。

吸附时间对纳米炭黑吸附 Cd 的影响:分别称取多份 MCB 样品 0.1 g 于聚四氟乙烯离心管中, 配制浓度梯度为 60 mg/L、80 mg/L、100 mg/L 的 Cd^{2+} 溶液, 于

25℃下恒温振荡时间分别为 20 min、30 min、40 min、60 min、90 min、120 min、180 min、300 min 后，于 4000 r/min 离心 15 min，上清液过 0.2 μm 滤膜后测定 Cd^{2+} 的浓度。用差减法计算各时刻的吸附量。

(5) 解吸实验

将吸附重金属后的改性纳米炭黑以 95% 的乙醇洗三次（每次 20 mL 以除去游离的重金属离子），于 25℃恒温保持 24 h，然后加入 0.01 mol/L $NaNO_3$ 溶液 40 mL（1∶20）在往复振荡机上振荡 2 h，再于 25℃恒温箱中放置 24 h，离心后测上清液中 pH 和重金属离子浓度，计算出 Cd^{2+} 的解吸率（易解吸态），此解吸率为一次解吸率；将 0.01 mol/L $NaNO_3$ 溶液解吸后的样品分别加入 0.1 mol/L HCl 溶液 40 mL（1∶20）在往复振荡机上振荡 2 h，再于 25℃恒温箱中放置 24 h，离心后测上清液中 pH 和重金属离子浓度，计算出 Cd^{2+} 的解吸率（难解吸态），此解吸率为二次解吸率。

2.2.3 滤纸接触蚯蚓毒性试验

(1) 滤纸接触试验

为探究不同 CNs 的急性毒性，根据 OECD 207 号指南[2]进行蚯蚓的滤纸接触试验。将指南中的直径 3 cm、高 8 cm 的圆底玻璃管改为直径 9 cm 的一次性无菌培养皿以使纳米颗粒更均匀地沉积在滤纸上。称取 0.01 g CNs 于杜恩斯匀浆器（KIMBLE，美国）[3]加入少量超纯水，先后用 A 杵和 B 杵各研磨 50 个冲程，超声（40 kW，30℃）30 min，制备 1000 mg/L 的均一储备液；然后稀释得到 7 mg/L、70 mg/L、700 mg/L、1000 mg/L 的分散液备用。将直径为 9 cm 的中速滤纸（密度为 80~85 g/m²）平铺于培养皿中，吸取 1.0 mL 不同浓度的分散液缓慢滴加到滤纸上，自然晾干后再滴加超纯水重复湿润-干燥几次，使纳米颗粒尽可能均匀地沉积在整个滤纸上，沉积量为 0.1 μg/cm²、1.1 μg/cm²、11.1 μg/cm²、15.7 μg/cm²。对照组用 1.0 mL 不含 CNs 的超纯水处理。暴露试验前，先将受试所需蚯蚓放于湿润方形大滤纸上排泄清肠 3 h，用洗瓶冲洗干净并用滤纸吸干。再次用 1.0 mL 超纯水湿润滤纸，同时每个培养皿中放入 1 条蚯蚓，盖上培养皿盖（允许空气流通）。每组处理设置 10 个重复，每个重复为 1 条蚯蚓/培养皿，共 12 个处理 120 条蚯蚓。将所有培养皿置于湿度 78%±2%、温度 20℃的人工气候室箱内，黑暗条件下培养 48 小时。培养结束后，观察蚯蚓的存活状况。存活蚯蚓清肠 12 h 后用液氮速冻后放于−80℃冰箱保存以备酶活性等测试。

通过参考物质 2-氯乙酰胺（CP，≥98.5%）对受试蚯蚓的急性毒性试验进行试验方法质量控制[2,4,5]。滤纸试验中剂量可用单位为 "mg/L" 的数值除以 63.6 得到单位为 "μg/cm²" 的数值。

(2) 体外毒性试验

为探究不同 CNs 在细胞水平上对蚯蚓的毒性差异，直接利用蚯蚓的体腔细胞进行暴露染毒。采用非侵入式方法提取体腔细胞[6]。每 5 条健康蚯蚓浸入含 5 mL 体腔细胞提取液的 10 mL 离心管中 90 s，取出蚯蚓后用冷冻离心机 4℃下 300 g 离心 3 min 得到沉淀细胞。用 4℃ PBS 离心清洗 2 次，得到沉淀细胞立即使用。体腔细胞可用 RPMI-1640 培养液原代悬浮培养[7-9]。加入 5 mL 培养基重悬细胞，取少量将重悬细胞样品用 PBS 稀释 100 倍后，与 0.4%台盼蓝染液 9∶1 混合染色 3 min，滴一滴悬液于汤麦氏细胞计数板上，40 倍物镜（CX23，Olympus，日本）下观察、计数。蚯蚓悬浮细胞大多数以单细胞形式存在，少数以 2～10 个细胞簇形式存在。95%以上细胞对台盼蓝染液拒染，每条蚯蚓可提取约 10^5～10^6 个细胞。

暴露染毒方法：称取一定质量的 CNs 于已知体积的培养基中，杜恩斯匀浆器（KIMBLE，美国）研磨 50 冲程，超声分散 30 min，循环 2 次，制备 1 mg/mL 的储备液并用培养基稀释至所需浓度。向细胞悬浮液中加入培养基调整细胞浓度为 $5×10^5$/mL，取 100 μL 细胞样品加入 96 孔培养板（康宁，美国）中，添加终浓度为 1 mg/L、10 mg/L、100 mg/L 的 CNs，25℃黑暗无菌条件下暴露 12 h（培养箱中置入无菌水保持湿度 65%～70%），用 CCK-8 试剂盒测定细胞存活率。同时设定不加药的空白对照，每个处理至少设 4 个平行孔。

(3) 改性纳米炭黑和 Cd 单一和联合毒性试验

① 单一和联合毒性试验设计

对于单一毒物暴露试验，分别将蚯蚓细胞用 100 μL 浓度为 0～500 mg/L 的 Cd^{2+} 或浓度为 0～500 mg/L MCB 处理。通过将 $CdCl_2·2.5\ H_2O$ 溶于超纯水中来制备 Cd 储备液，并稀释成一系列浓度梯度。MCB 通过超声处理（40 kHz，20 min，30℃）均匀分散在完全培养基中，制成 1 mg/mL 的储备液，并稀释成系列浓度梯度。以完全培养基处理细胞为对照，每个处理至少重复三次。

对于混合物暴露试验，设计了两种暴露方法。第一种是因子设计，同时添加浓度为 1～10 mg/L 的 Cd 和 1～50 mg/L 的 MCB 到含细胞的培养基内。第二种是基于毒性单位（TU）概念的固定比例设计，TU 通过混合物中每种化学物的浓度（c_i）除以其相应的半数有效浓度（EC_{50i}）来计算[10]。混合物中的总预期毒性强度（$\sum TU = TU_{Cd} + TU_{FNCB}$）为 0.5（0.125 + 0.375、0.25 + 0.25、0.375 + 0.125、0.45 + 0.05），1（0.25 + 0.75、0.5 + 0.5、0.75 + 0.25、0.90 + 0.10）和 1.5（0.375 + 1.125、0.75 + 0.75、1.125 + 0.375、1.35 + 0.15）。在析因设计和固定比例设计中，将一定浓度的未混合 FNCB 和 Cd 稀释液同时添加（$V∶V=1∶1$）到装有细胞的平板中，以实现其所需和标称浓度（C_i）。对照重复四次，处理组重复三次。细胞板用铝箔包裹，在 20℃，湿度为 65%～70%，黑暗条件下培养 12 h。

②土壤培养联合毒性试验

模拟污染土壤的制备。取 2.0 kg 风干土，添加 100 mg/L 的 Cd^{2+} 溶液 0.1 L，室内干湿交替培养 2 个月，配制成 Cd 污染土壤，Cd 的外源添加量为 5.0 mg/kg，该浓度在以往钝化模拟污染土壤研究中被使用[11,12]。最终实测污染土壤 Cd 含量为 5.31 mg/kg。然后向每盆 600 g 老化后的 Cd 污染风干土壤及未污染土壤中添加 9.0 g MCB，搅拌均匀后添加 156 mL 水，置于人工气候箱于 20℃，湿度 78%±2% 下平衡 1 周。最终设置 3 个处理，分别是对照（Cd 本底值 0.28 mg/kg）、Cd（5.31 mg/kg）、MCB + Cd（15 g/kg + 5.31 mg/kg），每个处理设 3 个平行，共 9 盆。

暴露处理。每盆放入 10 条蚯蚓，用纱布封口防止逃逸，放于人工气候箱中 20℃、湿度 78%±2% 的黑暗条件下培养 28 d。每周称量补水一次，保持土壤水分含量为饱和持水量的 50%。每盆土壤表面添加 5.0 g 无污染干牛粪供蚯蚓取食。分别在 14 d 和 28 d 计数蚯蚓的存活率。蚯蚓死亡的判据是对机械刺激无反应或从土壤消失。实验结束后对照组死亡率小于 20% 认定实验有效。培养结束后将存活蚯蚓放于湿润滤纸上清肠 3 h，液氮冻干后放于 –80℃ 冰箱保存，进行蚯蚓体内总蛋白含量、CAT 活力、LDH 活力、GSH 和 GSSG 含量的测定。

(4)联合细胞毒性影响的验证

将制备的 MCB-Cd 立即用于细胞暴露。具体地，将 25℃ 吸附动力学实验中吸附平衡的一个样本中的离心残留物用乙醇洗涤三次，晾干后用培养基分散，最后稀释至不同浓度进行毒性测试，通过 MCB 的浓度和平衡吸附量(22.18 mg/g)计算 Cd 暴露浓度。对比试验通过向细胞悬浮液中同时分开加入等量的 MCB 和 Cd（MCB+Cd）进行，检测细胞毒性。

2.2.4　土壤中蚯蚓毒性试验

(1)土壤培养试验

①不同碳纳米材料试验

模拟土壤暴露的配置方法：称取 0.06 g 或 0.6 g 三种 CNs 于 1L 玻璃烧杯中，添加 156 mL 超纯水超声分散 2 h，涡旋 1 min，然后匀速加入 600 g 风干土并剧烈搅拌均匀[13]，得到含 0.01%（100 mg/kg）和 0.1%（1000 mg/kg）CNs 处理的土壤。土壤深度为 7～8 cm，容器截面积约为 80 cm^2。每一处理设 3 个平行，同时设置 3 个不加 CNs、其他条件均相同的对照土壤。共 7 个处理，21 个容器。容器称量后室温平衡 1 周。暴露试验前补充水分至初始值以使土壤达到土壤最大持水量的 60%。分散液 pH 未调节，添加 CNs 后土壤 pH 为 6.5～7.5，平均值为 7.02±0.19（N=21）。

将蚯蚓用无菌超纯水冲洗干净后称量并随机分配 10 条到各处理土壤表面。培养密度 10 条/600 g 风干土符合 OECD-222[14]推荐值。试验前每种土壤表面均撒入 5 g 磨细的无污染干牛粪,试验期间不再投加食物。容器用铝箔包裹并留有透气孔,在人工气候箱中 20℃±2℃,79%±1%的湿度下培养 28 d。培养结束后观察蚯蚓存活状况并洗净擦干后称量。报告土壤水分状况。让蚯蚓于湿润滤纸保持 24 h 排空肠道,液氮速冻后保存于–80℃冰箱中。每个平行中的样本一分为二,分别供肠道微生物和代谢组学检测。

②改性纳米炭黑试验

称取土壤干重 1.5%的 CB 和 MCB 处理农田土壤,分别进行蚯蚓暴露,处理浓度的设置参照了大部分土壤修复研究中钝化剂的添加量。每盆 600 g 风干土壤添加 9.0 g CB/MCB,剧烈搅拌均匀后添加 156 mL 水,置于人工气候箱于 20℃,湿度 78%±2%下平衡 1 周。以不加 CB 和 MCB 的处理为对照组,每个处理设 3 个平行共 9 盆。培养前取出 10.0 g 土样测定 pH。每盆放入 10 条称量后的蚯蚓,用纱布封口防止逃逸,放于人工气候箱中 20℃、空气湿度 78%±2%的黑暗条件下培养 28 d。每周称量补水一次,保持土壤水分含量为饱和持水量的 50%。每盆土壤表面添加 5.0 g 无污染干牛粪(重金属均未检出)供蚯蚓取食[14]。分别在 14 d 和 28 d 计数蚯蚓的存活率,蚯蚓死亡的判据是对机械刺激无反应或从土壤消失。实验后对照组死亡率小于 20%认定实验有效。培养结束后对存活蚯蚓称量,放于湿润滤纸上清肠 24 h,液氮冻干后放于–80℃冰箱保存。

(2)蚯蚓回避试验

回避行为是指与对照土壤相比生物回避受试土壤的倾向,若平均 80%以上的蚯蚓都在实验对照组无污染土壤中存在,则表示受试土壤的栖息地功能受限。蚯蚓回避实验可以以评价化学物对蚯蚓亚致死效应,其原理是将数条蚯蚓同时暴露于互相连接的对照组土壤和污染(或含有受试物)的土壤中一定时间后,观察并记录蚯蚓选择进入对照土壤的情况,即蚯蚓对受试土壤是否有回避现象。本试验采用二室行为观测仪进行[15,16],其为 20 cm×14 cm×9 cm 长方体聚丙烯容器。首先,将 4 kg 风干土分别与 CB 或 MCB 充分搅动混合,得到质量分数为 0.015%和 1.5%的"污染"土壤。其中,低浓度处理采用湿法混匀:将 CB 或 MCB 分散在足量的超纯水中(能使土壤水分含量达到最大持水量的 50%),然后将土壤添加到盛有 CB 或 MCB 悬浮液的容器中,充分搅拌;高浓度处理则直接采用干法混匀:先将 CB 或 MCB 与土壤混匀,再添加超纯水使土壤水分含量达到最大持水量的 50%(约占风干土重的 26%)。将一长方形隔板放于容器中心分成二室,在容器两侧分别添加湿重为 800 g 的污染土壤和对照土壤,土壤高度超过 5 cm。移除挡板后,将 10 条蚯蚓放置在两种土壤的交界线上。待蚯蚓全部钻入土壤后,盖上透气的塑料盖。

试验过程中蚯蚓可以在两种测试基质间自由移动，在与滤纸试验相同的条件下培养 48 小时后，再次用挡板隔开并从容器中挑出蚯蚓。若翻土挑取蚯蚓较困难，可将容器置于 60℃水浴中，蚯蚓会很快爬出土壤表面。分别记录挡板两侧土壤中蚯蚓的数量。同时进行两室均为未污染土壤的对照实验。每个处理设 3 个平行重复，共 5 个处理 15 个容器。实验过程中不用喂食，实验结束时蚯蚓死亡率不得超过 10%。

回避试验中，蚯蚓回避率的计算方法为：$AR=[(N_C-N_T)/N_0]\times100\%$，其中 AR 为回避率；$N_C$ 为在对照土壤中观察到的蚯蚓数量；N_T 为添加 CB 或 MCB 土壤中观察到的蚯蚓数量；N_0 为每个容器的蚯蚓总数。使用双尾二项分布检验每次试验结束时处理土壤和对照土壤之间的蚯蚓分布状况，预期两种土壤之间的蚯蚓数量呈正态分布（$P=0.5$）。如果在测试结束时发现处理土壤中的蚯蚓数量与预期的二项式分布相比，显著少于对照土壤（$P\leqslant0.05$），但平均回避率<60%，响应被定义为弱回避。如果测试结束时在处理土壤中发现的蚯蚓数量明显少于对照土壤，并且平均回避率为大于等于 60%（即 10 条蚯蚓中至少有 8 条蚯蚓进入对照土壤），响应被认为是强回避。后者遵循国际标准化组织协议，其中引起大于 60%的回避反应的土壤被定义为具有栖息地功能受限。

（3）遗传毒性试验

为探究 CB 和 MCB 对蚯蚓 DNA 损伤的影响，对暴露染毒细胞进行单细胞凝胶电泳（彗星试验）。用 RPMI-1640 培养基重悬沉淀细胞，调整细胞密度为 1×10^6/mL，暴露于 100 mg/L CB 或 MCB 分散液中，12 h 后收集细胞，4℃下 PBS 离心清洗 3 次，用 DNA 损伤试剂盒测试，详见分析方法。

2.2.5　改性纳米炭黑对模拟大单层囊泡的影响实验

（1）碳纳米材料分散液的制备

①吸附。在锥形瓶中分别称取 0.05 g CB 和 0.05 g MCB，分别向锥形瓶中加入 100 mL 5 g/L 的牛血清蛋白 BSA 溶液，混合物在恒温摇床中振荡 48 h，得到 CB 或 MCB 的悬浮液。振荡 48 h 内间断取样，每次取样用 0.45 μm 滤膜过滤，过滤后的溶液装到 30 mL 塑料小瓶中，并按时间标号。

②离心清洗。振荡 48 h 后，将碳的悬浮液通过 12 次离心清洗去除。每次清洗时，将分散液离心（4000 r/min，30 min）后去除上清液，然后与去离子水混合，振荡 5 min 后再次离心。最后一次清洗后，将悬浮液用 0.1 mol/L 葡萄糖溶液稀释，超声 2 h 后使其分散，得到最终的碳分散液。

③稀释浓度。上述分散液继续用葡萄糖稀释，使其稀释到浓度约为 100～120 mg/L、60～80 mg/L、20～40 mg/L，并记录好数据。

(2)大单层囊泡的制备

本实验采用温和水化法[17]制备大单层囊泡。将 DOPC、DOPG 或 16:0 TPA 溶解于氯仿/甲醇(体积比 2∶1)混合物中,得到三种磷脂储备溶液,浓度分别为 18 mg/mL、2 mg/mL、2 mg/mL。然后用 50 μL DOPC 与 50 μL DOPG(或 50 μL DOPC 与 50 μL 16∶0 TPA)在玻璃管中混合,制备带正电 GUVs(或带负电 GUVs)。磷脂混合物再用氮气旋转蒸发干燥,使其在玻璃管底部形成均匀的薄磷脂层。

将含有磷脂(1 mg)的玻璃管放入真空干燥器中抽真空 30 min,去除残留有机溶剂。然后向管中加入 0.1 mol/L 蔗糖溶液 4 mL,40℃下水化(鼓风干燥箱)24 h 后形成 GUVs 储备悬浮液。暴露实验前将大单层囊泡 GUVs 悬浮液用 0.1 mol/L 葡萄糖溶液稀释至 100 mg/L,使 GUVs 外部为葡萄糖溶液,又由于囊泡制备过程中内部加入蔗糖溶液,这样就使 GUVs 内部和外部溶液介质不同,折射率也不同,从而使大单层囊泡在明场显微镜中更容易被观察。

(3)改性纳米炭黑暴露时间对模拟大单囊泡的影响

分别将 10 μL 的 GUVs$^+$ 和 GUVs$^-$ 置于玻璃皿中,暴露在 990 μL 0.1 mol/L 葡萄糖的 25 mg/L MCB 和 21 mg/L CB 中,暴露时间正电 GUVs$^+$ 为 4 h,负电 GUVs$^-$ 为 12 h,以 0.1 mol/L 葡萄糖稀释 10 μL 制备的 GUVs 为对照,观察 GUVs 的形态变化。

(4)改性纳米炭黑浓度对模拟大单囊泡的影响

分别将 10 μL GUVs$^-$ 置于玻璃皿中,暴露在 990 μL 0.1 mol/L 葡萄糖的 25 mg/L、77 mg/L 和 120 mg/L 的 MCB 或 21 mg/L、67 mg/L 和 104 mg/L CB 中,暴露时间分别为 10 min、20 min、60 min 和 240 min,以 0.1 mol/L 葡萄糖稀释 10 μL 制备的 GUVs$^-$ 为对照,观察 GUVs$^-$ 的形态变化。

(5)大单层囊泡的显微观察

在分散好的碳分散液使用之前,用 0.1 mol/L HCl 和 0.1 mol/L NaOH 调节 pH 至 6.5。然后取 GUVs 悬浮液滴到玻璃培养皿中心,再取碳分散液将其在培养皿中迅速分散稀释。用 40 倍的物镜倒置显微镜进行明场(bright field,BF)下观察[18],观察拍摄的暴露过程中大单层囊泡 GUVs 的形状及完整性的变化,探究 CB 分散液和 MCB 分散液对正、负 GUVs 的作用差异,并探究不同浓度的碳分散液对 GUVs 的作用。

2.3　分　析　方　法

2.3.1　土壤基本性质

土壤 pH：10 g 风干土加 25 mL 0.01 mol/L CaCl$_2$ 溶液（液土比=1∶2.5），振荡 1 min，静置 30 min 后 DZS-706 多参数分析仪测定[19]。

土壤最大持水量：铝盒吸水烘干称重法[19]。

土壤有机质：360℃灼烧失重法[19]。

阳离子交换量：BaCl$_2$ 强制交换法[19]。

土壤质地：（黏粒<0.002 mm，粉粒 0.002~0.02 mm，砂粒 0.02~2 mm）采用 Malvern 3000 激光粒度仪测定[19]。

2.3.2　重金属含量

（1）碳纳米材料中重金属含量

称取 0.200 g 烘干碳纳米材料样品放于 150 mL 三角瓶中，加浓硝酸 25 mL，放置过夜，盖上小漏斗，电热板上低温加热 30 min。冷却，加高氯酸 5 mL，小火加热至白烟消失，待溶液成无色透明尚有 2 mL 时终止。冷却后用热水洗入 50 mL 容量瓶，定容，待测。

（2）土壤中有效态重金属含量

称取过 20 目筛的风干土壤样品 10 g，放入 60 mL 塑料瓶中，加 20 mL DTPA 浸提剂，在 25℃时用振荡机振荡 2 h，过滤得上清液待测。用原子吸收分光光度法测定上清液中重金属含量即为有效态重金属含量。

（3）土壤重金属全量

准确称取过 100 目筛的风干土壤样品 1.00 g，用 HF-HNO$_3$-HClO$_4$ 消解[19]后用 HK-8100 型电感耦合等离子体光谱仪（ICP-OES）测定重金属全量。

（4）植物体内重金属含量

称取 0.500 g 烘干磨细植物样品放于 150 mL 三角瓶中，加浓硝酸 25 mL，放置过夜，盖上小漏斗，电热板上低温加热 30 min。冷却，加高氯酸 5 mL，小火加热至白烟消失，待溶液成无色透明尚有 2 mL 时终止。冷却后用热水洗入 50 mL 容量瓶，定容，待测。

（5）蚯蚓体内重金属含量

每组取 3 条蚯蚓，80℃烘干，研磨过 80 目筛后平分 3 份，利用 HNO_3-$HClO_4$ 消解[20]，透明消化液经过滤冲洗，定容至 25 mL，用 AAS 测定 Cd 含量。另从对照组取 3 条蚯蚓，进行加标回收率的测定，该方法 Cd 的加标回收率为 100.2%。

（6）蚯蚓细胞内细胞外重金属含量

为了定量测试在低和高胁迫压力下细胞内和细胞外的 Cd^{2+} 含量，在 24 孔板中单独用 Cd^{2+}（2 mg/L 和 10 mg/L）或用 MCB 和 Cd 的混合物（2 mg/L Cd^{2+}和 20 mg/L MCB，以及 10 mg/L Cd^{2+}和 60 mg/L MCB）培养体腔细胞（2.5×10^5 /mL）12 h。每一处理重复三次。然后，300 g 离心 5 min 后，通过 AAS 测定上清液中的 Cd^{2+}含量。另外，将细胞用体腔细胞提取液洗涤 3 次，对于 Cd 单独暴露组，细胞沉淀用 HNO_3/H_2O_2（1∶1）消化后测定细胞内 Cd 含量。对于混合物暴露组，将洗涤过的细胞用 200 μL 裂解缓冲液（1% SDS，1 mmol/L $MgCl_2$ 和 1 mmol/L $CaCl_2$）裂解 10 min[21]，以 13000 r/min 离心分离 MCB 和细胞碎片。通过 AAS 检测细胞内游离 Cd^{2+}含量，并与单一 Cd 暴露组对比，间接反映被 MCB 吸附的 Cd^{2+}含量。

2.3.3　纳米材料的表征

（1）形貌

采用 TEM 对 CNs 形貌进行表征。测定时，将 1 mg CNs 超声波分散于 10 mL 无水乙醇中，滴几滴悬液于铜网上，晾干后用 JEM-2100F 型电子显微镜观察拍照[22,23]。

（2）比表面积

将 CNs 于 105℃烘烤 6 h 后，采用比表面积分析仪通过 Brunauer-Emmet-Teller（BET）多点曲线法精确测定比表面积。BET 法计算 SSA 的公式为式（2-1）和式（2-2）：

$$\frac{P}{V(P_0 - P)} = \frac{1}{V_m c} + \frac{c-1}{V_m c}\frac{P}{P_0} \tag{2-1}$$

$$SSA = \frac{A_m V_m N_A}{22.4(L/mol)} \tag{2-2}$$

式中，V_m 是单层饱和吸附量，mL/g；V 是吸附质的体积；c 是取决于吸附热的 BET 常数；P_0 是在吸附温度下吸附质液体的饱和蒸气压，100kPa，N_2 为 1.045；P 是吸附质的分压；A_m 是吸附质分子的横截面积，在 77 K 时，N_2 为 0.162 nm^2；N_A 是阿伏伽德罗常数（6.022×10^{23}）。V_m 和 c 可以由 $P/[V(P_0–P)]$ 随 P/P_0 变化曲线的斜率和截距计算得到。

(3) Zeta 电位和水力学直径 (D_{H})

三种 CNs 的 Zeta 电位和水力学直径 (D_{H}) 利用 Zetasizer Nano 纳米粒度-电位分析仪测定。Zeta 电位采用两种分散介质测定,第一种是将 5 mg CNs 用 50 mL 0.1 mol/L NaNO₃ 电解质溶液分散,140 r/min 振荡 12 h,用 0.01 mol/L HNO₃ 或 0.01 mol/L NaOH 调节 pH 并取样,立即测定不同 pH 下的 Zeta 电位。第二种将 0.01 g CNs 分散于 10 mL RPMI-1640 培养基中,超声 30 min (40 kHz, 100 W) 后立即注入 U 型样品池测定;测定原理是利用激光多普勒电泳法测出电迁移率,并利用亨利方程求得 Zeta 电位,计算时采用水性介质 Smoluchowski 近似,即 $f(ka)=1.5$,测试温度 25℃,平衡时间 30 s。D_{H} 的测定基于动态光散射 (DLS) 原理,测定方法为将 0.01 g CNs 分散于 10 mL RPMI-1640 培养基中,超声 30 min (40 kHz, 100 W) 后立即注入矩形样品池测定,由于大粒径颗粒会掩盖小粒径颗粒信号,将分散液通过 0.22 μm 滤膜后再次测定 D_{H},每个样品进行 3 次平行测试。

(4) 表面官能团和元素分析

将 CNs 与 KBr ($w/w=1:20$) 研磨装片,利用 Bruke ALPHA 红外光谱仪,波数范围 400~4000 cm⁻¹ 测定 CNs 的表面官能团。采用 SEM-EDS 测定 CNs 表面元素组成;将粉末置于沾有导电胶的样品台上,抽真空、设定电压 30 kV,定位 CNs 颗粒,选择至少三个点进行 EDS 轰击。

(5) 表面缺陷和结晶度

采用 X 射线衍射仪进行物相分析。将 CNs 粉末装到样品槽中,干净玻片压实,测试条件为 Cu 靶 Kα 射线 ($\lambda=0.15406$ nm),电压 40 kV。扫描角度 5°~60°,步长 0.02°。

采用显微共聚焦拉曼光谱仪于激光器波长 633 nm 处测定 CNs 的拉曼光谱,扫描频率:SWCNT 为 50~4000 cm⁻¹,CB 和 RGO 为 500~3500 cm⁻¹,每个样品测试 3 次。

(6) 重金属杂质

将 0.01 g CNs 用 HNO₃-HF (4:1) 180℃微波消解 4 h,ICP-OES 法测定颗粒所含催化剂重金属杂质含量[24];采用高清 X 射线荧光光谱仪 (HDXRF) 进行验证[25]。

采用铁活化 (mobilization) 试验测定 CNs 的二价铁杂质在培养基中的溶出量[26]。CB、RGO 和 SWCNT 分散液 (0.1 mg/mL) 与含 10 mmol/L 1,10-菲咯啉的 PBS 混合,无光照放置 72 h。样品涡旋后,13000 r/min 离心 1 h,用分光光度计 562 nm 处测定 Fe (II)-邻菲咯啉配合物的吸光度。1 mg/L 硫酸亚铁铵作阳性对照。

2.3.4　蚯蚓毒理效应指标

（1）蚯蚓体重增长率

土壤培养试验前后称量蚯蚓体重，蚯蚓体重增长率计算公式为：（培养后平均体重–培养前平均体重）/培养前体重×100%。

（2）半数致死浓度 LC_{50}

暴露培养结束后，若蚯蚓对机械刺激没有反应则认定为死亡。根据蚯蚓的死亡数计算 LC_{50}。

（3）生物标志物提取与测定

滤纸接触暴露后，随机选取 3 条冻干蚯蚓，称量后用手术刀切成小块，然后放入 50 mL 离心管中，加入冰冷的 Tris-HCl 缓冲液，按质量体积比 1∶9 (w/V) 混合，用手持式高速匀浆器匀浆，然后将匀浆液在冷冻离心机中 4℃、4000 r/min 离心 10 min，得到质量分数 10% 的组织上清液，用以测定总蛋白含量。取 10% 上清液用 Tris-HCl 缓冲液稀释至 1%，测定 SOD、CAT 活性和 MDA 含量。

总蛋白的测定：利用考马斯亮蓝法[27]，其原理是考马斯亮蓝显色剂中的阴离子可以与蛋白质分子中的-NH_3^+结合生成蓝色的物质，通过测定反应液于 595 nm 波长（UV-Vis 分光光度计）处的吸光度，可以计算出蛋白质含量（g/L）。

SOD 活力的测定：采用 WST-1 微板法（黄嘌呤氧化酶法）[28]。SOD 对黄嘌呤和其氧化酶产生的超氧阴离子自由基有专一抑制作用，使超氧阴离子与显色剂（WST-1）反应生成的染料吸光度变化（Multiskan FC 酶标仪，450 nm），以 SOD 抑制率达 50% 时对应的酶量为 1 个酶活力单位（U/mg prot）。

CAT 活力的测定：采用钼酸铵终止法[29]。过氧化氢酶催化分解 H_2O_2 的反应可通过加入钼酸铵迅速终止，剩余的 H_2O_2 可以与钼酸铵配合生成一种淡黄色的络合物，其最大吸收波长为 405 nm，通过分光光度计测定吸光度的变化，可计算出 CAT 的活力，定义每毫克组织蛋白每秒钟分解 1 μmol 的 H_2O_2 的量为 1 个活力单位（U/mg prot）。

MDA 含量的测定：采用 Buege and Aust 的方法[30]。硫代巴比妥酸（TBA）可与 MDA 缩合成红色产物，通过分光光度计测定在最大吸收峰 532 nm 处吸光度的变化，计算 MDA 含量，以 nmol/mg prot 表示。

（4）体腔细胞存活率

体腔细胞存活率的测定方法为 WST-8 法[31]。高水溶性的四唑盐（WST-8）只能通过活细胞中的脱氢酶转化为橙色的水溶性甲臜（formazan）[32]。因此，活细胞的数量直接由反应液颜色变化反映。经预实验测试，反应液吸光度与细胞板计数法得到的细胞密度之间存在较好的线性关系。未处理新鲜细胞培养 12 h 后，测定绝对存活率。细胞染毒处理后，用 PBS 洗涤两次，用 WST-8 试剂孵育 2 h，后利用酶标仪在 450 nm 处测量上清液的吸光度。细胞相对存活率为处理组样品吸光度（A_T）占对照组吸光度平均值（A_C）的百分数（$A_T/A_C \times 100\%$）。

(5) 肠道微生物高通量测序

每一处理组中每个平行样本平分成两份分别测试，共 3×2=6 个测试样本。

样本 DNA 抽提和检测：取 200 mg 肠道样本（包括肠壁和内容物）液氮研磨，用蛋白酶 K 裂解-酚、氯仿、异戊醇萃取法提取微生物 DNA[33]。取 3 μL 抽提的基因组 DNA 利用 1.2%琼脂糖凝胶电泳检测完整性。

细菌 16S rDNA 扩增和高通量测序：首先，根据 Illumina Miseq 高通量测序要求，设计需要扩增的目标区域以及带有测序引物和特异引物的融合引物。其次对纯化的 DNA 进行 27 个循环的第一次 PCR 扩增，扩增区段为细菌 rDNA 的高可变 V3～V4 区段，正向引物为 357F 5′-ACTCCTACGGRAGGCAGCAG-3′，反向引物 806R 5′-GGACTACHVGGGTWTCTAAT-3′[34]。扩增体系包含 DNA 2 μL，10 μL 5X 缓冲液，1 μL 浓度为 10 mmol/L 的 dNTP，正反向引物（10mmol/L）各 1 μL，1 U 超保真（Phusion）DNA 聚合酶，超纯水共 50 μL。PCR 循环扩增为 94℃下预变性 2 min，然后变性 30 s 形成单链，56℃退火 30 s 使 dNTP 碱基配对，72℃延伸 30 s 循环 27 次，最后 72℃再维持 5 min 收集保存。将第一次扩增的样品通过琼脂糖凝胶电泳检测，将检测结果优良（对照污染、浓度、长度适中）的样本切胶回收。第一次扩增的目的是增加 DNA 的拷贝数。回收的 DNA 进行 8 循环的第二次扩增，目的是将测序添加测序接头、测序引物、标签序列到目的片段两端满足 Illumina 平台要求。第二次 PCR 模板 DNA 添加 5 μL，DNA 聚合酶加 0.8 U，超纯水 40 μL，其与试剂和扩增条件通过第一次 PCR 扩增。全部 PCR 产物用 AXYGEN 公司的凝胶回收试剂盒（AxyPrepDNA）回收，将样本等摩尔比混匀后完成文库构建，在上海微基生物科技有限公司 Illumina Miseq 2×300 bp 平台上完成双向测序[35]。

通过标签序列将原始数据归属于 42 个样本，采用 Trimmomatic 软件[36]过滤掉末端低质量序列，根据序列配对末端之间的重叠关系，采用 flash 软件将成对的序列片段拼接成一条完整序列[37]，采用 mothur1.33.3 软件对序列进行质量质控和过滤得到优化序列[38]。利用 UPARSE 软件以 97%的阈值聚类为一个操作分类单位（OTU）[39]，再次利用 mothur 软件 classify.seqs 功能将 OTU 代表序列与 Silva128 数据库比对进行物种注释，置信度阈值设置为 0.6[40]。物种注释后遵照分类学信息在不同层次上统计细菌的群落结构。利用稀释性曲线，Alpha 多样性分析（Chao、Ace、Sobs 物种丰富度分析，Shannon、Simpson、PD_whole_tree 等物种多样性统计），Venn 图，Beta 多样性分析（Weighted Unifrac），利用 R 语言 3.4.1 的 vegan 包进行两两样品间的基于 OTU 的 Bray-Curtis 距离分析和 PCoA 分析，pheatmap 包绘制差异性矩阵热图。利用线性判别分析结合效应量法（LEfSe，http://huttenhower.sph.harvard.edu/galaxy/）进一步确定不同处理间丰度差异显著的物种[13]。

（6）代谢组学检测

将样本放在冰上融化，每个样品取 50 mg，加入 500 μL 甲醇溶液（含 5 μg/mL L-2-氯-苯丙氨酸作为内标）[41]，50 Hz 匀浆 240 s，涡旋 2 min，静置 1 min，4℃，12000 r/min 离心 10 min，取上清液放入带有内插管的进样小瓶中。将每个样品的上清液各取 20 μL，混合后涡旋，通过 0.45 μm 滤膜过滤，作为质控 QC 样本。

UPLC-MS 检测：UPLC-MS 分析使用 Agilent 1290 Infinity 超高效液相色谱与 Agilent 6545 UHD Accurate Mass Q-TOF 质谱联用仪。色谱柱为 Waters XSelect R HSS T3 柱（2.5 μm，100 mm×2.1 mm）。

流动相：A-水溶液（0.1%甲酸），B-乙腈（0.1%甲酸）；流速：0.35 mL/min；柱温：40℃；进样量：2 μL。优化的色谱梯度：0～2 min，5% B；2～10 min，5%～95% B；10～15 min，95% B。Post time 设为 3 min，用于平衡系统。

质谱使用正离子模式（[M+H/Na]$^{+}$），优化的参数如下：capillary voltage，3.5 kV；drying gas flow，10 L/min；gas temperature，325℃；nebulizer pressure，20 psig；fragmentor voltage，120 V；skimmer voltage，45 V。质谱的采集范围 m/z 50～3000。通过 Proteowizard 软件（v3.0.8789）将获得的原始数据转换成 mzXML 格式（xcms 输入文件格式）。利用 R（v3.3.2）的 XCMS 程序包进行峰识别、峰过滤、峰对齐[42]，主要参数有半峰全宽 $fw_{hm}=8$，信噪阈值 $sn_{thresh}=5$，高斯平滑函数宽度 $bw=10$。得到包括质核比（m/z）和保留时间（RT）及峰面积等信息的数据矩阵；比对自建数据库（包含 METLIN 和 HMDB）总共解析获得 3574 个前体分子。导出解卷积数据至 excel，对数据进行峰面积的批次归一化预处理获得代谢物归一化强度数据。将数据 Parleto 中心化并进行多元统计分析。采用主成分分析（PCA）和正交偏最小二乘判别分析（OPLS-DA）进行变量降维和可视化，采用 OPLS-DA 的重要性投影值（VIP＞1）和单因素分析（$P<0.05$）为条件进行总差异代谢物的筛选。PCA、OPLS-DA 分析（包含 7 折交叉验证策略和 99 次分类标签置换检验）分别采用 OriginPro 2019 和 SIMCA14.1 软件进行。

（7）蚯蚓组织和细胞病理学

组织切片病理：对土壤培养后蚯蚓进行组织病理学检查，以获知 CB 和 MCB 对蚯蚓的物理损伤状况。采用石蜡切片-H&E 染色法，制片程序如下：取蚯蚓 PBS 洗净后，滴 3 滴无水乙醇于头部麻醉蚯蚓——手术剪横切环节后 1 cm 约 0.5 cm 大小的组织块—4%多聚甲醛固定 12 h—自来水缓流冲洗 10 h—脱水（70%酒精 1 h，80%酒精 30 min，95%酒精 30 min 2 次，100%酒精 30 min 2 次）—透明（二甲苯+酒精等体积 1 h，二甲苯浸透 1 h、重复 2 次）—浸入 60℃蜡液（切片石蜡熔点 56～58℃）3 h—夹取组织块于预热的一次性包埋盒中，灌注液体蜡并冷却凝固—切片机切取厚度 5 μm 的薄片—37℃水浴中展片—载玻片捞片置于 37℃烘箱中烘片 12 h—脱蜡复水（二甲苯 10 min，2 次，100%、95%、90%、80%、75%、50%、超纯水各 3 min）—1 滴苏木素染色 3 min（实时观察，洗涤后根据情况放入 PBS 返蓝）—自来水清洗—95%酒精 30 s，1 滴伊红染色 1 min（染色过深，1%盐酸酒精分化）—自来水洗涤—光学显微镜观察拍照。

体腔细胞病理观察：体腔细胞暴露于 60 mg/L MCB 3 h 后，收集于 1.5 mL 离心管，PBS 清洗 2 次，95%酒精固定 1 h，PBS 清洗，然后用 H&E 染色，光学显微镜 100×物镜下观察。

(8)蚯蚓体腔细胞 TEM 分析

将蚯蚓体腔细胞用 2.5%戊二醛和 1%锇酸在 4℃双重固定，后用系列浓度的丙酮进行梯度脱水、浸透、包埋，用超薄切片机切片，透射电镜下观察切片。

(9)蚯蚓的 DNA 损伤

①三明治式铺胶。电炉加热溶解琼脂糖,滴加 70 μL 0.7%正常熔点琼脂糖到 45℃预热单面磨砂载玻片上，盖上盖玻片，4℃冰箱中凝固 10 min；在 37℃下将约 25 μL 细胞悬浮液与 75 μL 0.5%低熔点琼脂糖混匀，轻揭开盖玻片并迅速将其滴加到第一层琼脂糖上，盖上盖玻片置于 4℃冰箱中 10 min，使第二层琼脂糖凝固。然后滴加 75 μL 37℃预热的 0.5%低熔点琼脂糖，高湿条件凝胶化 30 min，完成三层胶制备。

②细胞裂解。将铺胶后载玻片浸入 4℃裂解液（Lysis Buffer）中 2 h，PBS 清洗 3 次。

③DNA 碱解旋。将载玻片放于水平电泳槽中倒入碱性电泳缓冲液，液面高出载玻片 0.25 cm，避光静置 20～30 min，使 DNA 解螺旋产生单链或碱易变性区段。

④电泳。调节电泳仪（DYY-6D 型，北京六一）电压 25 V、电流 30 mA，电泳 30 min。

⑤染色。用 0.4 mmol/L Tris-HCl（pH = 7.5）中和 3 次，每次 10 min。每载玻片滴加 20 μL PI 染液，避光染色 10 min。

⑥显微观察。倒置荧光显微镜下 G 波段激发光观察拍照，采用 CASP 软件计算 20 个细胞的 Olive 尾矩（OTM：DNA 头部重心到尾部重心的距离与 DNA 尾部百分百的乘积）[43,44]，计数时选取具有单峰的未死亡细胞的 DNA 图像。

2.4　数　据　处　理

2.4.1　数据的统计分析

　　两处理组间的效应差异通过双尾 t 检验（α = 0.05）进行。通过 R 语言中的 mixtox 软件包计算出剂量效应曲线（CRCs）的 EC_{50}、最大无作用浓度（NOEC）以及基于函数和基于实测值的 CRCs 95%置信区间（FCI 和 OCI）[45]。MIXTOX 模型分析利用 Jonker 等提供的 Microsoft Excel 电子表格进行[46]。CI 由 compuSyn 线上软件（http://www.combosyn.com，2019 年 10 月 20 日访问）计算得出。吸附等温线和吸附动力学模型通过 OriginPro2017 软件（美国 OriginLab）内置的 Levenberg-Marquardt 迭代算法进行非线性回归拟合和参数优化。

　　三组及以上均值数据（或对数转换后）如果符合 Shapiro-Wilk 正态分布和 Levene's 方差齐性，则进行单因素方差分析（one-way ANOVA，α=0.05）及 LSD 多重比较确定成对均值的显著性差异，否则采用 Kruskal-Wallis 非参数检验（α=0.05）并进行 Nemenyi 多重比较。两组数据显著性差异采用学生 t 检验。显著性检验和二项式检验通过 R 语言和 SPSS 21.0 软件进行。LC_{50} 计算通过 SPSS Analysis-Regression-Probit 模型执行。

2.4.2　纳米材料对重金属的吸附特性

　　（1）吸附动力学

　　准一级动力学方程：

$$\ln(q_e - q_t) = \ln q_e - k_1 t \tag{2-3}$$

式中，k_1 为准一级反应速率常数，L/min；t 为吸附时间，min；q_e 为平衡吸附量，mg/g；q_t 为 t 时的吸附量，mg/g。

　　准二级动力学方程：

$$\frac{t}{q_t} = \frac{1}{k_2 q_{2e}^2} + \frac{t}{q_{2e}} \tag{2-4}$$

式中，k_2 为准二级反应速率常数，（g/mg）/min；q_{2e} 为平衡吸附量，mg/g；t 为吸附时间，min；q_t 为 t 时的吸附量，mg/g。

　　（2）吸附等温线

　　Langmuir 吸附等温方程：

$$q_e = \frac{K_L q_{max} C_e}{1 + K_L C_e} \tag{2-5}$$

式中，C_e 是平衡液中 Cu^{2+} 或 Cd^{2+} 的浓度，mg/L；q_{max} 为最大吸附量，mg/L；K_L 为与吸附能力有关的 Langmuir 吸附等温方程的常数。

Freundlich 吸附等温方程：

$$q_e = K_f C_e^{1/n} \tag{2-6}$$

式中，C_e 是平衡液中 Cu^{2+} 或 Cd^{2+} 的浓度，mg/L；q_e 为 Cu 或 Cd 的平衡吸附量，mg/kg。K_f 和 n 是分别评价材料的吸附能力和强度的 Freundlich 吸附等温方程常数。

（3）吸附热力学方程

吸附热力学可反应活化能与反应速率常数之间的关系，由下述的阿伦尼乌斯公式描述。

$$\ln k_2 = \ln A - \frac{E_a}{RT} \tag{2-7}$$

式中，k_2 是二级动力学反应速率常数，(g/mg)/min；E_a 是阿伦尼乌斯活化能，kJ/mol；A 是阿伦尼乌斯因子；T 是绝对温度，K；R 是理想气体常数，R=8.314 J/(mol·K)。当 $\ln k_2$ 对 $1/T$ 作图，所得直线的斜率就是 E_a/R。吸附反应的类型可通过活化能进行判断：物理吸附过程，活化能 E_a=0～40 kJ/mol；化学吸附过程，活化能 E_a=40～800 kJ/mol[47]。

（4）解吸率计算方程

解吸剂对 Cu^{2+}、Cd^{2+} 的解吸率 α

$$\alpha = \frac{10 C_1 V}{m_1 G} \times 100\% \tag{2-8}$$

式中，α 表示 Cu^{2+}、Cd^{2+} 从钝化剂表面的解吸率，%；C_1 为溶液中由解吸剂解吸下来的 Cu^{2+}、Cd^{2+} 浓度，mg/L；G 为 Cu^{2+}、Cd^{2+} 的吸附量，mg/kg；V 是溶液的总体积，L；m_1 为吸附后的残渣 1 的质量，g。

2.4.3　综合生物标志物响应法（IBR）

综合生物标志物响应法（IBR）用以综合各指标评价蚯蚓受胁迫程度，其计算步骤见参考文献[48]～[50]。首先，将数据标准化为 $Y=(X-m)/s$，其中 X 是每种生物标记物在每一处理中的数值，m 是任一生物标志物通过所有处理组计算的平均

值，s 是平均值 m 的标准偏差。然后，如果与对照相比，某一处理组的标志物数值升高或不变，则赋值 $Z=Y$，若数值降低（抑制），则赋值 $Z=-Y$。找出每个处理某个生物标记的最小值 Min。最后，计算得分 $S=Y+|Min|$，其中 $S \geqslant 0$ 且 $|Min|$ 是 Min 的绝对值。使用星状图显示生物标志物的结果。当星状图辐射半径坐标为给定生物标志物得分 S_i 时，计算相邻两个生物标志物得分围成的三角形面积 A_i，则可计算某一处理组的 IBR 值：

$$IBR = \sum_{i=1}^{n} A_i \tag{2-9}$$

式中，A_i 为相邻两条以 S_i 为半径辐射线围成三角形的面积；n 为标志物数目。

2.4.4　MIXTOX 模型计算

　　MIXTOX 模型是一种逐步统计程序，可以评估观察数据是否和如何偏离参考模型（CA 或 IA），并为协同、拮抗和更复杂的相互作用提供显著性检验[10,45]。MIXTOX 模型的建立和执行可分为三步：

　　（1）二元混合参考模型

　　浓度加和（CA）模型定义如下：

$$\frac{c_1}{EC_{x_1}} + \frac{c_2}{EC_{x_2}} = 1 \tag{2-10}$$

式中，c_i 是混合物中两种化学物质分别的浓度；EC_x 是引起与混合物相同效应（$x\%$）的单一化学物质的预测浓度。c_i/EC_{x_i} 即无量纲毒性单位（TUx），用于量化二元混合物中单一化学物对总毒性的相对贡献。假设存在 logistics 剂量-响应关系式：

$$y = \frac{max}{1 + \left(\dfrac{c}{EC_{50}}\right)^{\beta}} \tag{2-11}$$

　　则 EC_x 可表达为式（2-12）：

$$EC_x = EC_{50} \left(\frac{max-y}{y}\right)^{\frac{1}{\beta}} \tag{2-12}$$

式中，max 表示随着剂量增加而降低的指标（如存活率）对照响应或随着剂量增加而增加（如死亡率）的最大响应，EC_{50} 是 $y=0.5max$ 时的药物浓度；β 是斜率参数。

　　为了能够量化与浓度加和模型的背离或偏差，式（2-10）可以推广为：

$$\frac{c_1}{\mathrm{EC}_{x_1}} + \frac{c_2}{\mathrm{EC}_{x_2}} = \exp(G) \tag{2-13}$$

实际剂量-反应关系与 CA 的背离程度可由 G 函数反映。当 $G=0$ 时，等式右侧变为 1，即为式 (2-10)。G 称为背离函数，下面"(2) 背离函数"中将进一步展开描述。

对于独立作用 (IA) 模型，可以通过将两种化学物质 $q_1(c_1)$ 和 $q_2(c_2)$ 的无反应概率 (本研究中的存活率) 相乘来计算剂量-反应关系：

$$y = \max\big(q_1(c_1)q_2(c_2)\big) \tag{2-14}$$

假设存在 logistics 浓度-响应关系 (方程式 S4)，q 可以写成：

$$q = \frac{\max}{1 + \left(\dfrac{c}{\mathrm{EC}_{50}}\right)^{\beta}} \tag{2-15}$$

与 CA 参考模型类似，可以通过增加背离函数 G 来改进 IA 为：

$$y = \max \varPhi\big(\varPhi^{-1}\big(q_1(c_1)q_2(c_2)\big) + G\big) \tag{2-16}$$

式中，$\varPhi$ 是标准累积正态分布函数；$\varPhi^{-1}$ 是其逆函数，用于将 y 的可能值保持在 0 和 max 之间。当 $G=0$ 时，$\varPhi$ 和 $\varPhi^{-1}$ 抵消，仍为式 (2-14)。

(2) 背离函数

协同或拮抗背离 (S/A) 可以通过下列背离函数来描述：

$$G = az_1 z_2 \tag{2-17}$$

式中，z_1 和 z_2 是混合物中化学物质 1 和 2 的相对 TU 大小，用数学公式表示为：

$$z_i = \frac{\mathrm{TU}x_i}{\mathrm{TU}x_1 + \mathrm{TU}x_2}, \quad i = 1,2 \tag{2-18}$$

式中，TUx 即毒性单位，已在上文定义，x 为任意效应，但浓度为 EC_{50} 时效应的变动最小，通常使用 $x=50\%$ (TU50) 的 z_i。

对于背离参考模型 CA 或 IA 的 S/A，参数 $a>0$ 表示拮抗作用，而 $a<0$ 则表示协同作用。如果 $a=0$，那么 $G=0$，表示无背离。S/A 可以描述混合物中少量毒性大的化学物质对生物的影响要比大量毒性小的化学物质大得多的情形。

剂量比依赖背离 (DR) 是 S/A 基础上的嵌套模型，用于描述与混合物剂量比相关的剂量-反应关系，引入第 2 个参数 b_1，得：

$$G(z_1, z_2) = (a + b_1 z_1) z_1 z_2 \qquad (2\text{-}19)$$

对于 CA 和 IA 的 DR 背离，如果 a 和 b_1 均为正数或负数，则描述拮抗作用或协同作用；如果 $a > 0$ 且 $b_1 < 0$，则当混合效应主要是由化学物质 2 引起时，毒性降低（拮抗作用），而当混合效应主要由化学物质 1 引起时，毒性升高（协同作用）；如果 $a < 0$ 且 $b_1 > 0$，则当化学物 1 在混合物中占主导时毒性降低，当混合效应由化学物 2 主导时毒性增加；拮抗作用转换为协同作用时的剂量比 $c_1 : c_2$ 可以通过下式计算：

$$c_2 = \left(\frac{-b_1}{a} - 1 \right) \frac{\text{EC}x_2}{\text{EC}x_1} c_1 \qquad (2\text{-}20)$$

剂量水平依赖背离（DL）描述协同作用或拮抗作用与化学品的剂量水平相关的联合剂量-响应关系。CA 和 IA 的 DL 背离函数是不同的，因为 CA 的等效线以效应浓度为基础的，而 IA 的等效线以响应概率为基础。对于 CA，EC_{50} 等效线由 $\text{TU50}_1 + \text{TU50}_2 = 1$ 给出，代入背离函数中，得：

$$G = a \left(1 - b_{\text{DL}} \left(\text{TU50}_1 + \text{TU50}_2 \right) \right) z_1 z_2 \qquad (2\text{-}21)$$

对于 IA，EC_{50} 等效线由 $1 - q_2(c_2) q_2(c_2) = 0.5$ 给出，代入背离函数中，得：

$$G = a \left(1 - b_{\text{DL}} \left(1 - \left(q_1(c_1) q_2(c_2) \right) \right) \right) z_1 z_2 \qquad (2\text{-}22)$$

（3）显著性检验

数据和模型的拟合采用极大似然估计方法，等效于最小残差平方和：

$$\text{SS} = (\text{拟合值} - \text{观测值})^2 \qquad (2\text{-}23)$$

随着参数数量的增加，模型拟合度总数得到改进。但为了测试改进的显著性，使用两个模型 SS 在自由度（df）等于两个模型参数数量差的水平上进行成对似然比检验。检验统计量 χ^2 可以计算如下：

$$\chi^2 = N \ln \frac{\text{SS}_1}{\text{SS}_2} \qquad (2\text{-}24)$$

式中，N 是拟合的数据点的数目，SS_1 是 df 较小的模型的残差平方和。首先将 CA 或 IA 模型分别与 S/A、DR 和 DL 扩展模型进行比较，然后将 S/A 模型与 DR 和 DL 模型进行比较。如果 $p(\chi^2, df) < 0.05$，则认为两个模型之间的 SS 差异很大，并采纳具有更大 df 的模型作为最适模型。由于 DL 函数和 DR 函数未嵌套，因此似

然比检验不适用二者之间的显著性检验。可以考虑使用 Akaike 信息准则（AIC）法，但在此省略。

参 考 文 献

[1] Osman A, Den Besten P, Van Noort P. Menadione enhances oxyradical formation in earthworm extracts: Vulnerability of earthworms to quinone toxicity[J]. Aquatic Toxicology, 2003, 65(1): 101-109.

[2] OECD. Test No. 207: Earthworm, Acute Toxicity Tests, OECD Guidelines for the Testing of Chemicals. Section 2[M]. Paris: OECD Publishing, 1984.

[3] 宋玉芳, 周启星, 许华夏, 任丽萍, 孙铁珩, 龚平. 土壤重金属污染对蚯蚓的急性毒性效应研究[J]. 应用生态学报, 2002, 13(2): 187-190.

[4] Fitzpatrick L C, Muratti-Ortiz J F, Venables B J, Goven A J. Comparative toxicity in earthworms *Eisenia fetida* and *Lumbricus terrestris* exposed to cadmium nitrate using artificial soil and filter paper protocols[J]. Bulletin of Environmental Contamination & Toxicology, 1996, 57(1): 63-68.

[5] Baskar K, Sudha V, Tamilselvan C. Toxicity effect of chloroacetamide on earthworm (*Eisenia foetida*)[J]. European Journal of Environmental Ecology, 2016, 3: 34-37.

[6] Eyambe G S, Goven A J, Fitzpatrick L C, Venables B J, Cooper E L. A non-invasive technique for sequential collection of earthworm (*Lumbricus terrestris*) leukocytes during subchronic immunotoxicity studies[J]. Laboratory Animals, 1991, 25(1): 61-67.

[7] Garcia-Velasco N, Irizar A, Urionabarrenetxea E, Scott-Fordsmand J, Soto M. Selection of an optimal culture medium and the most responsive viability assay to assess AgNPs toxicity with primary cultures of *Eisenia fetida* coelomocytes[J]. Ecotoxicology and Environmental Safety, 2019, 183: 109545. Doi: 10.1016/j.ecoenv.2019.109545.

[8] Hostetter R K, Cooper E L. Earthworm coelomocyte immunity[A], In: Hanna M G., Cooper E L. Contemporary topics in immunobiology[M]. MA, Boston: Springer, 1974: 91-107.

[9] Yang Y, Xiao Y, Li M, Ji F, Hu C, Cui Y. Evaluation of complex toxicity of carbon nanotubes and sodium pentachlorophenol based on earthworm coelomocytes test[J]. PLoS ONE, 2017, 12(1): e0170092.

[10] Varano V, Fabbri E, Pasteris A. Assessing the environmental hazard of individual and combined pharmaceuticals: Acute and chronic toxicity of fluoxetine and propranolol in the crustacean *Daphnia magna*[J]. Ecotoxicology, 2017, 26(6): 1-18.

[11] Sun Y, Wang R, Ye L, Xu Y, Lin W, Liang X, Liu W. In situ immobilisation remediation of cadmium in artificially contaminated soil: A chemical and ecotoxicological evaluation[J]. Chemistry & Ecology, 2015, 31(7): 594-606.

[12] 王刚, 孙育强, 杜立宇, 吴岩, 梁成华, 王沛文, 郭炜辰. 石灰与生物炭配施对不同浓度镉污染土壤修复[J]. 水土保持学报, 32(6): 381-385.

[13] Wang X, Qu R, Liu J, Wei Z, Wang L, Yang S, Huang Q, Wang Z. Effect of different carbon nanotubes on cadmium toxicity to *Daphnia magna*: The role of catalyst impurities and adsorption capacity[J]. Environmental Pollution, 2016, 208: 732-738.

[14] OECD. Test No. 222: Earthworm Reproduction Test (*Eisenia fetida/Eisenia andrei*)[M]. Paris: OECD Publishing, 2004.

[15] ISO/CD 17512. Soil quality—avoidance test for testing the quality of soils and the toxicity of chemicals—test with earthworms (*Eisenia fetida*)[S]. Geneva: International Organization for Standardization, 2003.

[16] Schaefer M. Behavioural endpoints in earthworm ecotoxicology[J]. Journal of Soils and Sediments, 2003, 3(2): 79-84.

[17] 张华山, 杨丹凤, 袭著革等. 纳米颗粒物分散液筛选效果评价[J]. 中国公共卫生, 2008 (2): 189-191.

[18] 王利鑫. 多壁碳纳米管对人工模拟细胞膜和质膜囊泡的作用及过程[D]. 济南: 山东大学, 2016.

[19] 鲁如坤. 土壤农业化学分析方法[M]. 北京: 中国农业出版社, 2000.

[20] Cheng J, Wong M H. Effects of earthworms on Zn fractionation in soils[J]. Biology and Fertility of Soils, 2002, 36(1): 72-78.

[21] Cui X, Wan B, Guo L H, Yang Y, Ren X. Insight into the mechanisms of combined toxicity of single-walled carbon nanotubes and nickel ions in macrophages: Role of P2X7 receptor[J]. Environmental Science & Technology, 2016, 50(22): 12473-12483.

[22] Khodakovskaya M, Dervishi E, Mahmood M, Xu Y, Li Z, Watanabe F, Biris A S. Carbon nanotubes are able to penetrate plant seed coat and dramatically affect seed germination and plant growth[J]. ACS Nano, 2009, 3(10): 3221-3227.

[23] Wu F, You Y, Zhang X, Zhang H, Chen W, Yang Y, Werner D, Tao S, Wang X. Effects of various carbon nanotubes on soil bacterial community composition and structure[J]. Environmental Science & Technology, 2019, 53(10): 5707-5716.

[24] Jiang W, Wang Q, Qu X, Wang L, Wei X, Zhu D, Yang K. Effects of charge and surface defects of multi-walled carbon nanotubes on the disruption of model cell membranes[J]. Science of the Total Environment, 2017, 574: 771-780.

[25] Jia G, Wang H, Yan L, Wang X, Pei R, Yan T, Zhao Y, Guo X. Cytotoxicity of carbon nanomaterials: Single-wall nanotube, multi-wall nanotube, and fullerene[J]. Environmental science & technology, 2005, 39(5): 1378-1383.

[26] Grabinski C, Hussain S, Lafdi K, Braydich-Stolle L, Schlager J. Effect of particle dimension on biocompatibility of carbon nanomaterials[J]. Carbon, 2007, 45(14): 2828-2835.

[27] Bradford M M. A rapid and sensitive method for the quantitation of microgram quantities of protein utilizing the principle of protein-dye binding[J]. Analytical Biochemistry, 1976, 72(1-2): 248-254.

[28] Peskin A V, Winterbourn C C. A microtiter plate assay for superoxide dismutase using a water-soluble tetrazolium salt (WST-1)[J]. Clinica Chimica Acta, 2000, 293(1-2): 157-166.

[29] Goth L. A simple method for determination of serum catalase activity and revision of reference range[J]. Clinica Chimica Acta, 1991, 196(2-3): 143-151.

[30] Buege J A, Aust S D. Microsomal lipid peroxidation[J]. Methods enzymol, 1978, 52: 302-310.

[31] Song S, Jiang J, Zhao L, Wang Q, Lu W, Zheng C, Zhang J, Ma H, Tian S, Zheng J. Structural optimization on a virtual screening hit of smoothened receptor[J]. European Journal of Medicinal Chemistry, 2019, 172: 1-15.

[32] Präbst K, Engelhardt H, Ringgeler S, Hübner H. Basic colorimetric proliferation assays: MTT, WST, and resazurin[A]//Gilbert D., Friedrich O. Cell Viability Assays. Methods in Molecular Biology[M]. New York: Humana Press, 2017(1601): 1-17.

[33] Natarajan V P, Zhang X, Morono Y, Inagaki F, Wang F. A modified SDS-based DNA extraction method for high quality environmental DNA from seafloor environments[J]. Frontiers in microbiology, 2016, 7: 986.

[34] Itoh H, Navarro R, Takeshita K, Tago K, Hayatsu M, Hori T, Kikuchi Y. Bacterial population succession and adaptation affected by insecticide application and soil spraying history[J]. Frontiers in microbiology, 2014, 5: 457.

[35] Zhang F, Shao J, Yang H, Guo D, Chen Z, Zhang S, Chen H. Effects of biomass pyrolysis derived wood vinegar on microbial activity and communities of activated sludge[J]. Bioresource Technology, 2019, 279: 252-261.

[36] Bolger A M, Lohse M, Usadel B. Trimmomatic: A flexible trimmer for Illumina sequence data[J]. Bioinformatics, 2014, 30(15): 2114-2120.

[37] Magoč T, Salzberg S L. FLASH: Fast length adjustment of short reads to improve genome assemblies[J]. Bioinformatics, 2011, 27(21): 2957-2963.

[38] Schloss P D, Westcott S L, Ryabin T, Hall J R, Hartmann M, Hollister E B, Lesniewski R A, Oakley B B, Parks D H, Robinson C J. Introducing mothur: Open-source, platform-independent, community-supported software for describing and comparing microbial communities[J]. Applied and Environmental Microbiology 2009, 75(23): 7537-7541.

[39] Edgar R C. UPARSE: Highly accurate OTU sequences from microbial amplicon reads[J]. Nature Methods, 2013, 10(10): 996.

[40] Quast C, Pruesse E, Yilmaz P, Gerken J, Schweer T, Yarza P, Peplies J, Glöckner F O. The SILVA ribosomal RNA gene database project: Improved data processing and web-based tools[J]. Nucleic Acids Research, 2012, 41: 590-596.

[41] Li H, Ni Y, Su M, Qiu Y, Zhou M, Qiu M, Zhao A, Zhao L, Jia W. Pharmacometabonomic phenotyping reveals different responses to xenobiotic intervention in rats[J]. Journal of Proteome Research, 2007, 6(4): 1364-1370.

[42] Smith C A, Want E J, O'maille G, Abagyan R, Siuzdak G. XCMS: Processing mass spectrometry data for metabolite profiling using nonlinear peak alignment, matching, and identification[J]. Analytical Chemistry, 2006, 78(3): 779-787.

[43] Olive P L, Banánth J P. Induction and rejoining of radiation-induced DNA single-strand breaks: "tail moment" as a function of position in the cell cycle[J]. Mutation Research/DNA Repair, 1993, 294(3): 275-283.

[44] Song Y, Zhu L S, Wang J, Wang J H, Liu W, Xie H. DNA damage and effects on antioxidative enzymes in earthworm (*Eisenia foetida*) induced by atrazine[J]. Soil Biology & Biochemistry, 2009, 41(5): 905-909.

[45] Zhu X W, Ge H L, Cao Y B. Mixture cytotoxicity assessment of ionic liquids and heavy metals in MCF-7 cells using mixtox[J]. Chemosphere, 2016, 163: 544-551.

[46] Jonker M J, Svendsen C, Bedaux J J, Bongers M, Kammenga J E. Significance testing of synergistic/antagonistic, dose level-dependent, or dose ratio-dependent effects in mixture dose-response analysis[J]. Environmental Toxicology & Chemistry, 2005, 24(10): 2701-2713.

[47] 吕双. Fe$_3$O$_4$ 基复合吸附剂的制备及其去除水中重金属离子研究[D]. 青岛: 青岛科技大学, 2016.

[48] Beliaeff B, Burgeot T. Integrated biomarker response: A useful tool for ecological risk assessment[J]. Environmental Toxicology and Chemistry: An International Journal, 2002, 21(6): 1316-1322.

[49] Qu R, Wang X, Wang Z, Wei Z, Wang L. Metal accumulation and antioxidant defenses in the freshwater fish *Carassius auratus* in response to single and combined exposure to cadmium and hydroxylated multi-walled carbon nanotubes[J]. Journal of Hazardous Materials, 2014, 275: 89-98.

[50] Yan L, Feng M, Liu J, Wang L, Wang Z. Antioxidant defenses and histological changes in *Carassius auratus* after combined exposure to zinc and three multi-walled carbon nanotubes[J]. Ecotoxicology and Environmental Safety, 2016, 125: 61-71.

第3章 改性纳米炭黑的制备及其对重金属的吸附性能

炭黑普遍存在于大气、土壤、液态及固态水和沉积物中[1]，是一种稠环化合物，含有较多含氧官能团，有较大的比表面积，对环境中污染物有较强的吸附能力[2,3]。但未改性纳米炭黑是一种非极性化合物，对环境中有机污染物有较强的吸附能力，它能够强烈吸附苯和甲苯[4]、多环芳烃[5]、多氯联苯[6]、多氯代二苯并二噁英、多氯代二苯并呋喃和多溴联苯醚[7]、农药敌草隆[8]、3-氯酚[9]和菲[10]、氯苯类物质[11]等各种有机污染物。炭黑对重金属也有一定的吸附作用，Uchimiya 等研究发现向对重金属吸附容量很低的酸性砂质土壤中添加生物质炭黑，可提高土壤对 Cu（Ⅱ）、Pb（Ⅱ）等的吸附能力[12]，易卿等研究发现黄棕壤中添加生物质炭黑能显著降低土壤中有效态 Cd 的含量[13]。经 HNO_3 氧化改性后的炭黑，增加了表面负电荷量，且新增加了 O=C—OH、C—O 和 CNO 等官能团，利于对带正电荷物质的吸附[14,15]。经 H_2SO_4 改性的炭黑对 As^{5+} 最大吸附量可达 62.52 mg/g[16]。

用硝酸、硫酸和强氧化性的高锰酸钾对纳米炭黑进行氧化改性，通过改性纳米炭黑对 Cu^{2+} 和 Cd^{2+} 的饱和吸附量评价各吸附剂的吸附性能，筛选出制备改性纳米炭黑的改性剂和氧化改性工艺参数，制备出适用于重金属污染土壤钝化修复技术要求的改性纳米炭黑钝化剂。

3.1 改性纳米炭黑的制备

3.1.1 氧化改性剂的筛选

各种改性纳米炭黑对重金属的吸附能力，用改性纳米炭黑对重金属的饱和吸附量表示。表 3-1 给出各种改性纳米炭黑对 Cu^{2+} 和 Cd^{2+} 的最大吸附量。

从表 3-1 可看出，在实验条件下，HNO_3（14%）-$KMnO_4$（0.10 mol/L）改性纳米炭黑对 Cu^{2+} 和 Cd^{2+} 的吸附能力最大，其饱和吸附量分别为 42.83 mg/g 和 10.31 mg/g，分别是未改性纳米炭黑最大吸附量的 2.66 和 1.79 倍；其次是浓硝酸改性纳米炭黑，对 Cu^{2+} 和 Cd^{2+} 的饱和吸附量分别为 36.96 mg/g 和 8.94 mg/g，分别是未改性纳米炭黑饱和吸附量的 2.29 倍和 1.55 倍；1:1 H_2SO_4 改性纳米炭黑对 Cu^{2+} 和 Cd^{2+} 的吸附量均低于未改性的纳米炭黑，其饱和吸附量分别为 5.47 mg/g 和 3.65 mg/g，分别是未改性纳米炭黑饱和吸附量的 0.34 和 0.63 倍。由此看出，各种方法制备的纳米炭黑中，除 1:1 H_2SO_4 改性纳米炭黑对 Cu^{2+} 和 Cd^{2+} 的饱和吸附量小于未改性纳米炭黑,其余改性纳米炭黑对 Cu^{2+} 和 Cd^{2+} 的饱和吸附量均大于未改性纳米炭黑。

表 3-1　不同改性纳米炭黑对 Cu^{2+} 和 Cd^{2+} 最大吸附量

重金属种类	改性方法	饱和吸附量/(mg/g)
Cu^{2+}	未改性纳米炭黑	16.13
	浓 HNO_3 改性纳米炭黑	36.96
	1∶1 H_2SO_4 改性纳米炭黑	5.47
	HNO_3(14%)-$KMnO_4$(0.10 mol/L)改性纳米炭黑	42.83
Cd^{2+}	未改性纳米炭黑	5.75
	浓 HNO_3 改性纳米炭黑	8.94
	1∶1 H_2SO_4 改性纳米炭黑	3.65
	HNO_3(14%)-$KMnO_4$(0.10 mol/L)改性纳米炭黑	10.31

以上研究表明用酸性高锰酸钾和浓硝酸制得的改性纳米炭黑对 Cu^{2+} 和 Cd^{2+} 的饱和吸附量都较未改性纳米炭黑有了很大的提高,这是因为,一方面,经过氧化改性后纳米炭黑表面的含氧官能团数量增加,增加了改性纳米炭黑对重金属的络合能力,另外,改性纳米炭黑颗粒表面所带负电荷值增加,可以增强对重金属离子的静电吸附能力,电镜的研究结果表明,改性纳米炭黑颗粒之间有一定的孔隙,且改性后比表面积增加,提高了其吸附能力。

在氧化过程中,反应体系中,$KMnO_4$ 和 HNO_3 发生的反应如下:

$$MnO_4^- + 4H^+ + 3e^- \longrightarrow MnO_2(\text{固体}) + 2H_2O \tag{3-1}$$

$$MnO_2(\text{固体}) + 4H^+ + 2e^- \longrightarrow Mn^{2+} + H_2O \tag{3-2}$$

$$NO_3^- + 2H^+ + e^- \longrightarrow NO_2 + H_2O \tag{3-3}$$

(3-1)式半反应的标准电极电势为 1.695 V,(3-2)式半反应的标准电极电势为 1.23 V,(3-3)式半反应的标准电极电势为 0.80 V,由以上三式可知,酸性高锰酸钾在酸性条件下被还原为 Mn^{2+} 所对应的氧化还原电对的标准电极电势为 2.925 V,而硝酸在氢离子浓度为 2 倍 NO_3^- 浓度时对应的氧化还原电对的标准电极电势为 0.80 V,由此推出,酸性高锰酸钾的氧化能力要强于硝酸,在用此种氧化剂改性纳米炭黑时,氧化程度较彻底,得到的改性纳米炭黑对 Cu^{2+} 和 Cd^{2+} 的吸附能力优于硝酸改性纳米炭黑。

实验结果还表明 1∶1 H_2SO_4 改性纳米炭黑对 Cu^{2+} 和 Cd^{2+} 的饱和吸附量小于未改性纳米炭黑,这是因为,虽然硫酸具有一定的氧化能力,但硫酸易使炭黑碳化,用硫酸氧化改性纳米炭黑时,可以破坏纳米炭黑内部的微孔结构,减少炭黑的微孔数量,增加了过渡孔隙,导致对重金属离子的吸附性能减弱[17]。

　　另一方面，采用硝酸氧化时酸消耗量大，工业化生产面临着改性酸性废水的二次处理和钝化剂生产成本高的问题，影响钝化剂钝化重金属污染土壤修复技术的推广应用。因此，本研究利用了高锰酸钾的氧化性，降低了酸的消耗量，选择了低浓度硝酸和高锰酸钾溶液混合改性剂，制备改性纳米炭黑，并探讨不同改性条件对改性纳米炭黑吸附重金属性能的影响。

3.1.2　氧化改性工艺参数研究

（1）$KMnO_4$ 浓度对改性纳米炭黑吸附 Cu^{2+} 的影响

　　在酸度为 3.0 mol/L 的条件下，控制水浴温度为 90℃，反应时间为 2 h，使反应体系具有不同氧化剂浓度，制备改性纳米炭黑，并选取浓度为 80 mg/L 和 120 mg/L Cu^{2+} 溶液进行吸附试验，以吸附剂对 Cu^{2+} 的吸附量为依据比较改性效果。结果如图 3-1 所示。

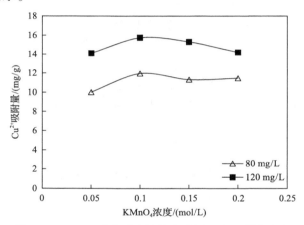

图 3-1　$KMnO_4$ 浓度对改性纳米炭黑吸附 Cu^{2+} 的影响

　　由图 3-1 可以看出，随着高锰酸钾浓度的增大，改性纳米炭黑对 Cu^{2+} 的吸附量逐渐增大，当 $KMnO_4$ 浓度为 0.1 mol/L 时，两种 Cu^{2+} 浓度下，改性纳米炭黑对 Cu^{2+} 的吸附达到最大值；继续增大高锰酸钾的浓度，改性纳米炭黑对 Cu^{2+} 吸附量略有降低，可能因为高锰酸钾浓度较高时，氧化能力较强，氧化炭黑时可能对其微孔有一定的影响，影响了其对 Cu^{2+} 的吸附能力，因此在制备改性纳米炭黑时，选择高锰酸钾的浓度为 0.1 mol/L。

（2）反应时间对改性纳米炭黑吸附 Cu^{2+} 的影响

　　在高锰酸钾浓度为 0.1 mol/L 和酸度为 3.0 mol/L 的条件下，控制水浴温度为 90℃，控制氧化改性时间分别为 0.5 h、1 h、1.5 h、2 h、2.5 h、3 h，制备改性纳米炭黑，改性时间为 0 时对应的炭黑为未改性的纳米炭黑。选取浓度为 80 mg/L

和 120 mg/L Cu²⁺溶液进行吸附试验，以吸附剂对 Cu²⁺的吸附量为依据比较改性效果，结果如图 3-2 所示。

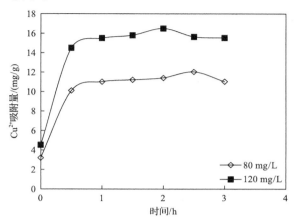

图 3-2　氧化改性时间对改性纳米炭黑吸附 Cu^{2+} 的影响

由图 3-2 可以看出，两种浓度铜离子溶液体系，MCB 对 Cu²⁺的吸附量均随着氧化改性时间增长逐渐增大，在吸附 1 h 时对 Cu²⁺吸附量基本达到最大，继续增加氧化改性时间，制备的改性纳米炭黑对 Cu²⁺的吸附量变化很小，因此选择氧化改性时间为 1 h。

(3)反应温度对改性纳米炭黑吸附重金属的影响

在高锰酸钾浓度为 0.1 mol/L 和酸度为 3.0 mol/L 的条件下，氧化改性时间为 1 h，控制氧化改性温度分别为 20℃、40℃、60℃、80℃、90℃，制备改性纳米炭黑，并选取浓度为 80 mg/L 和 120 mg/L Cu²⁺溶液进行吸附试验，以 MCB 对 Cu²⁺的吸附量为依据，比较不同改性温度下制备的炭黑的吸附能力，结果如图 3-3 所示。

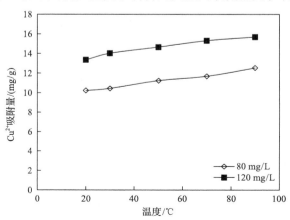

图 3-3　氧化温度对改性纳米炭黑吸附 Cu^{2+} 的影响

由图 3-3 可以看出, 随着纳米炭黑改性温度的增加, 制备的改性纳米炭黑对 Cu^{2+} 的吸附量略有增加。分别对曲线进行线性拟合得 $q=0.1326T+12.907$（120 mg/L, $R^2=0.9668$) 和 $q=0.1426T+9.5299$（80 mg/L, $R^2=0.9900$), 改性纳米炭黑对 Cu^{2+} 的吸附量与温度成正比, 升高温度有利于吸附性能的提高, 在制备时选择水浴温度为 90℃。

(4) 酸度对改性纳米炭黑吸附 Cu^{2+} 的影响

在高锰酸钾浓度为 0.1 mol/L, 氧化改性时间为 2 h, 氧化改性温度为室温的条件下, 控制改性剂酸度分别为 1.20 mol/L、3.0 mol/L、4.80 mol/L（用硝酸调节）, 制备改性纳米炭黑, 并选取浓度为 80 mg/L 和 120 mg/L Cu^{2+} 溶液进行吸附试验, 以吸附剂对 Cu^{2+} 的吸附量为依据比较改性效果, 结果如图 3-4 所示。

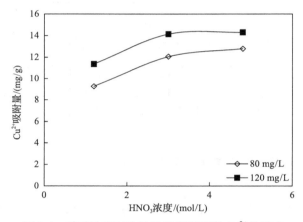

图 3-4　硝酸浓度对改性纳米炭黑吸附 Cu^{2+} 的影响

从图 3-4 可见, 当浓硝酸浓度从 1.20 mol/L 增加到 3.0 mol/L 时, 改性纳米炭黑对 Cu^{2+} 的吸附量增大较快, 当继续加入浓硝酸, 改性纳米炭黑对 Cu^{2+} 的吸附量稍有增加, 但增大幅度不明显, 这说明, 一定范围内增大酸度, 可以增加高锰酸钾对纳米炭黑的氧化能力, 提高改性纳米炭黑对 Cu^{2+} 的吸附性能; 但考虑到吸附剂的推广应用, 酸度较大时, 增加了生产成本和对酸性废水的处理量, 因此制备改性纳米炭黑时选择硝酸浓度为 3.0 mol/L 的酸度。

3.1.3　改性纳米炭黑制备工艺的优化

如前所述, 改性纳米炭黑在制备过程中氧化剂浓度、改性时间、改性温度、改性剂酸度等均能影响改性纳米炭黑对 Cu^{2+} 的吸附性能, 为了确定制备改性纳米炭黑的最佳改性剂酸度、氧化剂浓度、改性时间和改性温度, 设计正交试验, 选取制备改性纳米炭黑的四个主要影响因素, 每个因素取四个水平, 组成四因素四水平正交试验表。改性纳米炭黑的正交试验结果如表 3-2 所示。

表 3-2　改性纳米炭黑的正交试验表

样品号	A 氧化剂浓度	B 改性时间	C 改性温度	D 改性剂酸度	吸附量
1	0.05 mol/L	1.0 h	30℃	1.0 mol/L	10.24 mg/g
2	0.05 mol/L	1.5 h	50℃	2.0 mol/L	12.21 mg/g
3	0.05 mol/L	2.0 h	70℃	3.0 mol/L	12.32 mg/g
4	0.05 mol/L	2.5 h	90℃	4.0 mol/L	14.12 mg/g
5	0.10 mol/L	1.0 h	50℃	2.0 mol/L	13.25 mg/g
6	0.10 mol/L	1.5 h	30℃	1.0 mol/L	12.98 mg/g
7	0.10 mol/L	2.0 h	70℃	3.0 mol/L	15.50 mg/g
8	0.10 mol/L	2.5 h	90℃	4.0 mol/L	15.75 mg/g
9	0.15 mol/L	1.0 h	70℃	4.0 mol/L	14.76 mg/g
10	0.15 mol/L	1.5 h	90℃	3.0 mol/L	15.02 mg/g
11	0.15 mol/L	2.0 h	30℃	2.0 mol/L	14.20 mg/g
12	0.15 mol/L	2.5 h	50℃	1.0 mol/L	13.17 mg/g
13	0.20 mol/L	1.0 h	90℃	3.0 mol/L	14.21 mg/g
14	0.20 mol/L	1.5 h	70℃	4.0 mol/L	13.86 mg/g
15	0.20 mol/L	2.0 h	50℃	1.0 mol/L	12.53 mg/g
16	0.20 mol/L	2.5 h	30℃	2.0 mol/L	13.05 mg/g
k_1	268.3%	301.6%	314%	316.9%	
k_2	302.4%	307.7%	318.9%	309.8%	
k_3	344.8%	333.3%	317%	324.4%	
k_4	326.6%	314.5%	327.6%	319.2%	
极差 R	40.55%	10.29%	10.49%	38.67%	

对以上正交试验结果及极差值分析得出，各种工艺条件对改性纳米炭黑吸附 Cu^{2+} 的能力影响为：氧化剂浓度＞改性剂酸度＞改性温度＞改性时间，但氧化剂浓度和改性剂酸度的极差值分别为 40.55% 和 38.67%，可见二者对改性纳米炭黑的吸附效果影响差别不大，但二者极差值和为 79.22%，说明二者是制备改性纳米炭黑的主要影响因素，对改性纳米炭黑吸附 Cu^{2+} 的性能起主要作用；改性温度和改性时间是次要影响因素。由正交试验得出的最佳制备条件是：氧化剂浓度为 0.10 mol/L，改性剂酸度为 4.0 mol/L，改性时间为 2.5 h，改性温度为 90℃。与单因素实验结果相比，改性时间增加了，改性剂酸度有所升高，其他条件基本一致，但考虑到工业应用时，酸度较大时，产生的酸性废水多和制备时间过长会增加成本，所以在制备改性纳米炭黑时选择酸度为 3.0 mol/L，改性时间为 1 h。

3.2　改性纳米炭黑对重金属的吸附特性

3.2.1　吸附等温线

当 pH 为 7，反应温度为 25℃时，CB 和 MCB 对 Cu^{2+} 的吸附等温线如图 3-5 所示，图 3-5 中点为实验数据，实线分别为 Langmuir（a）和 Freundlich（b）吸附等温方程拟合数据。当 Cu^{2+} 的初始浓度较低时，溶液中大部分 Cu^{2+} 被 MCB 所吸附，MCB 对 Cu^{2+} 的吸附量随平衡浓度增大较快增长；当平衡浓度继续增大，MCB 对 Cu^{2+} 吸附量的增加速度开始减缓且最终趋于饱和，吸附等温线的斜率逐渐变小直至平缓。与 MCB 吸附等温线的增长趋势相似，CB 对 Cu^{2+} 的吸附等温线在初始浓度较低时曲线斜率较大，随着平衡浓度增大曲线斜率逐渐减缓，最终增长趋于稳定。但是，通过吸附等温线对比发现，改性炭黑对 Cu^{2+} 的吸附量明显高于炭黑，说明炭黑进行氧化改性后其对重金属的钝化去除效果增强。

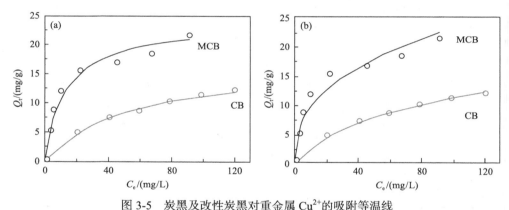

图 3-5　炭黑及改性炭黑对重金属 Cu^{2+} 的吸附等温线

（a）Langmuir 吸附等温方程拟合；（b）Freundlich 吸附等温方程拟合。点为实验数据；实线为吸附等温方程拟合数据

用 Langmuir 吸附等温方程和 Freundlich 吸附等温方程拟合 CB 和 MCB 对 Cu^{2+} 的吸附等温线，具体拟合参数如表 3-3 所示。CB 和 MCB 对 Cu^{2+} 的吸附等温线用 Langmuir 吸附等温方程进行拟合，其相关系数分别为 $R^2_L=0.995$，$R^2_L=0.963$；而用 Freundlich 吸附等温方程进行拟合，其相关系数分别为 $R^2_F=0.995$，$R^2_F=0.906$。Mohan 等[18]曾在相关研究中表示，混合污染物的等温线适合用 Freundlich 方程拟合，而单一污染物等温线更适合用 Langmuir 吸附等温方程进行拟合。MCB 对 Cu^{2+} 吸附的 n 值大于 1，表明 MCB 对 Cu^{2+} 属于优惠吸附；Cu^{2+} 在 CB 和 MCB 上的最大吸附量分别为 16.507 mg/g 和 23.419 mg/g，相比于在 CB 上的吸附量，MCB 上的吸附量明显提高，表明改性炭黑对 Cu^{2+} 的钝化去除能力有所增强[19]。Radenovic[20]用乙酸改性炭黑，经 SEM 表征发现，炭黑经改性后在其表面上清晰可见不同尺寸的微孔结构，

且小分子有机物容易填充炭黑的孔隙结构[21]，增加其表面的含氧官能团，对重金属将有很高的亲和力[22,23]。

表 3-3　炭黑和改性炭黑对 Cu^{2+}吸附等温线的 Langmuir 及 Freundlich 吸附等温方程拟合参数

吸附材料	Langmuir			Freundlich		
	Q_{max}/(mg/g)	K_L/(L/mg)	R^2_L	K_F/(mg$^{1-1/n}$·L$^{1/n}$/g)	n	R^2_F
CB	16.507	0.021	0.995	1.110	1.973	0.995
MCB	23.419	0.091	0.963	4.313	2.717	0.906

在 pH 为 7，反应温度为 25℃的反应环境下，CB 和 MCB 对 Cd^{2+}的吸附等温线如图 3-6 所示，图 3-6 中点为实验数据，实线分别为 Langmuir（a）和 Freundlich（b）吸附等温方程拟合数据。当 Cd^{2+}的初始浓度较低时，溶液中的 Cd^{2+}大部分被 MCB 吸附，随平衡浓度增大，MCB 对 Cd^{2+}的吸附量有较快增长；当初始浓度继续增大，MCB 的吸附点位逐渐减少，随平衡浓度的变化，MCB 对 Cd^{2+}吸附量的增加速度减弱，吸附等温线的曲线斜率逐渐减缓。相比而言，CB 对 Cd^{2+}的吸附等温线变化趋势有所不同，当初始浓度较低时，CB 对 Cd^{2+}的吸附量增加较快；而随着初始浓度增大，CB 对 Cd^{2+}吸附量的增长趋势则逐渐减缓，最终趋于平衡。通过吸附等温线对比发现，改性炭黑对 Cd^{2+}的吸附量明显高于炭黑，说明炭黑进行氧化改性后其对重金属的钝化去除效果增强。

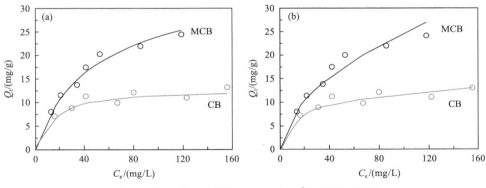

图 3-6　炭黑及改性炭黑对重金属 Cd^{2+}的吸附等温线

（a）Langmuir 吸附等温方程拟合；（b）Freundlich 吸附等温方程拟合。点为实验数据；实线为吸附等温方程拟合数据

用 Langmuir 吸附等温方程和 Freundlich 吸附等温方程，对 Cd^{2+}在 CB 和 MCB 上的吸附等温线进行拟合，其拟合的具体参数如表 3-4 所示。CB 和 MCB 对 Cd^{2+}的吸附等温线用 Langmuir 吸附等温方程进行拟合，其相关系数分别为 R^2_L=0.855，R^2_L=0.988；而用 Freundlich 吸附等温方程进行拟合，其相关系数分别为 R^2_F=0.784，R^2_F=0.943，相比而言，Langmuir 吸附等温方程对 CB 和 MCB 吸附 Cd^{2+}的等温线拟合效果更好。对吸附等温线的拟合参数进行分析，MCB 对 Cd^{2+}吸附的 n 值大于 1，

表明 MCB 对 Cd^{2+}的吸附属于优惠吸附；Cd^{2+}在 CB 和 MCB 上的最大吸附量分别为 12.920 mg/g 和 35.587 mg/g，与在 CB 上 Cd^{2+}的最大吸附量相比，MCB 对 Cd^{2+}的吸附量明显提高[19]，表明 MCB 对 Cd^{2+}有更强的钝化去除效果。改性炭黑表面粗糙，内部存在孔隙结构，比表面积大，且表面氧化修饰上含氧官能团，都促进了改性炭黑对重金属的钝化效果[22,23]。

表 3-4　炭黑和改性炭黑吸附 Cd^{2+}的吸附等温线 Langmuir 及 Freundlich 吸附等温方程拟合参数

吸附材料	Langmuir			Freundlich		
	Q_{max}/(mg/g)	K_L/(L/mg)	R^2_L	K_F/(mg$^{1-1/n}$·L$^{1/n}$/g)	n	R^2_F
CB	12.920	0.080	0.855	4.091	4.369	0.784
MCB	35.587	0.021	0.988	2.269	1.926	0.943

3.2.2　吸附动力学

材料对金属离子的吸附量随时间的变化规律，可通过吸附动力学实验进行研究。MCB 对 Cu^{2+}和 Cd^{2+}的吸附量随时间的变化趋势具有共性(图 3-7)：Cu^{2+}和 Cd^{2+}在 MCB 上的吸附量均随吸附反应时间的延长而逐渐增大。初始阶段(0~50 min)，MCB 快速吸附 Cu^{2+}和 Cd^{2+}并达到饱和吸附量 80%以上；随后 MCB 对 Cu^{2+}和 Cd^{2+}的吸附速率减缓，在 120 min 时基本达到吸附平衡。吸附动力学曲线表明，Cu^{2+}和 Cd^{2+}在 MCB 上的吸附过程可以分为 2 个阶段：快反应阶段，Cu^{2+}和 Cd^{2+}主要吸附在 MCB 的外表面，Cu^{2+}和 Cd^{2+}的扩散速率决定了 MCB 对 Cu^{2+}和 Cd^{2+}的吸附速率，反应在相对较短时间内即可达到吸附平衡；慢反应阶段，当吸附反应进行到一定程度，Cu^{2+}和 Cd^{2+}开始进入 MCB 的材料内层表面，增加了传质阻力，吸附剂表面特征、重金属离子属性和溶液酸碱度等因素均会对反应速率产生影响[24]。

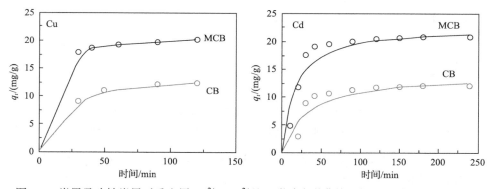

图 3-7　炭黑及改性炭黑对重金属 Cu^{2+}、Cd^{2+}的吸附动力学曲线及拟二级动力学模型拟合
点为实验数据；实线为模型拟合数据

CB(或 MCB)对 Cu^{2+}和 Cd^{2+}的吸附动力学曲线，均可用准二级动力学方程进行拟合，拟合相关参数如表 3-5 所示。准二级动力学模型能很好地拟合 Cu^{2+}和 Cd^{2+}

在 MCB 上的吸附动力学曲线，其相关系数 R^2 分别为 0.998 和 0.988，进一步证实上述结论，MCB 对 Cu^{2+} 和 Cd^{2+} 的吸附分为快反应和慢反应两个阶段。MCB 对 Cu^{2+}、Cd^{2+} 的吸附反应速率常数 k_2 分别为 0.017 和 0.003，表明与 Cd^{2+} 相比 MCB 对 Cu^{2+} 的吸附速率更快。究其原因，所带电荷、水合离子半径、离子半径等重金属的相关性质，会影响吸附剂对不同重金属的吸附速率[25]。

表 3-5　炭黑及改性炭黑对 Cu^{2+}、Cd^{2+} 吸附动力学的拟二级模型拟合参数

处理	Cu^{2+}			Cd^{2+}		
	q_e/(mg/g)	k_2/[g/(mg·min)]	R^2	q_e/(mg/g)	k_2/[g/(mg·min)]	R^2
CB	12.628	0.016	0.982	13.966	0.002	0.942
MCB	20.877	0.017	0.998	22.624	0.003	0.988

3.2.3　吸附热力学

重金属离子 Cu^{2+} 在 CB 和 MCB 上的吸附热力学曲线如图 3-8 所示，表 3-6 中列出了 CB 和 MCB 吸附活化能的相关动力学常数。通过 $\ln k_2$ 对 $1/T$ 作图，根据热力学方程，得到 CB 对 Cu^{2+} 的吸附反应活化能 E_a=17.35 kJ/mol，E_a 在 0～40 kJ/mol 范围内，说明 CB 对 Cu^{2+} 为物理吸附。同样，根据 MCB 对 Cu^{2+} 的吸附热力学曲线，求算 $\ln k_2$ 对 $1/T$ 作图的截距和斜率，MCB 对 Cu^{2+} 的吸附反应活化能 E_a= 44.56 kJ/mol，活化能 E_a 在 40～800 kJ/mol 范围内，说明 MCB 对 Cu^{2+} 的吸附为化学吸附[26]。因此，炭黑吸附重金属 Cu^{2+} 主要为物理吸附，经过酸性高锰酸钾氧化

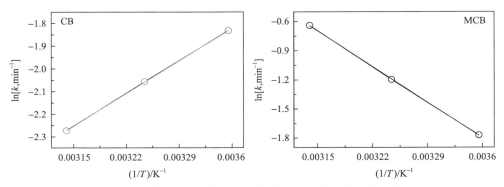

图 3-8　炭黑及改性炭黑上重金属 Cu^{2+} 的吸附热力学曲线

表 3-6　CB 和 MCB 对 Cu^{2+} 的吸附活化能动力学常数

T/K	CB			MCB		
	q_e/(mg/g)	k_2/min^{-1}	R^2	q_e/(mg/g)	k_2/min^{-1}	R^2
298	12.60	0.160	0.982	20.87	0.170	0.998
308	12.93	0.128	0.993	17.80	0.302	0.995
318	12.94	0.103	0.988	11.12	0.527	0.992

改性后的炭黑，对重金属 Cu^{2+} 的吸附主要为化学吸附，与其表面氧化修饰的羧基等含氧官能团有关[14]。

重金属离子 Cd^{2+} 在 CB 和 MCB 上的吸附热力学曲线如图 3-9 所示，表 3-7 中列出了 CB 和 MCB 吸附活化能的相关动力学常数。通过 $\ln k_2$ 对 $1/T$ 作图，根据热力学方程，得到 CB 对 Cd^{2+} 吸附的反应活化能 E_a=17.57 kJ/mol，E_a 在 0～40 kJ/mol 范围内，说明 CB 对 Cd^{2+} 的吸附为物理吸附；用相同的分析方法，通过 $\ln k_2$ 对 $1/T$ 作图的截距和斜率，求出 MCB 对 Cd^{2+} 的吸附活化能 E_a=44.14 kJ/mol，E_a 在 40～800 kJ/mol 范围，说明 MCB 对 Cd^{2+} 的吸附为化学吸附[26]。因此，炭黑吸附重金属 Cd^{2+} 主要为物理吸附，经过酸性高锰酸钾氧化改性后的炭黑吸附重金属 Cd^{2+} 主要为化学吸附，与其表面氧化修饰的羧基等含氧官能团有关[19]。

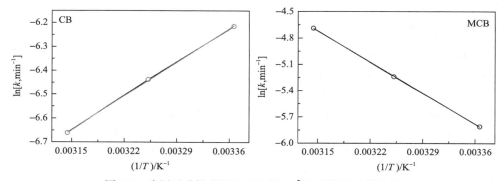

图 3-9　炭黑及改性炭黑上重金属 Cd^{2+} 的吸附热力学曲线

表 3-7　CB 和 MCB 对 Cd^{2+} 的吸附活化能动力学常数

T/K	CB			MCB		
	q_e/(mg/g)	k_2/min^{-1}	R^2	q_e/(mg/g)	k_2/min^{-1}	R^2
298	13.97	0.0020	0.942	22.62	0.0030	0.988
308	10.29	0.0016	0.989	15.10	0.0053	0.995
318	9.73	0.0013	0.992	13.90	0.0092	0.987

炭黑改性前，CB 对重金属 Cu^{2+}、Cd^{2+} 的吸附均为物理吸附，即吸附作用力主要以分子间范德瓦耳斯引力为主，因此推断 CB 和重金属离子 Cu^{2+}、Cd^{2+} 间的吸附力稳定性不强。炭黑改性后，重金属 Cu^{2+}、Cd^{2+} 在 MCB 上的吸附均为化学吸附，即吸附作用力主要以化学键为主，吸附需要一定的活化能，因此推测 MCB 对重金属 Cu^{2+}、Cd^{2+} 的吸附力稳定性较强。通过以上分析可知，改性前后炭黑对重金属离子的吸附机理发生变化，改性炭黑对 Cu^{2+}、Cd^{2+} 吸附稳定性大于炭黑。这一现象与改性炭黑经氧化改性后，表面氧化修饰的含氧官能团有关[24,27]。重金属离子容易与含氧官能团发生络合形成螯合物，从而提高了重金属的钝化稳定性，

减少其在环境中的迁移和转化，具有很好的钝化稳定性[28]。

3.2.4 改性纳米炭黑表面重金属的解吸

为了探究重金属离子在不同钝化材料表面的结合形式及稳定性，选用解吸剂 H_2O、$CaCl_2$ 和 EDTA 依次对材料上吸附的 Cu^{2+}、Cd^{2+} 进行解吸，解吸下来的 Cu^{2+} 依次对应的就是通过物理作用、离子交换作用和螯合作用吸附于钝化材料上的 Cu^{2+} 形态[29,30]。

（1）改性前后炭黑表面吸附 Cu^{2+} 的解吸

Cu^{2+} 在 CB 和 MCB 上的吸附形态明显不同(图 3-10)。吸附在 CB 表面的 Cu^{2+} 用 H_2O、$CaCl_2$ 和 EDTA 依次解吸，各吸附态的解吸量占总解吸量的分数为：87.92%、7.25%、4.83%，说明在 CB 上 Cu^{2+} 的吸附形态为物理作用＞离子交换作用＞螯合作用，进一步证实了 CB 对 Cu^{2+} 的吸附以物理作用为主的结论。吸附在改性炭黑表面的 Cu^{2+}，用 H_2O、$CaCl_2$ 和 EDTA 依次解吸，各吸附态的解吸量占

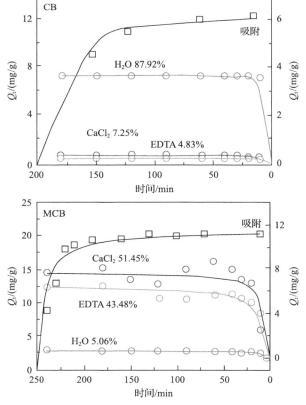

图 3-10 炭黑及改性炭黑表面重金属 Cu^{2+} 的解吸曲线

总解吸量的分数为：5.06%、51.45%、43.48%，说明在 MCB 上 Cu^{2+} 的吸附形态为离子交换作用＞螯合作用＞物理作用，进一步证实了 MCB 对 Cu^{2+} 的吸附以化学作用为主的结论。

比较改性前后炭黑表面 Cu^{2+} 的各吸附态解吸量占总解吸量的分数发现(图 3-11)：重金属 Cu^{2+} 在 CB 上的吸附以物理作用为主，作用力的稳定性较差；氧化改性后，重金属 Cu^{2+} 在 MCB 上的吸附以离子交换作用和螯合作用为主，作用力键能高、稳定性较好。与炭黑相比，改性炭黑对重金属 Cu^{2+} 的钝化稳定性更好，与其表面氧化修饰的含氧官能团有关[24,27]。

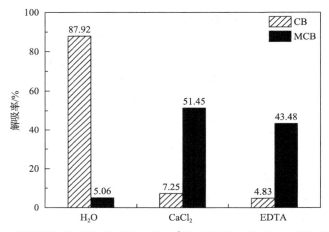

图 3-11　炭黑及改性炭黑表面重金属 Cu^{2+} 各吸附态解吸量占总解吸量的分数

(2)改性前后炭黑表面吸附 Cd^{2+} 的解吸

Cd^{2+} 在 CB 和 MCB 上的吸附形态明显不同(图 3-12)。用解吸剂 H_2O、$CaCl_2$ 和 EDTA 依次解吸 CB 表面上吸附的 Cd^{2+}，解吸量占总解吸量的分数依次为：48.07%、29.42%、22.51%，说明在 CB 表面 Cd^{2+} 吸附形态呈现出物理作用＞离子交换作用＞螯合作用的趋势，进一步证实重金属离子 Cd^{2+} 在 CB 上的吸附以物理作用为主，与得到的结论一致。吸附在改性炭黑表面的 Cd^{2+}，用 H_2O、$CaCl_2$ 和 EDTA 依次解吸，各吸附态的解吸量占总解吸量的分数为：3.20%、21.97%、74.83%，说明在改性炭黑上 Cd^{2+} 的吸附形态为离子交换作用＞螯合作用＞物理作用，进一步证实了 MCB 对 Cd^{2+} 的吸附以化学作用为主的结论。MCB 表面上通过氧化修饰的含氧官能团，容易与重金属离子形成络合物，减少其在环境中的迁移和转化，具有很好的钝化稳定性[28]。

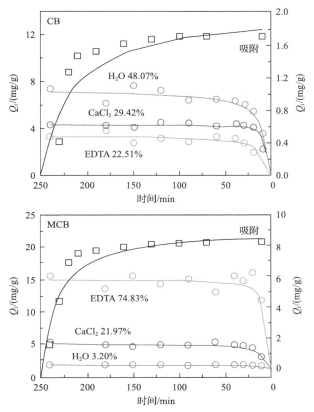

图 3-12　炭黑及改性炭黑上重金属 Cd^{2+} 的解吸曲线

比较改性前后炭黑表面 Cd^{2+} 的各吸附态解吸量占总解吸量的分数发现（图 3-13）：改性前炭黑表面吸附 Cd^{2+} 的吸附形态以物理作用为主，钝化稳定性较弱；改性后，

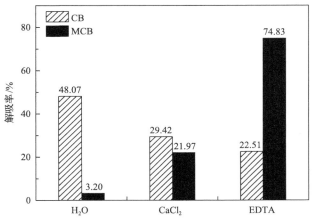

图 3-13　炭黑及改性炭黑表面重金属 Cd^{2+} 各吸附态解吸量占总解吸量的分数

Cd^{2+}在改性炭黑表面吸附主要以离子交换和螯合作用为主。与改性前炭黑相比,改性后炭黑对重金属Cd^{2+}的钝化稳定性更好,与其表面修饰的含氧官能团有关[24,27]。

3.2.5 不同氧化改性方法的比较

以济南炭黑厂购买了粒径为$20\sim70$ nm的商用纳米级炭黑(CB)为例,在不同条件下,用不同种类的酸进行氧化改性(表3-8),目的是比较不同酸改性纳米炭黑的吸附性能,为重金属污染土壤钝化修复提供经济、高效、环境友好的钝化剂。

表 3-8　纳米炭黑不同酸改性的实验条件

编号	处理	实验条件
A	CB	济南炭黑厂购买了粒径为$20\sim70$ nm的商用纳米级炭黑(CB)
B	65% HNO_3	将10 g炭黑与150 mL HNO_3(65%)混合,在110℃的锥形瓶中回流2小时。将改性纳米炭黑(MCB)过滤,用去离子水洗涤,直到过滤液的pH稳定(pH 约为5.5),并最终在110℃的真空烘箱中干燥24小时,备用[19]
C	0.05 mol/L HAc	将已知浓度(0.05mol/L)的100 mL乙酸溶液添加到含有1 g干CB的试剂瓶中。以60 r/min的转速摇动悬浮液30 min。实验在$0\sim48$ h时间内进行,在24小时后达到平衡。然后用去离子水洗涤酸MCB,直到在洗涤液中添加0.1 mol/L硝酸铅溶液时,观察不到浊度。用0.05 mol/L乙酸改性炭黑,在105℃干燥1 h,备用[31]
D	20% HNO_3 + 1.58% $KMnO_4$	将10 g炭黑和140 mL酸性高锰酸钾溶液置于250 mL锥形烧杯中,在90℃水浴条件下放置3 h,离心数次,直至上清液pH稳定。最后将改性后的纳米炭黑在烧杯中$60\sim80$℃干燥至恒重,置于干燥器中备用[32]
E	50% H_2SO_4	将10 g炭黑与150 mL H_2SO_4(50%)混合,在110℃的锥形瓶中回流2小时。将改性纳米炭黑(MCB)过滤,用去离子水洗涤,直到滤液的pH稳定(pH 约为5.5),并在110℃的真空烘箱中干燥24小时,备用[33]

(1)吸附动力学

图3-14显示了在pH 5.5条件下,铜(Ⅱ)在纳米炭黑上的吸附动力学曲线。CB(A)或经0.05 mol/L HAc(C)改性、50%H_2SO_4(E)改性的纳米炭黑对Cu(Ⅱ)的吸附迅速发生,并在40分钟左右达到平衡。65%HNO_3(B)改性和20%HNO_3+1.58%$KMnO_4$(D)改性后的Cu(Ⅱ)在90分钟左右达到平衡。伪一级动力学方程和伪二级动力学方程用于拟合图3-14中的吸附动力学数据(表3-9)。

从表3-9可以清楚地看出,由于CB或MCB的R_1^2均在$0.8958\sim0.9709$之间,伪一级动力学模型与实验数据不完全吻合。但是,CB或MCB吸附Cu^{2+}的伪二级动力学模型与实验数据吻合较好,R_2^2均大于0.9900。Liu和Cheng[32]报道了Cu^{2+}在CB或MCB上的吸附动力学模型符合伪二级模型。

k_2为B>E>C>A>D,表明Cu^{2+}在B上的吸附最快。一般来说,伪二级模型表达式用于描述通过吸附剂和吸附质之间的共价力和离子交换的电子共享或交换而涉及价力的化学吸附[34,35]。在大多数情况下,拟二级化学反应动力学提供了

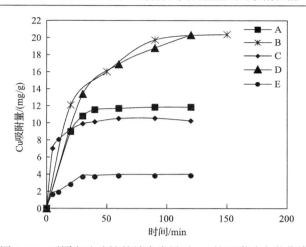

图 3-14　不同方法改性的纳米炭黑对 Cu 的吸附动力学曲线

A：未处理 CB；B：65% HNO₃；C：0.05 mol/L HAc；D：20% HNO₃ + 1.58% KMnO₄；E：50% H₂SO₄

表 3-9　铜和镉在改性纳米炭黑表面的吸附动力学拟合参数

编号	处理	一级动力学方程			二级动力学方程		
		$q_{1e}/(mg/g)$	$k_1/(1/min)$	R_1^2	$q_{2e}/(mg/g)$	$k_2/[g/(mg \cdot min)]$	R_2^2
A	CB	13.80	10.02	0.8958	14.60	0.0037	0.9982
B	65% HNO₃	21.33	15.10	0.9709	20.65	0.0455	0.9999
C	0.05 mol/L HAc	10.86	11.31	0.9698	10.58	0.0122	0.9991
D	20% HNO₃ + 1.58% KMnO₄	30.21	41.79	0.9080	36.50	0.00033	0.9963
E	50% H₂SO₄	4.188	8.626	0.9212	4.156	0.0315	0.9952

实验数据的最佳相关性，而拟一级模型仅在第一步反应的初始阶段对实验数据进行了很好的拟合。成杰民等[17]报道，MCB 对 Cu²⁺或 Cd²⁺的吸附在 30 min 内迅速达到平衡，吸附量为平衡吸附量的 90%以上。

(2)吸附等温线

图 3-15 显示了在 pH 5.5 条件下 Cu²⁺在 CB 和 MCB 上的吸附等温线。用 Freundlich 吸附等温方程和 Langmuir 吸附等温方程拟合吸附等温线。

表 3-10 列出了最佳拟合参数。R_1^2 和 R_2^2 值表明 Freundlich 吸附等温方程比 Langmuir 吸附等温方程更能描述吸附数据。不同改性方法的 q_{max}（最大吸附量）不同。q_{max} 值为 D(48.92 mg/g)＞B(30.15 mg/g)＞C(13.53 mg/g)＞A(12.33 mg/g)＞E(5.475 mg/g)。文献资料证实，羧基官能团对金属离子的亲和力很高，吸附容量的增加可能是由于 MCB 的含氧官能团的增加[36]，进而导致表面阳离子交换容量和络合容量的增加。这与氧化增加炭黑表面官能团，进而增加对重金属的最大吸附量的

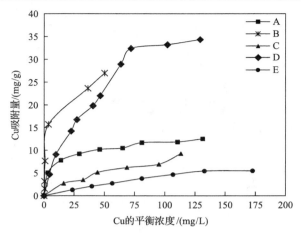

图 3-15　不同方法改性的纳米炭黑对 Cu 的吸附等温线

A：未处理 CB；B：65% HNO_3；C：0.05 mol/L HAc；D：20% HNO_3 + 1.58% $KMnO_4$；E：50% H_2SO_4

结论一致。Amit 等[37]研究了酸处理、碱处理、浸渍处理、臭氧处理、表面活性剂处理、等离子体处理和微波处理等多种方法表面改性活性炭，认为炭黑表面裂纹和气孔数量的减少导致其对 Cu^{2+} 的吸附量增加。但 50%硫酸改性炭黑的 q_{max} 值低于炭黑。这可能是由于 50% H_2SO_4 的过度氧化，炭化发生在炭黑表面。

（3）不同酸改性纳米炭黑对铜（Ⅱ）吸附性能的比较

表 3-10 显示 q_{max} 最大为 D，最高反应温度为 B 和 E，最短反应时间为 C，A 和 C 氧化后不需要从溶液中除酸。与炭黑相比，65%HNO_3 和 20%HNO_3+1.58%$KMnO_4$ 改性炭黑对水中金属离子有很好的吸附和络合性能。但前者反应时间长，除酸难度大。C 的 q_{max} 虽低于 B 和 D，但具有反应时间短、反应温度低、无须脱酸等优点。有必要进一步优化 HAc 改性炭黑的制备工艺。

表 3-10　纳米炭黑 5 种改性方法实验条件比较

编号	处理	反应温度/℃	反应时间/h	洗涤酸度	最大吸附量 q_{max} /(mg/g)
A	CB	0	0	不需要	12.33
B	65% HNO_3	110	2	洗酸困难	30.15
C	0.05 mol/L HAc	25	0.5	不需要	13.53
D	20% HNO_3 + 1.58% $KMnO_4$	90	3	洗酸容易	48.92
E	50% H_2SO_4	110	2	洗酸困难	5.475

综上，65%HNO_3 或 20%HNO_3+1.58%$KMnO_4$ 改性纳米炭黑对水中金属离子的吸附和络合性能均优于炭黑。以 20%HNO_3+1.58%$KMnO_4$ 改性炭黑为佳，其制备

工艺条件较温和，酸度较低，易去除多余酸。用 20%HNO₃+1.58%KMnO₄ 改性炭黑可用于含金属离子废水的净化。不同的表面改性方法的 q_{max} 不同，因此有必要进一步研究不同改性方法对炭黑的吸附机理。

3.3　改性纳米炭黑对土壤中重金属的钝化

3.3.1　MCB 对土壤 pH 的影响

由图 3-16 可知，原始土壤为弱碱性，不同浓度 Cd、Ni 处理土壤，pH 变化表现出一致的趋势：培养初期添加 1%MCB 后土壤 pH 略有下降，未添加 1%MCB 的对照组略有增加；添加 MCB 的模拟污染土壤 pH 随培养时间呈先下降后略有上

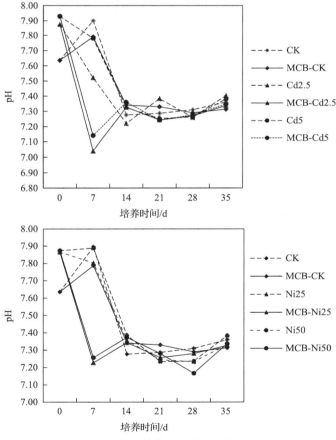

图 3-16　培养土壤的 pH 变化

CK：未加外源重金属和 MCB；MCB-CK：添加 MCB 但未添加外源重金属；Cd（2.5/5）：添加 2.5/5 mg/kg Cd 但未添加 MCB 的处理；MCB-Cd（2.5/5）：添加 2.5/5 mg/kg Cd 且添加 MCB 的处理；Ni（25/50）：添加 25/50 mg/kg Ni 但未添加 MCB 的处理；MCB-Ni（25/50）：添加 25/50 mg/kg Ni 且添加 MCB 的处理

升的趋势，未添加 MCB 的模拟污染土壤 pH 随培养时间呈先略有上升后下降的趋势。培养 7 d 后，随着 Cd 浓度（CK、2.5 mg/kg、5 mg/kg）的增加，添加 MCB 的土壤 pH 极显著低于未添加 MCB 的土壤 pH，且分别降低了 0.11、0.48、0.64；随着 Ni 浓度（CK、25 mg/kg、50 mg/kg）的增加，添加 MCB 的土壤 pH 也低于未添加的土壤 pH，且分别降低了 0.11、0.58、0.63。培养 35 d 后，所有处理的土壤 pH 均极显著低于培养初期，添加 MCB 的土壤 pH 略低于未添加 MCB 的土壤 pH。

　　培养初期添加MCB后土壤pH降低是因为MCB在氧化改性后，引进了—COOH、—OH 等酸性官能团[36,38]，MCB 酸性较强，通常其 pH 在 4.5 以下。这些官能团进入土壤后会增加土壤溶液中游离 H^+ 的浓度，使土壤变酸，也可以解释为官能团上的 H^+ 与土壤溶液中的重金属离子发生离子交换而进入土壤溶液，从而降低了土壤 pH。未添加 MCB 的土壤 pH 略有增加，这与绝大多数随添加重金属浓度增高土壤 pH 降低的研究结论不同[39]。这主要是因为供试土壤为滨海盐渍化土，具有高的盐分和电导率，土壤盐基饱和度较高，外源重金属对土壤 pH 影响较小有关。培养 14 d 后，土壤 pH 趋于稳定的原因主要是：MCB 酸性官能团上的 H^+ 与土壤溶液中的重金属离子发生离子交换进入土壤溶液，与盐渍化土壤中的 OH^- 结合。

3.3.2　土壤重金属有效态含量变化

　　重金属污染土壤改性纳米炭黑修复过程中，重金属的有效态以 DTPA 提取态表示[40-43]。土壤有效态 Cd 含量随时间变化如图 3-17 所示。不论添加 MCB 与否，土壤中有效态 Cd 含量均随时间呈降低趋势，且在各培养时间几乎所有添加 MCB 的处理土壤中有效态 Cd 含量均低于相应的不加 MCB 的处理。培养 35 d 后，添

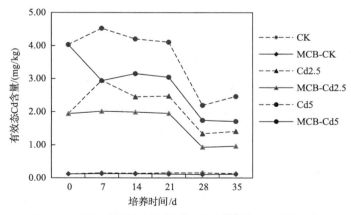

图 3-17　添加改性纳米炭黑对土壤有效态 Cd 含量的影响

CK：未加外源重金属和 MCB；MCB-CK：添加 MCB 但未添加外源重金属；Cd（2.5/5）：添加 2.5 mg/kg 或 5 mg/kg Cd 但未添加 MCB 的处理；MCB-Cd（2.5/5）：添加 2.5 mg/kg 或 5 mg/kg Cd 且添加 MCB 的处理

加 MCB 处理中(CK、2.5 mg/kg、5 mg/kg)Cd 的有效态比未加 MCB 的对照相比分别降低了 13.9%、31.6%、30.6%。由此可见，MCB 能钝化重金属 Cd 且对低浓度 Cd 污染土壤有较好的钝化能力。上述结果的原因可能是：MCB 的含氧官能团与土壤中的 Cd^{2+} 发生反应，随土壤 Cd^{2+} 浓度的增大，含氧官能团与 Cd^{2+} 反应达到饱和，MCB 对高浓度 Cd 的钝化能力减弱。

　　土壤有效态 Ni 含量随时间变化如图 3-18 所示，不论添加 MCB 与否，土壤中有效态 Ni 含量均随时间呈降低趋势，但在各培养时间添加 MCB 的处理土壤中有效态 Ni 含量与相应的不加 MCB 的处理呈跌宕起伏的变化。培养 21 d 时，土壤中有效态 Ni 含量达到最低值，培养 21 d 后土壤中有效态 Ni 趋于平衡。培养 35 d 后，添加 MCB 的 CK、Ni25、Ni50 的处理比 0 d 土壤的有效态 Ni 含量分别降低了–3.8%、35.9%、34.8%，比 35 d 未加 MCB 的对照处理相比分别降低 1.5%、23.6%、15.4%，这表明 MCB 对土壤中 Ni 有一定的钝化作用但不明显，原因可能是 MCB 的加入量少，而 Ni 的浓度偏高。

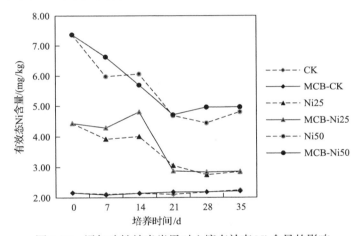

图 3-18　添加改性纳米炭黑对土壤有效态 Ni 含量的影响

CK：未加外源重金属和 MCB；MCB-CK：添加 MCB 但未添加外源重金属；Ni(25/50)：添加 25 mg/kg 或 50 mg/kg Ni 但未添加 MCB 的处理；MCB-Ni(25/50)：添加 25 mg/kg 或 50 mg/kg Ni 且添加 MCB 的处理

3.3.3　土壤中重金属形态分布变化

　　添加 MCB 与未添加 MCB 培养 35 d 后，各处理土壤中 Cd 形态分布发生了显著变化(图 3-19)。培养 35 d 后，除 CK 外，添加 MCB 的处理中(Cd2.5、Cd5)Cd 的弱酸提取态比未添加 MCB 的处理分别降低了 55.5%、33.5%、24.9%；可还原态含量变化不大。当土壤中 Cd 的添加量低于 5 mg/kg 时，可氧化态含量普遍呈上升趋势。但当土壤中 Cd 的添加量高于 5 mg/kg 时，土壤中 Cd 的可氧化态含量降低。

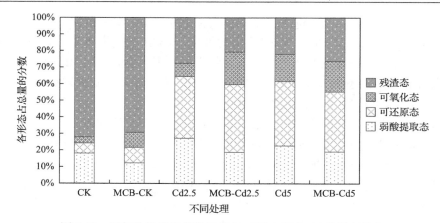

图 3-19　添加改性纳米炭黑培养 35 d 后土壤中 Cd 各形态分布

CK：培养 35 d 的未添加 Cd 和 MCB 的处理；MCB-CK：培养 35 d 的添加 MCB 但不加外源 Cd 的处理；
Cd（2.5/5）：培养 35 d 的添加 2.5 mg/kg 或 5 mg/kg Cd 且不加 MCB 的处理；MCB-Cd（2.5/5）：
培养 35 d 的添加 2.5 mg/kg 或 5 mg/kg Cd 且添加 MCB 的处理

　　土壤重金属形态影响着重金属在土壤中的迁移性、活性、生物有效性等特征，与重金属污染土壤修复有密切关系。土壤重金属形态的生物有效性顺序为：弱酸提取态、可还原态、可氧化态、残渣态。加入 MCB 降低了土壤中弱酸提取态 Cd 浓度，说明 MCB 对土壤中的 Cd 有较好的钝化能力。

　　培养 35 d 后，添加 MCB 与未添加 MCB 培养的各处理土壤中 Ni 形态分布如图 3-20 所示。培养 35 d 后添加 MCB 对土壤 Ni 形态分布产生了显著影响。添加 MCB 处理与未加 MCB 处理相比，Ni 的可氧化态含量略有增加，弱酸提取态含量

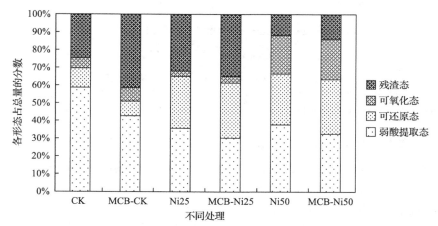

图 3-20　添加改性纳米炭黑培养 35 d 后土壤中 Ni 各形态分布

CK：培养 35 d 的未添加 Ni 和 MCB 的处理；MCB-CK：培养 35 d 的添加 MCB 但不加外源 Ni 的处理；
Ni（25/50）：培养 35 d 的添加 25 mg/kg 或 50 mg/kg Ni 且不加 MCB 的处理；MCB-Ni（25/50）：
培养 35 d 的添加 25 mg/kg 或 50 mg/kg Ni 且添加 MCB 的处理

均呈降低趋势，且添加 MCB 的处理（MCB-Ni25、MCB-Ni50）中弱酸提取态 Ni 比未加 MCB 的处理（Ni25、Ni50）分别降低了 15.2%、13.6%。这表明添加 MCB 能降低土壤中 Ni 的弱酸提取态浓度，且对低浓度 Ni 的钝化能力较好。添加 MCB 能降低土壤中重金属 Cd、Ni 的弱酸提取态浓度，说明 MCB 对土壤中的 Cd、Ni 有一定的钝化能力且 MCB 对不同种类的重金属钝化能力不同。

3.4　小　　结

（1）选用酸性高锰酸钾作为改性剂时制备的改性纳米炭黑对 Cu^{2+} 和 Cd^{2+} 有较强的吸附能力。制备改性纳米炭黑的最优条件为：高锰酸钾浓度为 0.1 mol/L，改性剂酸度为 3.0 mol/L，氧化改性时间为 1.0 h，氧化改性温度为水浴 90℃。不同的改性方法对重金属的吸附能力不同，65%HNO_3 或 20%HNO_3+1.58%$KMnO_4$ 改性纳米炭黑对水中金属离子的吸附和络合性能均优于炭黑。

（2）改性炭黑对重金属离子 Cu^{2+} 和 Cd^{2+} 的最大吸附量分别为 23.42 mg/g 和 35.59 mg/g，其吸附动力学曲线符合拟二级动力学模型；Cu^{2+} 在改性炭黑表面的吸附形态呈现，离子交换作用＞螯合作用＞物理作用；Cd^{2+} 在改性炭黑表面的吸附形态呈现，螯合作用＞离子交换作用＞物理作用。

（3）不同浓度 Cd、Ni 处理土壤 pH 变化表现出一致的趋势：培养初期添加 MCB 的土壤 pH 略有下降，未加 MCB 的对照组略有增加；培养 14 d 后，土壤 pH 趋于稳定，培养 35 d 后，所有处理土壤的 pH 均极显著低于培养初期。MCB 能降低土壤中有效态 Cd、Ni 的浓度，且对低浓度 Cd（低于 5 mg/kg）、Ni（低于 50 mg/kg）有较好的钝化能力。土壤添加 MCB 后，土壤中 Cd、Ni 的弱酸提取态含量均降低，且 Ni 的降低幅度大于 Cd 的降低幅度，说明 MCB 对土壤中的 Cd、Ni 有一定的钝化能力，且 MCB 对不同种类的重金属钝化能力不同。

参 考 文 献

[1] Goldberg E D. Black carbon in the environment: Properties and distribution[M]. New York: John Wiley, 1985.

[2] Cheng C H, Lehmann J, Thies J E, et al. Oxidation of black carbon by biotic and abiotic processes[J]. Organic Geochemistry, 2006, 37(11): 1477-1488.

[3] Liu S L. On soot inception in nonpremixed flames and the effects of flame structure[D]. Hawaii: University of Hawaii, 2002.

[4] Chun Y, Sheng G Y, Chiou C T, et al. Compositions and sorptive properties of crop residue-derived chars[J]. Environmental Science and Technology, 2004, 38(17): 4649-4655.

[5] Yuan M. Experimental studies on the formation of soot and carbon nanotubes in hydrocarbon diffusion flames[D]. Kentucky: University of Kentucky, 2002.

[6] Cornelissen G, Gustrafsson O. Sorption of phenanthrene to environmental black carbon in sediment with and without organic matter and native sorbates[J]. Environmental Science and Technology, 2004, 38(1): 148-155.

[7] Jonker M T O, Koelmans A A. Sorption of polycyclic aromatic hydrocarbons and polychlorinated biphenyls to soot and soot-like materials in the aqueous environment: Mechanistic considerations[J]. Environmental Science and Technology, 2002, 36(17): 3725-3734.

[8] Barring H, Bucheli T D, Broman D, et al. Soot-water distribution coefficients for polychlorinated dibenzo-p-dioxins, polychlori-nated dibenzofurans and polybrominated diphenylethers determined with the soot cosolvency-column method[J]. Chemosphere, 2002, 49(6): 515-523.

[9] Yu X Y, Ying G G, Kookana R S. Sorption and de-sorption behaviors of diuron in soils amended with charcoal[J]. Journal of Agricultural and Food Chemistry, 2006, 54(22): 8545-8550.

[10] Wang S L, Tzou Y M, Lu Y H, et al. Removal of 3-chlorophenol from water using rice-straw-based carbon[J]. Journal of Hazardous Materials, 2007, 147(1-2): 313-318.

[11] 宋洋, 王芳, 杨兴伦. 生物质炭对土壤中氯苯类物质生物有效性的影响及评价方法[J]. 环境科学, 2012, 33(1): 169-174.

[12] Uchimiya M, Wartelle L H, Klasson K T, et al. Influence of pyrolysis temperature on biochar property and function as a heavy metal sorbent in soil[J]. Journal of Agricultural and Food Chemistry, 2011, 59: 2501-2510.

[13] 易卿, 胡学玉, 柯跃进, 等. 不同生物质炭黑对土壤中外源镉(Cd)有效性的影响[J]. 农业环境科学学报, 2013, 32(1): 88-94.

[14] 王汉卫, 王玉军, 陈杰华, 等. 改性纳米炭黑用于重金属污染土壤改良的研究[J]. 中国环境科学, 2009, 29(4): 431-436.

[15] Zhou D M, Wang Y J, Wang H W, et al. Surface-modified nano-scale carbon black used as sorbents for Cu(Ⅱ) and Cd(Ⅱ)[J]. Journal of Hazardous Materials, 2010, 174: 34-39.

[16] Borah D, Satokawa S. Surface-modified carbon black for As(Ⅴ)removal[J]. Journal of Colloid and Interface Science, 2008, 319: 53-62.

[17] 成杰民, 王汉卫, 周东美, 等. Cu^{2+}和Cd^{2+}在改性纳米炭黑表面上的吸附-解吸[J]. 环境科学研究, 2011, 24(12): 1409-1416.

[18] Mohan D, Singh K P. Single-and multi-component adsorption of cadmium and zinc using activated carbon derived from bagassean agricultural waste[J]. Water Research, 2002, 36(9): 2304-2318.

[19] 王汉卫. 改性纳米炭黑在修复重金属污染土壤中的应用研究[D]. 济南: 山东师范大学, 2009.

[20] Radenovic A, Malina J. Adsorption ability of carbon black for carbon black for nickel ions uptake from aqueous solution[J]. Scientific Paper, 2013, 67(1): 51-58.

[21] Hu K, Blair A D, Piechota E J, Schauer P A, Sampaio R N, Parlane F G L, Meyer G J, Berlinguette C P. Kinetic pathway for interfacial electron transfer from a semiconductor to a molecule[J]. Nature Chemistry, 2016, 8(9): 853-859.

[22] Zhang H, Lv X J, Li Y M, Wang Y, Li J H. P25-graphene composite as a high performance photocatalyst[J]. Acs Nano, 2010, 4(1): 380-386.

[23] Mugisidi D, Ranaldo A, Soedarsono J W, et al. Modification of activated carbon using sodium acetate and its regeneration using sodium hydroxide for the adsorption of copper from aqueous solution[J]. Carbon, 2007, 45(5), 1081-1084.

[24] 于颖, 周启星. 重金属铜在黑土和棕壤中解吸行为的比较[J]. 环境科学, 2004, 25(1): 128-132.

[25] 许超, 夏北成, 林颖. EDTA 对中低污染土壤中重金属的解吸动力学[J]. 农业环境科学学报, 2009, 28(8): 1585-1589.

[26] 吕双. Fe$_3$O$_4$基复合吸附剂的制备及其去除水中重金属离子研究[D]. 青岛: 青岛科技大学, 2016.

[27] 杨亚提, 张一平, 张卫华. 铜在土壤-溶液界面吸附-解吸特性的研究[J]. 西北农业学报, 1998, 7(4): 82-85.

[28] 郭观林, 周启星. 重金属镉在黑土和棕壤中的解吸行为比较[J]. 环境科学, 2006, 27(5): 1013-1019.

[29] 成杰民, 潘根兴, 郑金伟. 模拟酸雨对太湖地区水稻土铜吸附-解吸的影响[J]. 土壤学报, 2001, 38(3): 333-340.

[30] 许超, 夏北成, 林颖. EDTA 对中低污染土壤中重金属的解吸动力学[J]. 农业环境科学学报, 2009, 28(8): 1585-1589.

[31] Ankica R, Jadranka M. Adsorption ability of carbon black for nickel ions uptake from aqueous solution[J]. Hemijska Industrija, 2013, 67(1), 51-58.

[32] Liu Y, Cheng J. Adsorption kinetics and isotherms of Cu(II) and Cd(II) onto oxidized nano carbon black[J]. Advanced Materials Research, 2012, 529: 579-584.

[33] Prabakaran R, Arivoli S. Adsorption kinetics, equilibrium and thermodynamic studies of nickel adsorption onto *Thespesia populnea* bark as biosorbent from aqueous solutions[J]. European Journal of Applied Engineering and Scientific Research, 2012, 1(4): 134-142.

[34] Ho Y S. Review of second-order models for adsorption systems[J]. Journal of Hazardous Materials, 2006, 136(3): 681-689.

[35] Ho Y S., McKay G. Pseudo-second order model for sorption processes[J]. Process Biochemistry, 1999, 34: 451-465.

[36] Li Y H, Ding J, Luan Z K, Di Z C, Zhu Y F, Xu C L, Wu D H, Wei B Q. Competitive adsorption of Pb^{2+}, Cu^{2+} and Cd^{2+} ions from aqueous solution by multiwalled carbon nanotubes[J]. Carbon, 2003, 41(14): 2787-2792.

[37] Amit B, William H, Marcia M, Mika. An overview of the modification methods of activated carbon for its water treatment applications[J]. Chemical Engineering Journal, 2013, 219(1): 499-511.

[38] Li Y H, Wang S, Wei J, et al. Lead adsorption on carbon nanotubes[J]. Chemical Physics Letters, 2002, 357: 263-266.

[39] 张森. 重金属对黄土 pH 的影响[J]. 山西水利科技, 2004, 4: 14-15.

[40] 肖振林, 王果, 黄瑞卿, 等. 酸性土壤中有效态镉的提取方法[J]. 农业环境科学学报, 2008, 27(2): 795-780.

[41] 贺建群, 许嘉琳, 杨居荣, 等. 土壤中有效态 Cd、Cu、Zn、Pb 提取剂的选择[J]. 农业环境保护, 1994, 13(6): 246-251.

[42] 熊礼明. 土壤有效 Cd 浸提剂对 Cd 的浸提机理[J]. 环境化学, 1992, 11(3): 41-47.

[43] 谢建治, 尹君, 王殿式. 土壤中有效态重金属 Cd、Hg 提取方法研究[J]. 1998, 17(3): 116.

第 4 章　碳纳米材料的表征

纳米炭黑(CB)是工业上化石燃料和生物质不完全燃烧产生的烟灰,由气相过程凝结而成;CB 广泛用于橡胶生产、油漆、油墨工业,且在环境领域应用于多种有机物的吸附剂[1-3]。目前,CB 对人和小鼠模型细胞的研究已经开展[4-6],在较高浓度下对土壤动物的影响尚不完备。对纳米材料的生物毒性进行研究,需要对材料的基本性质进行表征和报告[7]。CB 是一种无定形碳材料,多为球状,少数为片状。CB 的表征技术有 Zeta 电位分析、热重分析(TGA)、傅里叶变换红外光谱(FTIR)、X 射线衍射(XRD)、BET 比表面积分析和扫描电子显微镜(SEM)/透射电子显微镜(TEM)表征等。

单壁碳纳米管(SWCNT)是由单层石墨薄片按一定角度卷曲而成的中空管状结构[8,9],是 CNTs 中直径最小的一类。经过 20 余年的研究,在职业卫生和公共健康领域,对 SWCNT 生物毒性的了解已相对完备[10]。在 Web of Science 数据库中以 SWCNT * toxicity 为主题搜索,就有 413 篇相关文献(2020-03-07 检索)。关于 SWCNT 的毒性,既存在共识也有分歧,其毒性主要在于当其尺寸足够小时,通过呼吸引起的肺毒性[11]。SWCNT 在陆地生态系统中的行为、归趋及对微生物和植物的影响已被 Liné 等[8]很好地综述,对于土壤动物的影响还有待进一步探讨。SWCNT 的表征技术有扫描隧道显微镜(STM)、TEM、X 射线光电子能谱分析(XPS)和拉曼光谱等[9],特别是拉曼光谱可以将其和 MWCNTs 区分开来[12]。

还原氧化石墨烯(RGO)是石墨烯类材料的一种,通过氧化石墨烯的还原制得,多为单层或少层的薄膜。RGO 等石墨烯类材料的毒性研究主要聚焦在其优越的抗菌性能方面,具体机理已被很好地综述[13]。RGO 的表征方法有 TEM、XPS、XRD、FTIR、原子力显微镜(AFM)等[14]。

纳米材料的性质与其生物效应密切相关,因此,为更好地比较不同碳纳米材料对蚯蚓的生态毒理效应差异,本章通过 TEM、SEM-EDS、XRD、BET 比表面积分析、Zeta 电位和动态光散射(DLS)分析、FTIR、拉曼光谱等物性分析手段,对 3 种碳质纳米材料的表面及形貌等性质进行对比。

4.1　不同碳纳米材料的形貌

图 4-1 展示了纳米炭黑(CB)、还原氧化石墨烯(RGO)、单壁碳纳米管(SWCNT)三种不同形貌的碳纳米材料(CNs)在不同分辨率下的 TEM 图像。三种纳米材料均

表现出不同程度的团聚结构。从图 4-1(a)可以看出 CB 的形貌，形状不规则，整体上呈现近球形，三个维度均在纳米级，长宽比接近 1。由图 4-1(a_3)可以看出碳原子以漩涡状由内而外排布，密度逐渐减小，通过选区快速傅里叶变换(FFT)图得到为非晶无定形。图 4-1(b)是 RGO 的形貌图。RGO 为单层或少层石墨烯堆叠，厚度在纳米级，其余二维在微米或亚微米尺度。通过图 4-1(b_1)左上方利用选区电子衍射(SAED)得到的六边形晶格衍射斑，可知 RGO 存在单晶区域；通过展宽的圆形衍射斑可知，RGO 也存在多晶区域，斑点是由不同取向的石墨烯晶格斑点叠加而成[15,16]。从图 4-1(b_3)的 RGO 边缘间距可以大致看出层数，图中约为 6 层。堆叠或团聚层数较多的区域具有较深的 TEM 密度影，而在层数较少的区域衬度很弱，几近透明[15]。在样品的一些区域可以观察到由于堆叠或边缘卷曲而起的褶皱。RGO 具有锋利的侧边，长宽比(横向尺寸与厚度的比值)约为 134～5456。图 4-1(c)是 SWCNT 的形貌图。SWCNT 为单壁长管状，长度在微米级，管径在纳米级，长宽比(长度和直径的比值)为 5000～30000。碳管之间结合力较强，交互缠绕在一起[图 4-1(c_1)]。多数的碳纳米管大约 2～20 根绑定在一起形成碳束，少数的单根

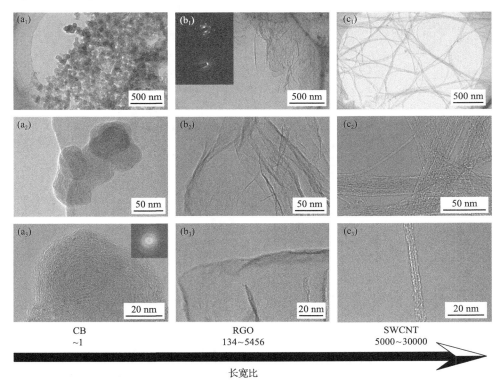

图 4-1　不同形貌碳纳米材料在不同分辨率下的 TEM 图像

(a)～(c)分别为 CB、RGO 和 SWCNT

碳纳米管从管束中分支出来[图 4-1(c$_2$)]。图 4-1(c$_3$)显示了三根碳纳米管团聚形成的碳束，可以明显看到电子透明的碳纳米管空腔。

图 4-2(a)是通过 DLS 测得的三种 CNs 分散液的水动力学直径(D_H)分布。颗粒的 D_H 受颗粒的团聚和水化作用等因素影响，一般大于颗粒的原生粒径。CB 和 RGO 的 D_H 呈单峰分布，而 SWCNT 呈双峰分布，包含以 5.6 μm(88.3%)为均值中心和以 255 nm(11.7%)为中心的两部分。CB、RGO 和 SWCNT 的平均 D_H 依次增大(表 4-1)，这与它们的最大长度呈正相关。图 4-2(b)是将分散液通过 0.22 μm 微孔滤膜后测得的 D_H 分布。三种材料的这一部分 D_H 分布接近，但平均值仍然与未过膜时同样依次增大。RGO 和 SWCNT 的平均 D_H 大于滤膜孔径，说明两种材料中的小粒子通过滤膜后快速发生了二次团聚，SWCNT 甚至在 5.6 μm 处出现了与

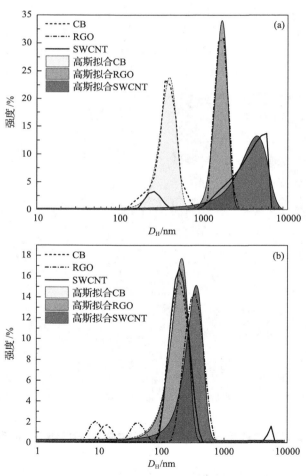

图 4-2　三种 CNs 在培养液和通过微孔滤膜后的 D_H 分布

未过膜时平均 D_H 相同的弱峰。RGO 在 48.3 nm 处存在大约 8% 的弱峰,这可能是超声过程破碎所致。CB 和 RGO 在 10 nm 左右出现的峰为分散液中胎牛血清(FBS)的分子运动产生的信号[17],而 SWCNT 中由于粒径过大而将其掩盖。

表 4-1　不同碳纳米材料性质对比

| 类型 | 纯度[a]/% | 比表面积[b]/(m²/g) | Zeta 电位[b](培养基 pH=7.2)/mV | 平均 D_H[b]/nm | | 氧含量/wt% | | I_D/I_G[b] |
				不过滤	过滤	XPS	EDS[b]	
CB	>95	635.96	−10.1±0.55	370.2	185.7	N/D[c]	3.37±3.11	1.48±0.07
RGO	>98	690.37	−11.4±0.55	1631.5	291.5	3.59[a]	25.29±2.43	1.21±0.00
SWCNT	>95	698.17	−12.0±1.16	3185.4	318.7	N/D[c]	8.94±6.48	0.07±0.00

a 技术参数标称值或根据标称值转化得出;b 实测数据;c 未检测。

除了形貌以外,其他物理化学性质也会影响纳米材料的生物毒性,因此需要对材料的其他性质进行表征和分析。

4.2　不同碳纳米材料的表面性质

4.2.1　比表面积

通过测试可知 CB、RGO 和 SWCNT 的比表面积分别为 635.96 m²/g、690.37 m²/g 和 698.17 m²/g(表 4-1)。三者的比表面差别不大,相对相差均小于 10%。

4.2.2　Zeta 电位

图 4-3 是 3 种 CNs 在 0.1 mol/L NaNO₃ 溶液中的 Zeta 电位-pH 曲线。CB、RGO 和 SWCNT 的 Zeta 电位在 pH 2~8 内变化趋势相近。另外,由表 4-1 可知,CB、RGO

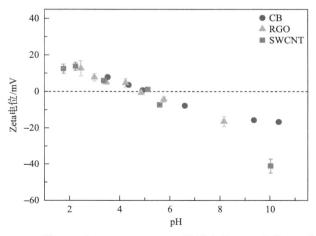

图 4-3　三种 CNs 在 0.1 mol/L NaNO₃ 溶液中的 Zeta 电位-pH 曲线

和 SWCNT 在 pH=7.2 培养基中的 Zeta 电位分别为–10.1 mV、–11.4 mV 和–12.0 mV，说明三种材料表面带负电荷且电势和稳定性相似。

4.2.3　官能团和含氧量

图 4-4 是三种 CNs 的 FTIR 谱图，可以看出三种材料表面官能团的差异。三种 CNs 均在 $1000 \sim 1200$ cm^{-1}、$1500 \sim 1650$ cm^{-1} 和 $3200 \sim 3600$ cm^{-1} 出现吸收峰。不同的是，SWCNT 在 1100 cm^{-1} 处附近出现较强的峰。在此处的红外峰对于 CB 和 RGO 结构来说可能是 C—C 或 C—O 单键伸缩振动，但对于 SWCNT，由其较少的缺陷可知，更可能是碳骨架特征峰[18]。三种 CNs 在 1580 cm^{-1} 附近出现的峰指认 C=C 双键，来源于芳环结构[1,18,19]。在 3450 cm^{-1} 附近出现的特征峰对不同类型的碳来说均可指认为—OH，来源于 C—OH 的伸缩振动或吸附水分子[18,20]。CB 在此处峰强较弱，与 X 射线 EDS 分析（表 4-1）含氧量较少相符；SWCNT 在此处的峰强较大，产品说明书的技术数据中未标注氧元素，而 EDS 分析含氧量为 8.94%，推测测试过程中 SWCNT 由于巨大的表面能吸附了较多空气水。RGO 也具有较强的—OH 峰，EDS 分析含氧量为 25.29%，而技术数据（通过 XPS 分析）中表面含氧量仅为 3.59%，这是两种方法测试深度不同所致[21]，由于 RGO 非常薄，EDS 测到了较多的层间氧而非表面氧。

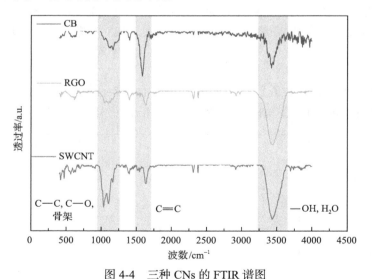

图 4-4　三种 CNs 的 FTIR 谱图

4.3　不同碳纳米材料结晶度和缺陷

图 4-5 是三种 CNs 的 XRD 谱图。完整的六方石墨晶体在 $2\theta=26.6°$ 具有特征

衍射峰，是层间距为 3.348 Å 的晶面，米勒指数为 (002)[22]。CB 由于内部存在 sp^2 杂化区域，在 2θ=24.98°附近出现了 "石墨" 碳，出峰位置左移且较宽，峰型为馒头峰，峰强未达到晶体学强度，是典型的无定形碳。RGO 也无明显尖锐峰。一般来说氧化石墨烯在 10°左右出现明显的尖锐峰，氧化石墨烯还原后该峰消失表明还原程度好[23]。在 26°左右 RGO 峰强较弱是因为片层没有过厚的堆叠[14,23,24]。报道的层间距多为 3.4～3.46 Å，层间距增大与晶格缺陷、含氧基团的存在及晶格失配导致的层间膨胀有关[22]。RGO 的微弱峰出现在 25.43°，根据布拉格方程推测少层 RGO 的层间距约为 3.56 Å。而 SWCNT 晶体由于是单层的，未出现明显增强的衍射峰。

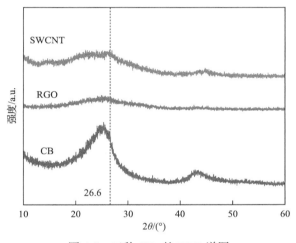

图 4-5　三种 CNs 的 XRD 谱图

图 4-6 是三种 CNs 的拉曼光谱图。碳材料的拉曼峰主要在 D 峰（～1350 cm^{-1}，与无序振动碳参与拉曼散射有关）、G 峰（1500～1620 cm^{-1}，与相邻碳原子切向振动有关）和 G′峰（2600～2700 cm^{-1}，与声子谷间散射过程有关）。而 SWCNT 在＜400 cm^{-1} 处存在径向呼吸膜（RBM）[12]。本研究中，3 种 CNs 的 D 峰出现在 1325 cm^{-1} 附近，G 峰出现在 1590 cm^{-1} 附近[25]。SWCNT 在拉曼位移＜200 cm^{-1} 范围内出现了特征的径向呼吸模（RBM），以及在 2643 cm^{-1} 出现产生于的 G′(2D) 模[9]。RGO 的谱图是典型的剥离氧化石墨的化学还原法制备的 RGO 的拉曼光谱，D 峰略高于 G 峰[26]；RGO 没有出现尖锐的 G′模与其含有的单层结构较少有关，这与其他人研究结果一致[27,28]。D 模强度和 G 模强度的比值（I_D/I_G）可表征碳材料表面的缺陷程度[25,29]，由表 4-1 中 CB、RGO 和 SWCNT 的 I_D/I_G 值可知缺陷程度依次减小。CB 为无定形碳缺陷最高，RGO 在氧化还原过程中产生了较多缺陷，而 SWCNT 缺陷很少，晶格较为完整。

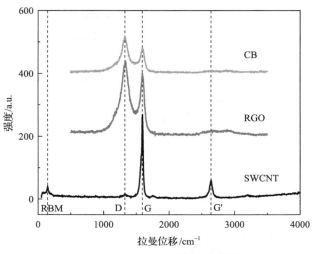

图 4-6　三种 CNs 的拉曼光谱图

4.4　不同碳纳米材料含重金属杂质

重金属杂质可能会引发纳米-生物界面芬顿反应而产生生物毒性。CNs 中重金属可能来源于原料或生产中使用的催化剂，如 Fe、Co、Ni、Mo 等[29,30]。CB、RGO 和 SWCNT 三种供试材料的纯度均大于 95%（表 4-1）。采用 ICP-OES 和 HDXRF 两种方法分别测定了颗粒内 6 种和 34 种重金属的含量，结果见表 4-2。总体上，XRF 法的测定值比 ICP 法测定值要高许多。采用 ICP-OES 法测定结果中 Fe 在三种 CNs 中均占比最高，仅 SWCNT 中 Fe 含量超过 0.1%。采用 XRF 法测定发现 CB 中还有较多的 V 和 Ni，RGO 中含有较多的 Ni 和 Cr，而 SWCNT 中主要含催化剂 Fe，其次是 Ni。采用 XRF 法测定 34 种（包含未检出）重金属总量为：SWCNT

表 4-2　不同 CNs 中重金属杂质含量（%）

CNs	方法	Cu	Pb	Zn	Cd	Fe	Ni	Cr	Mo	Co	V
CB	ICP	ND	0.017	0.012	0.000	0.083	0.031	—	—	—	—
	XRF	0.015	ND	0.006	0.000	0.512	0.452	ND	0.003	ND	1.434
RGO	ICP	0.009	0.002	0.001	0.032	0.035	0.007	—	—	—	—
	XRF	0.061	ND	0.004	0.001	0.637	0.145	0.185	0.002	ND	0.021
SWCNT	ICP	0.009	ND	0.005	ND	0.142	0.003	—	—	—	—
	XRF	0.063	ND	0.008	ND	5.081	0.066	0.030	0.002	0.014	0.011

注：ND. 未检出；—. 未检测。

（5.46%）＞CB（2.48%）＞RGO（1.14%）。结合 EDS 分析，3 种材料样品表面多个区域的探测谱中均未发现重金属，推测重金属主要存在颗粒内部。通过材料表面 Fe^{2+} 的溶出（移动性）试验（图 4-7），发现 3 种 CNs 含有的活性 Fe^{2+} 含量并无明显差异。

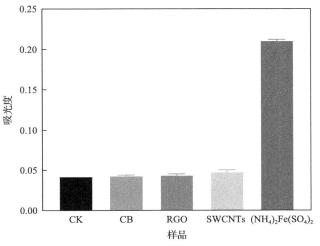

图 4-7　Fe^{2+} 移动性试验吸光度

4.5　表面改性对纳米炭黑结构性质的影响

纳米炭黑（CB）以可识别单个颗粒的弱作用力团聚体（agglomerate）和很难分开的强作用力聚集体（aggregate）两种形式[31]存在[图 4-8（a）]。CB 表面粗糙，为近球形[图 4-8（b）]，算数平均粒径为 47.35±16.66 nm[n=100，图 4-8（c）]，D_H（DLS）为 348±16 nm（n=3）。

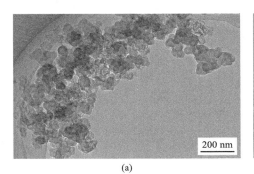

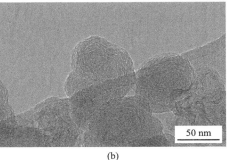

（a）　　　　　　　　　　　　　　　　　（b）

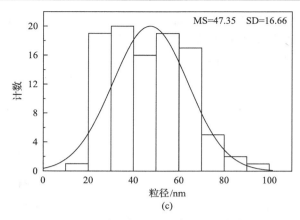

图 4-8   纳米炭黑的形貌和粒径分布

由 SEM 图像看出[图 4-9(b)]，经酸性高锰酸钾氧化改性后，改性纳米炭黑（MCB）团聚体外部出现"溶穴"式结构，但 MCB 的比表面积却从 635.96 m^2/g 略微下降到 603.38 m^2/g[图 4-9(c)]，D_H 增加到 1488 ± 14 nm（$n=3$），这可能是因为氧化改性破坏了颗粒内部的孔结构[32]，也可能是因为 MCB 干燥过程中发生了再结

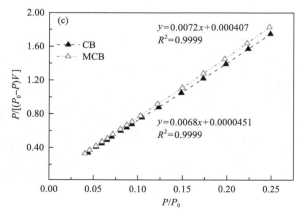

图 4-9   CB(a)和 MCB(b)的 SEM 图像及 BET 比表面积曲线(c)

合[33]。同时有研究表明 HNO₃ 处理后 CB 的团聚程度增大，可能与增生官能团的黏结力(cohesive force)作用有关[1]。

EDS(图 4-10)分析显示，CB 表面 C、O 元素相对含量分别为 95.2%±1.2%和 3.4%±1.5%(N=3)，还有不到 1.5%的 Si、S 杂质，未探测到金属元素。颗粒表面金属杂质会产生毒性，进一步通过 HDXRF 分析，粗略估计颗粒内部重金属总量少于 2.5%，从高到低排序为 V：1.43%、Fe：0.51%、Ni：0.45%、Ce：0.023%、Cu：0.015%、Mn：0.012%。表面改性后 MCB 的 O 元素相对含量增加到 20.0±1.4%(N=3)。

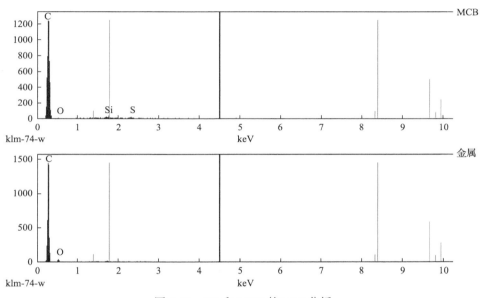

图 4-10 CB 和 MCB 的 EDS 分析

进一步利用 FTIR 研究改性前后表面官能团的变化[图 4-11(a)]，结果显示 CB 在 1000～1400 cm⁻¹ 出现 C—O 的伸缩振动峰，1580～1600 cm⁻¹ 出现来自芳环结构的 C=C 伸缩振动，3200～3450 cm⁻¹ 出现归因于 C—OH、CO—OH 和吸附水分子的—OH 伸缩振动[18]。与 CB 相比，MCB 的—OH 峰(3443 cm⁻¹)宽度和尖锐度明显增强，其对 O 含量增加起主要贡献。另外，在 1720 cm⁻¹ 附近新增了一个较弱的羧基 C=O 伸缩振动峰[18]。除此之外，改性后 C=C 伸缩振动峰也增强，表明水热氧化过程也增加了颗粒的 sp² 结构。刘雅心通过 XRD 分析发现，磷酸改性炭黑的(002)石墨峰增强[34]，也有研究结果发现 HNO₃ 处理 CB 的(002)衍射峰锐利度和沿 c 轴的结晶尺寸增加，表明酸处理增加了表面的有序化程度和稳定性[1]。通过拉曼光谱对改性前后纳米颗粒的缺陷程度进行了表征[图 4-11(b)]，发现 MCB 的两个特征峰 D 峰(1325 cm⁻¹)和 G 峰(1590 cm⁻¹ 附近)峰高均比 CB 降低；D 峰和 G 峰的强度或峰面积的比值 I_D/I_G 可以反映表面缺陷程度[25]。计算 I_D/I_G 得到

MCB 为 1.43±0.01，CB 为 1.48±0.07，改性后颗粒的缺陷程度降低，可能是因为 sp^2 杂化键合空缺或 sp^3 杂化无序性缺陷中未被氧化的悬挂碳键被氧化为官能团所致。Zeta 电位分析表明，由于含氧官能团的去质子化，颗粒表面的电负性增强，等电点向酸性移动[图 4-11（c）]。

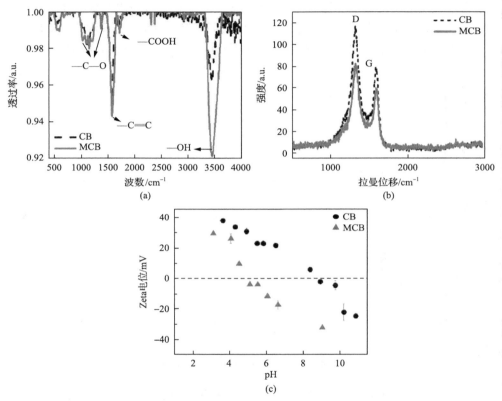

图 4-11　CB 和 MCB 的 FTIR、拉曼光谱和 Zeta 电位分析

　　通过上述表征可知，酸处理大大改变了 CB 表面性质，主要表现为含氧官能团（—OH、—COOH）增加，Zeta 电位降低，比表面积和缺陷减少。

4.6　小　　结

　　本章借助 SEM、TEM、EDS、XRD、BET 比表面积分析、Zeta 电位和动态光散射（DLS）分析、FTIR、拉曼光谱等现代仪器分析手段，研究纳米炭黑（CB）、还原氧化石墨烯（RGO）、单壁碳纳米管（SWCNT）的形貌、表面性质等的差异。得到如下的主要结论：

　　（1）CB 为近球形，三个维度均在纳米级；RGO 为片状，单层或少层石墨烯堆叠，厚度在纳米级，其余二维在微米或亚微米尺度；SWCNT 为单壁长管状，管径在纳米级，长度在微米级。三种碳纳米材料的长宽比为 SWCNT（5000～30000）＞RGO（134～5456）＞CB（接近 1），平均水动力学直径（D_H）为 SWCNT＞RGO＞CB。

（2）三种碳纳米材料的比表面、Zeta 电位相近，表面主要官能团为 C—C、C—O、C＝C、O—H，CB 的 C＝C 吸收峰较强，具有芳香环状结构，SWCNT 的 C—C 和 C—O 吸收峰较强，具有碳骨架特征峰。

（3）RGO 具最高的含氧量，是 SWCNT 含氧量的 2.83 倍，CB 的 7.50 倍。CB 具有最多的缺陷，SWCNT 拥有更完整的晶型和更少的缺陷。三种 CNs 中的重金属杂质主要是 Fe，其含量顺序为 SWCNT＞CB＞RGO。

（4）纳米炭黑（CB）经酸性高锰酸钾改性后，表面特性的主要变化是含氧官能团增加、Zeta 电位降低，颗粒的杂质和缺陷程度降低。

参 考 文 献

[1] Borah D, Satokawa S, Kato S, Kojima T. Characterization of chemically modified carbon black for sorption application[J]. Applied Surface Science, 254(10): 3049-3056.

[2] González-García C, González-Martín M, Denoyel R, Gallardo-Moreno A, Labajos-Broncano L, Bruque J. Adsorption enthalpies of sodium dodecyl sulphate onto carbon blacks in the low concentration range[J]. Carbon, 2005, 43(3): 567-572.

[3] Valenzuela-Calahorro C, Navarrete-Guijosa A, Stitou M, Cuerda-Correa E M. A comparative study of the adsorption equilibrium of progesterone by a carbon black and a commercial activated carbon[J]. Applied Surface Science, 2007, 253(12): 5274-5280.

[4] Kong H, Kai X, Liang P, Zhang J, Yan L, Yu Z, Cui Z, El-Sayed N N, Aldalbahi A, Nan C. Autophagy and lysosomal dysfunction: A new insight into mechanism of synergistic pulmonary toxicity of carbon black-metal ions co-exposure[J]. Carbon, 2017, 111: 322-333.

[5] Zhang R, Zhang X, Gao S, Liu R. Assessing the in vitro and in vivo toxicity of ultrafine carbon black to mouse liver[J]. Science of the Total Environment, 2019, 655: 1334-1341.

[6] Murphy S A, Berube K A, Richards R J. Bioreactivity of carbon black and diesel exhaust particles to primary Clara and type II epithelial cell cultures[J]. Occupational and Environmental Medicine, 1999, 56(12): 813-819.

[7] Nel A, Xia T, Madler L, Li N. Toxic potential of materials at the nanolevel[J]. Science, 2006, 311(5761): 622-627.

[8] Liné C, Larue C, Flahaut E. Carbon nanotubes: Impacts and behaviour in the terrestrial ecosystem-A review[J]. Carbon, 2017, 123: 767-785.

[9] Belin T, Epron F. Characterization methods of carbon nanotubes: A review[J]. Materials Science and Engineering: B, 2005, 119(2): 105-118.

[10] Ema M, Gamo M, Honda K. A review of toxicity studies of single-walled carbon nanotubes in laboratory animals[J]. Regulatory Toxicology and Pharmacology, 2016, 74: 42-63.

[11] Lam C W, James J T, Mccluskey R, Arepalli S, Hunter R L. A review of carbon nanotube toxicity and assessment of potential occupational and environmental health risks[J]. Critical Reviews in Toxicology, 2006, 36(3): 189-217.

[12] 国家质量监督检验检疫总局, 中国国家标准化管理委员会. GB/T 32871-2016. 单壁碳纳米管表征 拉曼光谱法[S]. 北京: 中国标准出版社, 2016.

[13] Zou X, Zhang L, Wang Z, Luo Y. Mechanisms of the antimicrobial activities of graphene materials[J]. Journal of the Aamerican Chemical Society, 2016, 138(7): 2064-2077.

[14] Stobinski L, Lesiak B, Malolepszy A, Mazurkiewicz M, Mierzwa B, Zemek J, Jiricek P, Bieloshapka I. Graphene oxide and reduced graphene oxide studied by the XRD, TEM and electron spectroscopy methods[J]. Journal of Electron Spectroscopy and Related Phenomena, 2014, 195: 145-154.

[15] 张盈利, 刘开辉, 王文龙, 白雪冬, 王恩哥. 石墨烯的透射电子显微学研究[J]. 物理, 2009, 38(6): 401-408.

[16] Rasool H I, Ophus C, Klug W S, Zettl A, Gimzewski J K. Measurement of the intrinsic strength of crystalline and polycrystalline graphene[J]. Nature Communications, 2013, 4(1): 1-7.

[17] Pozzi D, Caracciolo G, Digiacomo L, Colapicchioni V, Palchetti S, Capriotti A, Cavaliere C, Chiozzi R Z, Puglisi A, Laganà A. The biomolecular corona of nanoparticles in circulating biological media[J]. Nanoscale, 2015, 7(33): 13958-13966.

[18] Ţucureanu V, Matei A, Avram A M. FTIR spectroscopy for carbon family study[J]. Critical Reviews in Analytical Chemistry, 2016, 46(6): 502-520.

[19] Gao Y, Ren X, Wu J, Hayat T, Alsaedi A, Cheng C, Chen C. Graphene oxide interactions with co-existing heavy metal cations: Adsorption, colloidal properties and joint toxicity[J]. Environmental Science: Nano, 2018, 5(2): 362-371.

[20] O'reilly J, Mosher R. Functional groups in carbon black by FTIR spectroscopy[J]. Carbon, 1983, 21(1): 47-51.

[21] Gorzalski A S, Donley C, Coronell O. Elemental composition of membrane foulant layers using EDS, XPS, and RBS[J]. Journal of Membrane Science, 2017, 522: 31-44.

[22] Huh S H, Choi S-H, Ju H-M, Kim D-H. Properties of interlayer thermal expansion of 6-layered reduced graphene oxide[J]. Journal of the Korean Physical Society, 2014, 64(4): 615-618.

[23] 马志军, 荖昌烨, 翁兴媛, 赵海涛, 高静. Zn 还原氧化石墨烯(RGO)和 ZnO/RGO 自组装复合材料的电磁响应行为[J]. 复合材料学报, 2019, 36(7): 1776-1786.

[24] Tang L, Wang Y, Li Y, Feng H, Lu J, Li J. Preparation, structure, and electrochemical properties of reduced graphene sheet films[J]. Advanced Functional Materials, 2009, 19(17): 2782-2789.

[25] Pachfule P, Shinde D, Majumder M, Xu Q. Fabrication of carbon nanorods and graphene nanoribbons from a metal-organic framework[J]. Nature Chemistry, 2016, 8(7): 718-724.

[26] Stankovich S, Dikin D A, Piner R D, Kohlhaas K A, Kleinhammes A, Jia Y, Wu Y, Nguyen S T, Ruoff R S. Synthesis of graphene-based nanosheets via chemical reduction of exfoliated graphite oxide[J]. Carbon, 2007, 45(7): 1558-1565.

[27] 王丽, 马俊红. 氮掺杂还原氧化石墨烯负载铂催化剂的制备及甲醇电氧化性能[J]. 物理化学学报, 2014(7): 1267-1273.

[28] Malard L, Pimenta M, Dresselhaus G, Dresselhaus M. Raman spectroscopy in graphene[J]. Physics Reports, 2009, 473(5-6): 51-87.

[29] Jiang W, Wang Q, Qu X, Wang L, Wei X, Zhu D, Yang K. Effects of charge and surface defects of multi-walled carbon nanotubes on the disruption of model cell membranes[J]. Science of the Total Environment, 2017, 574: 771-780.

[30] Wang X, Qu R, Liu J, Wei Z, Wang L, Yang S, Huang Q, Wang Z. Effect of different carbon nanotubes on cadmium toxicity to *Daphnia magna*: The role of catalyst impurities and adsorption capacity[J]. Environmental Pollution, 2016, 208: 732-738.

[31] Mcshane H, Sarrazin M, Whalen J K, Hendershot W H, Sunahara G I. Reproductive and behavioral responses of earthworms exposed to nano-sized titanium dioxide in soil[J]. Environmental Toxicology & Chemistry, 2012, 31(1): 184-193.

[32] Zhou D M, Wang Y J, Wang H W, Wang S Q, Cheng J M. Surface-modified nanoscale carbon black used as sorbents for Cu(II) and Cd(II)[J]. Journal of Hazardous Materials, 2010, 174(1-3): 34-39.

[33] Tong H, Mcgee J K, Saxena R K, Kodavanti U P, Devlin R B, Gilmour M I. Influence of acid functionalization on the cardiopulmonary toxicity of carbon nanotubes and carbon black particles in mice[J]. Toxicology and Applied Pharmacology, 2009, 239(3): 224-232.

[34] 刘雅心. 磷酸改性纳米黑碳的制备及对 Cd 的吸附研究[J]. 环境污染与防治, 2019, 41(8): 927-931.

第 5 章　不同形貌碳纳米材料对蚯蚓的生态毒理效应

碳纳米材料(CNs)是最具有应用前景的纳米材料,但大量研究证实许多碳纳米材料存在生物毒性[1-3]。目前环境中碳纳米材料毒理学研究多关注于大气途径(如通过呼吸或静脉注入对小鼠、大鼠模型的体内迁移和器官毒性)、水体途径(如对水蚤、斑马鱼的毒性),及抗菌性或细胞毒性等,而对于土壤中碳纳米材料动物效应的研究有待加强。

形貌/形状是影响纳米材料生物毒理效应的重要物理性质之一[4,5]。Lahiani 等证明了不同形貌的碳纳米材料(螺旋 MWCNTs,长 MWCNTs、短 MWCNTs 及少层石墨烯)都会对植物细胞生长、种子萌发和植物生长起正向促进作用,其原理可能是通过对水通道基因表达的促进而增加植物水分的吸收[6]。相反,Grabins 等研究了碳纤维(CF)、碳纳米纤维(CNF)、MWCNTs 和 SWCNT 对小鼠角质细胞(HEL-30)的生物相容性,发现对于这四种具有大的长宽比的材料,直径较大的 CF 和 CNF 对细胞无显著影响,但 SWCNT 和 MWCNTs 显著降低了细胞存活率[7]。Buchman 等在 *Environmental Science : Nano* 发表 Highlight 文章介绍了三项关于形状对纳米材料毒性影响的研究。第一项研究了球形、立方形和线形的 AgNPs[具有相似的比表面积和相同的表面性质(PVP 包覆)]对多种环境生物的影响。该研究表明 AgNPs 对模型植物多花黑麦草的毒性存在形状依赖效应,而对细菌和斑马鱼影响差异不大,对根毛毒性:球形>立方形>线形[8]。第二项研究发现镧元素掺杂 $NaYF_4$ 纳米颗粒与生物膜的亲和力存在差异,亲和力顺序为:拉长纳米球>纳米球>纳米六边形棱镜[9]。第三项研究发现不同形状的纳米颗粒进入细胞的难易程度不同,其中从易到难依次为:球形>立方形>棒状>盘状,通过模型计算,球形颗粒进入细胞需要的膜弯曲能为 8 πk,而盘状颗粒则需要 27.33 $πk$[10]。Buchman 指出正因为不同形状的纳米材料与生物作用方式不同,颗粒形状应纳入纳米材料的设计和调控参数中,以减轻纳米材料的负面效应[11]。因此,了解不同场景下不同形貌纳米材料的毒理效应,对生产和应用新兴纳米颗粒至关重要。

土壤动物蚯蚓已被用于 CNs 的毒性研究。例如,Zhang 等研究表明,通过滤纸接触 400 mg/L 多壁纳米碳管(MWCNTs),蚯蚓体内的超氧化物歧化酶(SOD)、过氧化物酶和谷胱甘肽过氧化物酶活性增加[12]。Petersen 等致力于研究蚯蚓体内碳纳米管(CNTs)的积累和消除[13-15]。纳米材料毒性的主要机理范式是氧化应激,SOD、过氧化氢酶(CAT)、脂质过氧化标志物丙二醛(MDA)以及生物巯类物质谷胱甘肽(GSH)及其氧化产物(GSSG),通常被用作蚯蚓的氧化应激生物标志物[16]。

蚯蚓肠道微生物在蚯蚓营养供给、代谢反应中发挥着重要作用,肠道微生物组成和多样性的变化是监测土壤污染状况的新手段[17,18]。蚯蚓体腔免疫细胞的体外毒性试验,为纳米材料的蚯蚓毒性和细胞毒性研究提供了快速、灵敏的测试方案。代谢组学(通过测量生物体液和组织中代谢产物水平的变化并进行数学建模)可以有效预测生物体疾病和对外部刺激的响应[19]。目前常用的代谢组学技术有 ^{1}HNMR (关注于代谢物中的氢原子)和 GC-MS[19,20]。LC-MS 也被用于代谢组学检测[21],但目前很少有研究应用于蚯蚓代谢物检测。

然而,不同形貌碳纳米材料对土壤动物蚯蚓影响的生态毒理学差异尚不清楚。为了弥补这一不足,本章以 CB、RGO 和 SWCNT 为研究对象,以蚯蚓为受试生物,通过 3 种 CNs 对蚯蚓的宏观和微观生态毒理学试验,探讨不同形貌碳纳米材料对陆生动物蚯蚓的生态毒理效应差异。

5.1　不同碳纳米材料对蚯蚓生长的影响

5.1.1　死亡率

采用 OECD 207 推荐的参考化学物 2-氯乙酰胺对蚯蚓的滤纸接触急性毒性进行了质量控制试验。结果表明,三个独立试验的 LC_{50} 介于 $1.5\sim4.5\ \mu g/cm^2$,平均 LC_{50} 为 $2.28\ \mu g/cm^2\pm0.27\ \mu g/cm^2$(表 5-1)。这与前人的研究结果一致[22],证明测试方法和蚯蚓的质量是可靠的。

表 5-1　蚯蚓滤纸接触参考毒物 2-氯乙酰胺 48 h 的死亡数和 LC_{50}

受试物浓度/(mg/L)	滤纸沉积量/(μg/cm²)	死亡数 [a] 和 LC_{50}/(μg/cm²)		
		试验 1	试验 2	试验 3
700	11.00	10	10	10
350	5.50	10	9	10
175	2.75	4	6	5
87.5	1.38	2	3	2
70.0	1.10	0	1	0
0	0	0	0	0
		$2.24(1.61\sim3.15)^b$	$2.03(1.46\sim2.86)^b$	$2.57(1.99\sim3.54)^b$

a 每一浓度蚯蚓总数为 10;b LC_{50},括号内为 95%置信区间。

滤纸接触试验和土壤培养试验中,即使受试浓度分别达到了 1000 mg/L 和 1000 mg/kg,纳米炭黑(CB)、还原石墨烯(RGO)和单壁碳纳米管(SWCNT)处理组蚯蚓均存活,因而无法计算相应的 LC_{50}。目前少有的关于碳纳米材料的研究表明,滤纸接触 1000 mg/L 多壁碳纳米管(MWCNTs)48 h 后蚯蚓全部存活[12]。人工土壤中 1000 mg/kg 的 MWCNTs 蚯蚓的存活率仍为 100%[23]。土壤中 RGO 对线蚓（*Enchytraeus crypticus*）存活的 EC_{50} 约为 1248 mg/kg，远小于 GO 的 447 mg/kg，1000 mg/kg GO 具有严重的繁殖毒性[24]。而对金属类纳米材料的研究结果显示，滤纸接触 0.1～10000 mg ZnO 蚯蚓 14 d 死亡率均超过 80%，且随着剂量增加而增大，具有急性毒性，而 TiO_2 死亡率均低于 40%，不具有急性毒性[25]。可见碳纳米材料对蚯蚓的急性毒性可能小于金属纳米材料。

5.1.2　体重

　　表 5-2 是不同形貌和浓度的碳纳米材料处理土壤中培养 28 d 后蚯蚓平均体重的变化情况。对照（CK）和 CB 处理组体重均为正增长，但 CB 处理蚯蚓增长率低于 CK，0.01% CB 和 0.1% CB 处理蚯蚓生长率没有显著差异。RGO 处理组和 SWCNT 处理组与 CK 相比均出现显著地负增长，RGO 添加量为 0.01% 和 0.1% 的处理，蚯蚓体重增长率分别为 –5.7% 和 –13.8%，但平行试验结果偏差较大。SWCNT 体重增长率未随添加量的增加而降低。可见 3 种碳纳米材料（CNs）均对蚯蚓生长有影响，RGO 和 SWCNT 的影响远大于 CB。

表 5-2　不同碳纳米材料对蚯蚓体重的影响

处理	每条平均体重/g（N=30）		体重增长率/%（N=3）
	0 d	28 d	
CK	0.394±0.044	0.467±0.056#	18.8±5.5
0.01% CB	0.397±0.069	0.447±0.053##	13.8±15.3
0.1% CB	0.403±0.051	0.456±0.040###	13.4±10.0
0.01% RGO	0.395±0.050	0.372±0.049##	–5.7±1.0**
0.1% RGO	0.397±0.061	0.340±0.048##	–13.8±9.7***
0.01% SWCNT	0.404±0.065	0.343±0.046##	–15.2±4.9***
0.1% SWCNT	0.396±0.052	0.351±0.054##	–11.3±4.6***

#、##、### 分别代表 28 d 与 0 d 的配对 t 检验存在 $P<0.05$、$P<0.01$、$P<0.001$ 的显著性差异；*、**、*** 代表通过 LSD 多重比较与对照相比，存在 $P<0.05$、$P<0.01$、$P<0.001$ 的显著性差异。

　　这三种材料对其他模型动物影响的研究结果表明，大鼠在 CB（Printex 90 型）浓度为 11.63 mg/m³ 的空气中暴露一年，死亡率为 56%，体重显著下降[26]；石墨烯类材料对实验室动物大鼠、小鼠、兔的毒性研究很多[27]，单次静脉注射 7 mg/kg RGO 对小鼠只产生了外围而短暂的轻微毒作用[28]。石墨烯类材料（大部分为 GO）会对水中的细菌、光合生物、无脊椎动物、鱼类造成不同程度的影响，其中 RGO 对铜绿假单胞菌（*Pseudomonas aeruginosa*）存活率抑制随浓度（>75 mg/L）增加而增加；RGO 抑制栅藻（*Scenedesmus obliquus*）的生长，72 h EC_{50} 约为 148～151 mg/L[27]。SWCNT 对模型动物毒性的初步研究信息很多，但考虑到 SWCNT 种类和变体丰富，数据仍十分有限。小鼠气管滴注 500 μg SWCNT，死亡数增加；大鼠气管滴注 5 mg/kg SWCNT 1 d 后，15%个体死亡；大鼠经口暴露 1000 mg/kg SWCNT，无个体死亡和体重变化，表明 SWCNT 吸入风险大于经口途径[2]。上述讨论表明，总体上碳纳米材料浓度达到一定程度才会有明显的毒理效应，而受试生物、材料类型也是影响结果的决定性因素。

5.2　不同碳纳米材料对蚯蚓生理生化的影响

滤纸试验是评估化学品蚯蚓急性毒性的标准可重复方法[29]，这种方法主要考察毒物通过皮肤接触途径对蚯蚓生存和生理的胁迫。对于毒性较小的纳米材料，暴露后对抗氧化酶或标志物等的检测同样可以反映化学品对蚯蚓的亚致死效应。活性氧自由基是生物体内反应性很高的物质。超氧化物歧化酶（SOD）是生物体内清除自由基的首要物质，可以专一催化·O_2^-的歧化反应，产生 H_2O_2 和 H_2O[30]。过氧化氢酶（CAT）是催化 H_2O_2 分解的酶，阻止活性氧对脂质、蛋白质、DNA 等造成氧化损伤[31]。丙二醛（MDA）含量可以反映机体脂质过氧化速率和强度，也能间接反映组织过氧化损伤程度[30]。三个指标常用来反映机体内氧化和抗氧化防御平衡。

图 5-1 是滤纸接触三种 CNs 48 h 后，蚯蚓三种氧化应激标志物的测定结果。由图 5-1 可知，相比于纯水对照处理，三种 CNs 对 SOD 主要起激活效应，这主要是因为 CNs 诱导 $O_2·$ 的产生从而导致蚯蚓发生了酶应答[31]。随着 CB 浓度从 0.1～15.7 μg/cm^2 增加，SOD 活性呈先升高后降低的趋势，浓度为 1.1 μg/cm^2 和 11.0 μg/cm^2 时显著促进了 SOD 活性。随 RGO 浓度增高 SOD 的活性增加，当浓度>11.0 μg/cm^2 时，SOD 活性与对照相比达到极显著水平。而随 SWCNT 浓度的升高，SOD 活性呈起伏变化的趋势，在浓度 0.1 μg/cm^2 和 11.0 μg/cm^2 显著促进了 SOD 活性。可见不同的碳纳米材料对蚯蚓 SOD 的影响，随浓度变化存在显著的差异。蚯蚓 SOD 活性的变化与暴露浓度和时间有关，且不是简单的线性关系[31]。CB 和 SWCNT 组在高浓度时 SOD 酶活性水平未显著增加，可能是因为此时蚯蚓 SOD 酶相关基因表达受到抑制，或抗氧化防御已被攻破[2]。Song 等[32]的研究结果中，固定暴露时间，蚯蚓 SOD 酶活性随阿特拉津浓度变化存在先促进后不变或先抑制后保持相同的趋势。更深入的研究应结合暴露时间进行。

与对照相比，CB 浓度从 0.1～15.7 μg/cm^2 对 CAT 活性均没有显著影响，RGO 仅在 15.7 μg/cm^2 和 SWCNT 仅在 11.0 μg/cm^2 显著地提高了 CAT 活性。可知三种 CNs 对 CAT 活性的影响不如对 SOD 的影响明显。CAT 通过使 H_2O_2 失活来应对氧化应激，从而防止生物大分子（脂类、蛋白质或 DNA）的氧化损伤[30]。SWCNT 和 RGO 组 CAT 酶活性升高，说明在 SOD 酶的作用下产生了 H_2O_2 增大，从而刺激了 CAT 酶活性的增加。

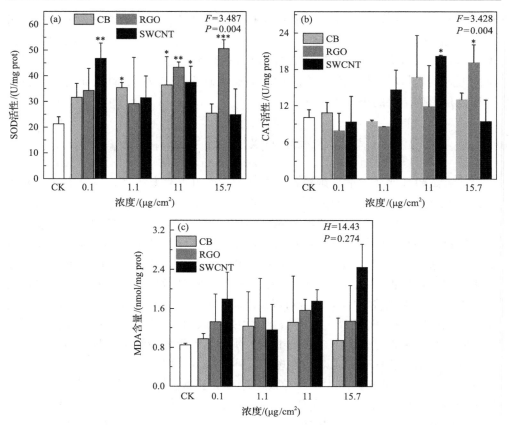

图 5-1　不同 CNs 对蚯蚓 (a) SOD、(b) CAT 活性和 (c) MDA 含量的影响
代表与对照存在显著性差异，$P<0.05$，**$P<0.01$，***$P<0.001$；
F 是 ANOVA 统计量，H 是 Kruskal-Wallis 统计量

　　MDA 是脂质过氧化标志物，当脂质受到氧化损伤时，迅速分解为 MDA[31]。三种 CNs 处理组的 MDA 含量水平均比对照组高，且在不同浓度均表现为 SWCNT 组含量＞RGO 组含量＞CB 组含量，但均未达到显著水平 (样本间标准差较大)。这说明 CNs 可以一定程度上使生物膜过氧化，但由于 SOD、CAT 等酶促进活性氧自由基的消减，没有使蚯蚓脂质大幅度氧化。特殊地 15.7 μg/cm² SWCNT 处理有最高的 MDA 含量，这就可能是因为 SOD 和 CAT 没能发挥作用所致。

　　赤子爱胜蚓具有消除亲电试剂或氧化剂的能力[32]。滤纸接触 400 mg/L 多壁纳米碳管 (MWCNTs)，蚯蚓体内的多种抗氧化酶活性增加[12]。王彦力等[33]研究了三种碳纳米材料 (石墨烯、氧化石墨烯和碳纳米管) 在草坪土壤基质中添加量为 1% 和 3% 时的毒理效应，发现碳纳米材料对高羊茅植物的生长无影响而主要影响蚯蚓的生理生化指标，其中对 SOD 活性影响特别显著，主要为抑制作用。而本研究通过接触试验发现 SOD 对 CNs 响应也较为灵敏，主要为活性上调，该结果对王彦

力等[33]的结果进行了很好的补充。

　　除了对陆生动物,CB 使红细胞 SOD 和 CAT 活性分别降低了 73.4%和 89.8%。静脉注射 7 mg/kg RGO 使小鼠血清 SOD 活性上调,但 CAT 活性和 MDA 含量无变化[28]。气管滴注 2 mg/kg 和 10 mg/kg SWCNT 使大鼠肺泡灌洗液中 SOD 活性降低,MDA 含量升高[12];SWCNT 使太平洋牡蛎中 SOD、CAT 和 MDA 活性均显著升高,相关基因表达上调[34]。以上分析表明,尽管对于不同的模型动物,不同的碳纳米材料造成的毒性不同,但它们都具有一定生物诱导氧化应激的危害。

5.3　不同碳纳米材料对蚯蚓体腔细胞的毒性

　　图 5-2(a)是 CCK-8 测试反应液吸光度和活细胞密度(台盼蓝染色法)之间的关系曲线,两者之间具有较好的线性关系,说明 WST-8 测试法可以有效地用于蚯蚓体腔细胞存活率的检测。图 5-2(b)是体腔细胞提取后立刻和培养 12 h 后测得的细胞吸光度。正常细胞原代培养 12 h 存活率平均值为 80.13%,略低于 Yang 等[35]的测试结果。

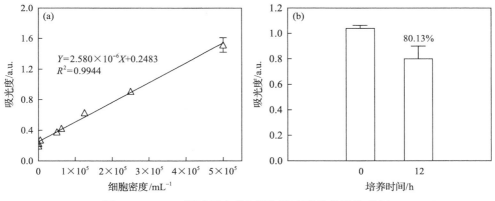

图 5-2　CCK-8 测试吸光度和活细胞密度的线性关系(a)
和新鲜细胞培养 12 h 后的存活率(N=3)(b)

　　图 5-3 是体腔细胞在分别含三种不同浓度 CNs 中染毒 12 h 后与对照相比的相对存活率。随着 CB、RGO、SWCNT 浓度的增大,细胞相对存活率均减小。当浓度为 1 mg/L 时,三种 CNs 处理后蚯蚓体腔细胞相对存活率无显著差异,且存活率分别达 98.1%、89.3%和 95.5%。当浓度为 10 mg/L 时,CB 处理的存活率略高于对照,为 104.9%,RGO 处理和 SWCNT 处理存活率仅为对照的 71.0%和 79.2%,显然两者显著地抑制了细胞存活率。当暴露浓度为 100 mg/L 时,三种 CNs 对蚯蚓细胞的存活率均产生极大的抑制,存活率分别为 76.2%、64.1%和 53.9%,且 SWCNT 与 CB 的存活率存在显著性差异($P < 0.01$)。由此可见 SWCNT 的细胞毒

性最强，RGO 次之，CB 只有在高浓度时才表现出对细胞的抑制作用。最近有相关碳纳米材料的研究表明，MWCNTs 对蚯蚓体腔细胞的毒性非常小，无法计算出 EC_{50}（$\gg$ 50 mg/L）[35]。C_{60} 对蚯蚓体腔细胞毒性也较小，即使浓度＞1000 mg/L 对存活率也无影响[36]。可以看出，蚯蚓体腔细胞对碳纳米材料具有一定耐受性，不同碳纳米材料对体腔细胞的损伤程度也不同。

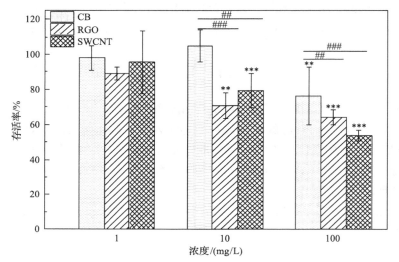

图 5-3　不同 CNs 对蚯蚓体腔细胞存活率的影响

*和#分别代表 CNs 处理组与对照组均值（100%）存在显著性差异和 CNs 处理组之间存在显著性差异。

*, #$P<0.05$；**, ##$P<0.01$；***, ###$P<0.001$

Kong 等[37]研究表明，50 mg/L 粒径为 14 nm 的 CB 对小鼠免疫细胞 RAW 246.7 存活率无明显影响。一种 RGO 对紫贻贝（*Mytilus galloprovincialis*）的细胞毒性 EC_{50} 约为 29.9～33.9 mg/L[27]。人角质细胞在 10 mg/L SWCNT 介质中暴露 24～72 h，死亡率从 31%增加到 68%；SWCNT 诱导氧化应激，激活核转录因子（NF-κB）是造成细胞死亡的主要原因[38]。

5.4　不同碳纳米材料对蚯蚓肠道细菌群落多样性和结构的影响

5.4.1　测序结果可靠性分析

采用 16S rRNA 基因（rDNA）高通量测序法，对 7 组 42 个样本进行了细菌群落组成和结构分析。通过测序和序列优化过程获取了共 1480882 条高质量序列，每个样本的测序条数范围为 19166～40950。以 97%相似度水平进行操作分类单位（OTUs）聚类，在全部分组蚯蚓肠道内共鉴别出 416 个 OTUs。图 5-4 是以抽样序列数与它们所能代表的 OTUs 数目构建的稀释性曲线。随着测序数的增加，曲线趋向平坦，更多的数据量只会产生少量新的 OTU，说明测序深度合理。

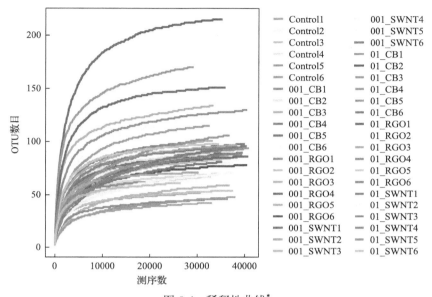

图 5-4 稀释性曲线*

001_和 01_分别代表浓度为 0.01%和 0.1%，下同

*扫描封底二维码见本图彩图

5.4.2 对蚯蚓肠道微生物多样性的影响

通过 Alpha 多样性分析可以反映微生物群落的丰富度和多样性(图 5-5)。Chao 指数和 Ace 指数反映样品中群落的物种丰富度，而不考虑群落中每个物种的丰度

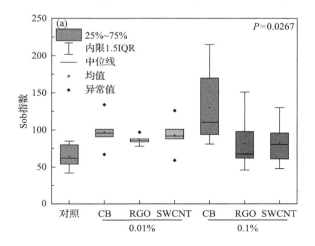

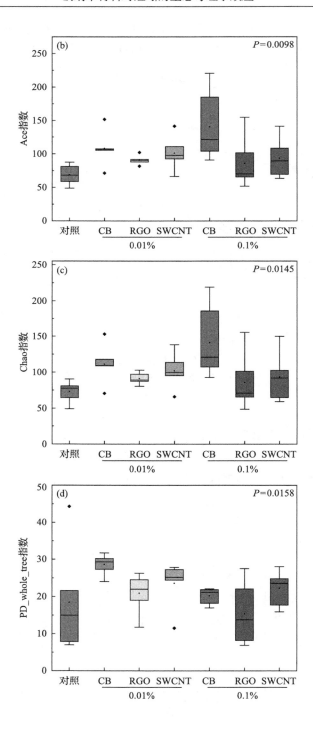

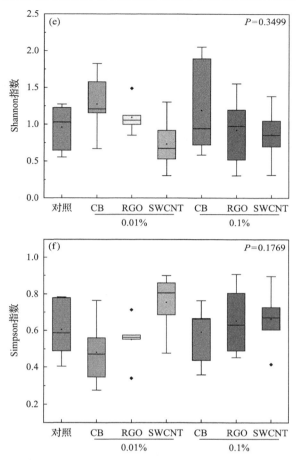

图 5-5　CNs 对蚯蚓肠道微生物 Alpha 多样性的影响

(a)Sob 指数；(b)Ace 指数；(c)Chao 指数；(d)PD_whole_tree 指数；(e)Shannon 指数；
(f)Simpson 指数。箱线图包含均值、中位数和四分位距(IQR)，N=6；实心点代表异常值：
>上四分位数+1.5IQR，或＜下四分位数–1.5IQR

情况。与对照相比，添加三种 CNs 处理组的 OTU 观察数目(Sob)、Chao 指数和 Ace 指数均有所增加，但仅有 0.1% CB 处理组出现显著性增加(P＜0.05)，说明 0.1% CB 可以增加蚯蚓肠道微生物的物种数。PD_whole_tree 指数是基于系统发生树来计算的一种与遗传相关的多样性指数，与对照相比，0.01% CB 处理的 PD_whole_tree 指数显著增加(P＜0.05)。Shannon 指数和 Simpson 指数代表群落的多样性，既与群落中物种丰富度有关，也与物种的均匀度有关。相同物种丰富度的情况下，群落中各物种具有越大的均匀度，则认为群落具有越大的多样性。各处理组间的 Shannon 指数以及 Simpson 指数差异不显著，说明不同的 CNs 对蚯蚓肠道菌落多样性无明显影响。

通过 Beta 多样性分析比较成对样品之间在物种多样性方面存在的差异大小。由图 5-6 Bray-Curtis 距离热图可知，大部分样本之间的多样性差异较小（浅颜色区域），与其他组差异较大是来自 CB 处理组的样本；但是各处理组样本与对照相样本 Bray-Curtis 距离均值都无显著性差异（$P>0.05$）。另外通过矩阵图上样品相似性聚类发现，事先分组的样本分布较为离散，没有明显的聚集。

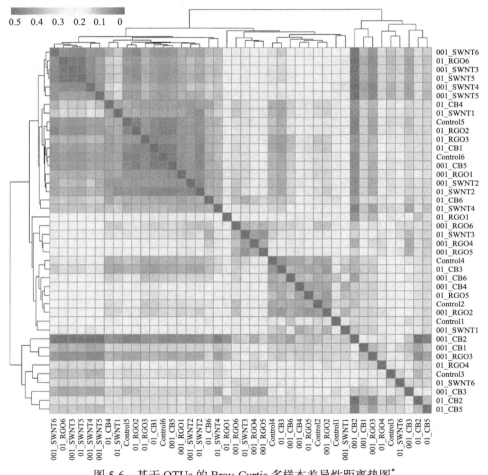

图 5-6　基于 OTUs 的 Bray-Curtis 多样本差异性距离热图*

*扫描封底二维码见本图彩图

Weighted Unifrac 距离分析可以定量地检测样品间不同进化谱系上发生的变异。通过对 Weighted Unifrac 距离的主坐标（PCoA，图 5-7）分析发现，在 0.01%浓度时，除了 CB 和 RGO 处理个别样本点离群较远之外，其他样本点分布距离较近；在 0.1%浓度时同样如此，没有明显的聚类分离。图 5-8 的 Anosim 分析进一步证明了这一点：$R>0$ 说明组间差异大于组内差异，$P>0.05$ 说明差异不显著。

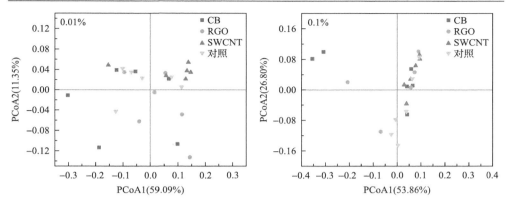

图 5-7　0.01% CNs 和 0.1% CNs 处理组 OTUs 之间的 Weighted Unifrac 距离的主坐标分析

PCoA1 是第一主坐标成分，PCoA2 是第二主坐标成分

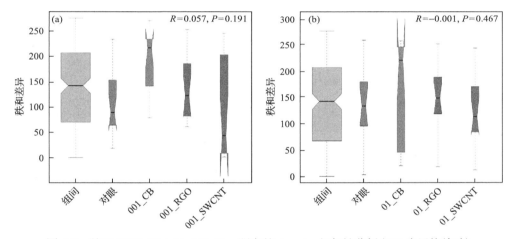

图 5-8　基于 OTUs Weighted Unifrac 距离的 Anosim 相似性分析（999 次置换检验）

(a) 0.01% CNs 处理组；(b) 0.1% CNs 处理组

为了进一步考虑不同 CNs 形貌（长宽比）对多肠道菌群 Alpha 多样性和 Beta 多样性的影响，通过皮尔逊相关性检验分析了每一种 CNs 长宽比下限的对数和该 CNs 处理的相对 Shannon 指数 [（处理-对照）/对照][图 5-9(a)] 以及 Weighted Unifrac 距离的 PCoA1 得分值 [图 5-9(b)] 的相关性。如图 5-9(a) 所示，在 0.01% 处理浓度时，Shannon 指数的增加量与 CNs 的长宽比成显著地弱负相关（$R^2=0.3319$，$P=0.012$），在 0.1% 时呈负相关但无显著性（$R^2=0.0858$，$P=0.238$）。这预示低浓度时 CNs 形貌（长宽比）在蚯蚓肠道菌群 Alpha 多样性变化中可能发挥的作用。如图 5-9(b) 所示。由于 Weighted Unifrac 距离的 PCoA 分析的 PCoA1 解释了整个全部变量的 59.09% 和 53.96%，提取不同样本的 PCoA1 得分值与 CNs 长宽比下限的对数做相关分析，结果表明 PCoA1 与 lgAr 呈正相关，在 0.01% 浓度时显著，在

0.1%浓度时不显著。这表明长宽比越大，样本分布与对照的正距离越远。以上分析表明蚯蚓肠道菌群 Alpha 多样性和 Beta 多样性变化可能与 CNs 形貌（长宽比）有关。具体而言，CNs 长宽比越小，越有利于 Shannon 指数的增加，微生物多样性越高。

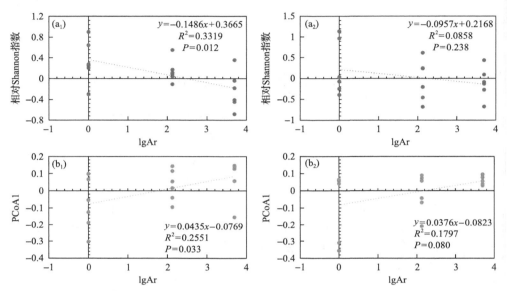

图 5-9　蚯蚓肠道细菌群落相对 Shannon 指数和 PCoA1 与对应材料 lgAr 值的相关性

(a₁) 和 (a₂) 分别是 0.01% 和 0.1% 浓度时，蚯蚓肠道细菌群落相对 Shannon 指数和对应材料
lgAr 值的相关性；(b₁) 和 (b₂) 分别是 0.01% 和 0.1% 浓度时，蚯蚓肠道细菌群落 PCoA1
得分与对应材料 lgAr 值的相关性，Ar：长宽比下限

5.4.3　对蚯蚓肠道细菌群落组成的影响

不同的 CNs 会诱导土壤菌群组成的变化，同时也有一些核心类群在所有处理下均能存活。Venn 图（图 5-10）显示，暴露于不同 CNs 后，蚯蚓肠道细菌群落既存在共有的物种，也存在独有的物种。有 13 个 OTUs 在 90%以上的样品组都存在。在所有处理组中，共有的 OTUs 占全部 OTUs 的 17.3%，而 0.01% CNs 和 0.1% CNs 处理共有的 OTUs 分别占总 OTUs 的 32.0%和 31.5%。CB 处理在低浓度和高浓度时均有较多独有的 OTUs，而 RGO 在 0.01%处理时独有的 OTUs 最多。

为进一步探究不同 CNs 对肠道细菌群落组成的影响，进行了物种分类学注释。由图 5-11 可知，在所有分组中，放线菌门相对丰度均超过 70%，是优势菌门，主要为大量的土壤霉菌属在蚯蚓肠道富集；其次为变形菌门和厚壁菌门。经过 28d 培养，与对照相比，SWCNT 在低和高浓度时放线菌门相对丰度分别增加了 10%和 9%，变形菌门分别降低了 43%和 31%，厚壁菌门降低了 6%、16%。RGO 浓度为 0.01%

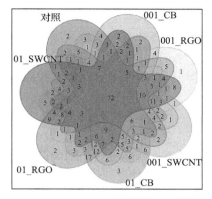

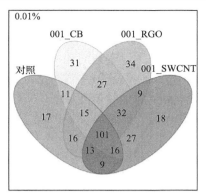

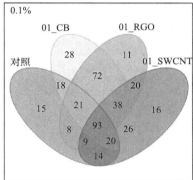

图 5-10　不同 CNs 处理组蚯蚓肠道细菌 OTUs 的 Venn 图*

*扫描封底二维码见本图彩图

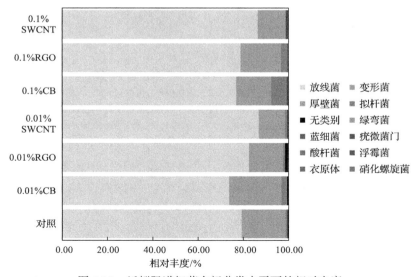

图 5-11　蚯蚓肠道细菌在门分类水平下的相对丰度

时拟杆菌门降低了 13%，绿弯菌门增加了 184%，而在 0.1%浓度时，绿弯菌门增加了 238%；绿弯菌门降低了 18%。CB 在两个处理浓度优势菌放线菌门丰度都有所减少，而提高了厚壁菌门和拟杆菌门的相对丰度，变形菌门在低浓度时增加、在高浓度时降低。但值得注意的是，差异性分析表明除了 SWCNT 在两个浓度显著提高了浮霉菌门相对丰度（$P>0.05$），各 CNs 处理组其余门分类物种相对丰度与对照组并无显著性差异（$P>0.05$），这从另一角度也说明组内各样本菌群组成的重现性较差。

通过 LEfSe 分析（图 5-12）发现在门水平以下，所有分组之间大部分细菌物种也无显著性差异，只有 SWCNT 组中类芽孢杆菌属（Paenibacillaceae）成为标志微生物。

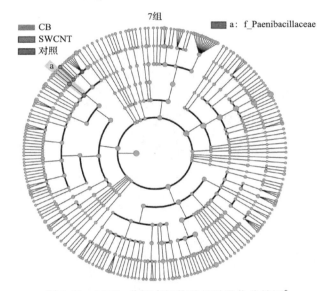

图 5-12　LEfSe 分析多级物种差异进化分枝图*

不同颜色区域代表不同分组，树枝中不同颜色节点代表在所对应颜色分组中起重要作用的微生物类群，黄色节点表示在所有分组中均没有起重要作用的微生物类群。图中英文字母表示的物种名称在右侧图例中进行展示。由内至外辐射的圆圈为聚类树，依次代表了由门、纲、目、科、属、种的分类级别

*扫描封底二维码见本图彩图

土壤动物肠道微生物在动物代谢等功能及元素全球生物地球化学循环中起重要作用。土壤动物肠道微生物主要来源于其所栖息的土壤环境，并通过体内特殊的小生境进行筛选和激活，产生区别于土壤环境的微生物组。例如一种潜在的宿主相关的变形杆菌物种 Serratia 属[18]在土壤中不存在，但在大多数蚯蚓中观察到（本研究中平均拷贝数 184）。目前，土壤细菌群落多样性和群落组成变化已被用于指示包括 CNs 在内的土壤污染物压力。Shrestha 等评估发现 10～1000 mg/kg 多壁碳纳米管（MWCNTs）对土壤微生物群落组成无影响，而在极高浓度（10000 mg/kg）

时，耐受微生物种群增加[39]。Forstner 等发现即使在环境现实浓度 1 ng/kg～1 mg/kg 的 CNTs、氧化石墨烯（GO）及其衍生物（RGO、氨基化 GO）均能在 14 d 改变细菌群落组成，但对 Alpha 多样性无影响[40]。Wu 等系统研究了 SWCNT 和多种 MWCNTs 对土壤菌群的动态影响，结果表明，受物理化学性质的影响，SWCNT 对土壤细菌丰度、多样性和组成的影响与 MWCNTs 有很大不同，并且 CNTs 对土壤菌群的影响具有时间变化规律，在初期（7 d）菌群变化最大，在 56 d 时大部分细菌门类恢复到初始水平，这也表明土壤菌群存在抗干扰能力[41]。随着研究的不断进行，CNs 对土壤微生物影响的认识已很好地完善，然而对于土壤动物肠道内菌群影响的认识尚不清楚。

　　蚯蚓是典型的土壤动物，每 1 m^2 有利土壤环境中就有 1 L 土壤存在于蚯蚓体内，每年土壤总量的 4%～10%被消耗；经过 10 年土壤总量 50%就会通过蚯蚓肠道[18]。蚯蚓肠道微生物对于土壤微生物状况至关重要。因此，本研究选取了三种不同形貌的 CNs，通过 16S rRNA 基因测序探究了其对赤子爱胜蚓肠道细菌群落的影响。大多数蚯蚓肠道内变形菌门约占 50%，放线菌门约占 30%，拟杆菌和酸杆菌门约占 6%和 3%[18]。本试验中，经过在受试褐土中培养 28 d，肠道放线菌富集含量达到 79%，主要是归于壤霉菌属的 OTU 拷贝数占了大多数。这可能与土壤质地和肠道缺氧环境的刺激有关[18]。放线菌在蚯蚓降解土壤木质素中发挥重要作用[42]。CB 处理组蚯蚓肠道放线菌门丰度相对降低，变形菌门丰度在低浓度时增加、高浓度时减少；而 SWCNT 处理后放线菌含量相对减少，变形菌门相对增加。Wu 等发现 SWCNT 处理土壤中变形菌门丰度增加而放线菌门减少，认为变形菌门多为革兰阴性菌，具有较厚的细胞壁，对于 SWCNT 胁迫的忍耐更强，而放线菌则相反[41]。本试验中在蚯蚓肠道内发现的规律与其在土壤中发现规律相反，推测土壤胁迫造成了土壤微生物中的体外-体内富集转化。

　　本研究并没有发现不同的 CNs 对细菌群落组成及以 Shannon 指数为代表的 Alpha 与 Beta 多样性有显著影响。但在以 Chao 指数为代表的 Alpha 多样性上不同的 CNs 间出现显著性差异。相关性分析发现，相对 Shannon 指数的降低和 Weighted Unifrac 主坐标分析 PCoA1 得分值与 CNs 的长宽比在低浓度时显著相关，预示 CNs 长宽比越大越不利于群落的多样性增加，这种变化是一种有利刺激还是有害胁迫还需进一步探讨。另外由于本研究只测试了 28 d 时蚯蚓肠道菌群的变化，蚯蚓肠道内菌群变化是否也存在时间变化趋势（受胁迫菌群经过一段时间适应后恢复原状）还有待研究完善。

5.5　不同碳纳米材料对蚯蚓代谢物的影响

5.5.1　不同碳纳米材料对蚯蚓全部代谢物的影响

　　采用非靶向代谢组学技术，从代谢物小分子水平上探究不同 CNs 对蚯蚓的亚致死毒理学效应。图 5-13 是对照组典型样本的总离子色谱图,根据出峰位置即停留时间的不同,极性小分子(如氨基酸、糖类)、短链有机酸、中长链有机酸和大分子脂质依次被分离和鉴别。

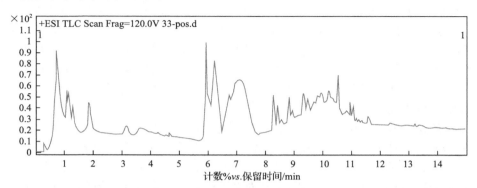

图 5-13　蚯蚓代表性样品的高效液相色谱-电喷雾电离质谱的总离子色谱图(正离子检出模式)

　　为从整体上对数据进行把握,对所有样品的一级鉴别离子进行主成分 PCA 分析(图 5-14),发现前三个主成分对变量的解释度较小,合计为 48.1%,且样本间没有好的集群分布。这可能是因为组间差异较小或组内样本变异较大。

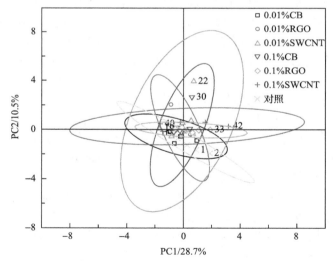

图 5-14　蚯蚓全部代谢物的 PCA 分析*

PC1,PC2 分别是第一主成分和第二主成分;椭圆是 95%置信区间

*扫描封底二维码见本图彩图

　　进一步采用有监督模式识别方法正交-偏最小二乘判别分析(OPLS-DA),以样本分类标签为 Y 变量(将虚拟变量赋值给标签),以代谢物矩阵为 X 变量,通过 7 折交叉验证策略建立训练集和测试机,重复几次保证每个样本(i)有且仅有 1 次被排

除在训练集外，然后用 i 的代谢谱预测 Y_i，并计算预测误差。利用 1 CV 策略确定成分数(模型复杂度)，利用 R1 规则($Q^2 > 0.01$)确定最佳成分数。这样在指定分组的情况下过滤掉与分类无关的信息，主要信息集中在第一主成分，结果如图 5-15 所示。对所有分组的 OPLS-DA 分析在一定程度上将不同分组区别开来[图 5-15(a_1)]，但模型的 Q^2Y 较小(表 5-3)，说明模型的预测能力较差，这主要是因为测试机中背景噪声大，0.01%分组的样本中存在异常值。进而对 0.01%分组进行分析[图 5-15(a_2)]发现，在第一主成分上的得分按 SWCNT>RGO>CB 的趋势远离对照组。然而模型的预测能力(Q^2Y)仍较低。对 0.1%浓度组的代谢物进行分析发现[图 5-15(a_3)]，在第一主成分上的得分仍按 SWCNT>RGO>CB 的趋势远离对照组，这次样本点的分布具有了较高的集中度(R^2X 和 R^2Y 较大且接近)和预测能力(Q^2Y 增大，尽管仍<0.5)。通过 OPLS-DA 发现，对整体代谢物的扰动 SWCNT>RGO>CB。比较 0.1%和 0.01%处理组的预测能力差异，可以得知在高浓度处理时，碳纳米材料对代谢影响程度和重复性更高，这预示对代谢物的影响具有浓度依赖性。考虑浓

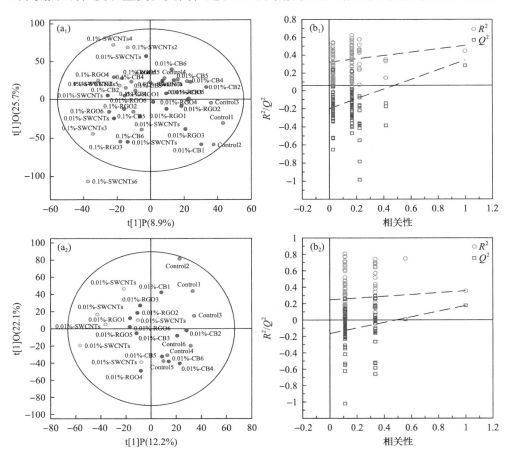

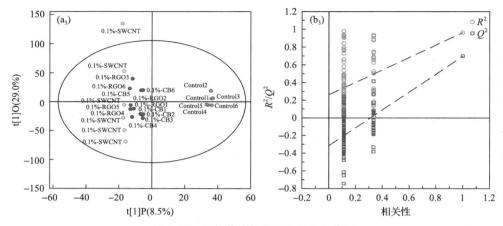

图 5-15　蚯蚓代谢物的 OPLS-DA 分析

(a₁)、(a₂)、(a₃) 分别为全部分组、0.01%浓度组、0.1%浓度组的得分图；(b₁)、(b₂)、(b₃) 为对应的
置换检验图，Q^2 截距<0，模型未过拟合

表 5-3　OPLS-DA 模型验证参数

	Pre	R^2X(cum)	R^2Y(cum)	Q^2Y(cum)
全部分组	3+1+0	0.497	0.337	0.065
0.01%浓度组	1+1+0	0.344	0.287	0.127
0.1%浓度组	1+4+0	0.592	0.386	0.201

注：Pre，主成分数；R^2X，模型(对 X 变量数据集)可解释度；R^2Y，模型(对 Y 变量数据集)可解释度；Q^2Y，模型可预测度。当 R^2 值较小时，往往意味着测试集中重复性较差(背景噪声高时)；Q^2Y 值较小时，表示测试集中具有较高的背景噪声，或者模型具有较多的异常样本(outlier)。

度分别对 3 种 CNs 代谢差异的影响，利用正交偏最小二乘法(OPLS)的变量重要性投影值(VIP＞1)和单因素分析(P＜0.05)进行筛选，CB、RGO、SWCNT 在 0.01%和 0.1%的差异代谢物分别有 66 种、214 种、19 种。这表明 RGO 处理效应受浓度的影响最大，而 100 mg/kg 和 1000 mg/kg SWCNT 对代谢物的影响差异不大。

5.5.2　不同碳纳米材料对蚯蚓典型代谢物的影响

　　质谱的正离子模式对含氮或碱性物质具有较高的分辨率，同时考虑到代谢物中存在对成分得分贡献大但未识别的化学物质，因此为提高分析的质量，在参考前人研究的基础上选择当前研究者比较关注的代谢物：氨基酸(124 种)、碳水化合物(17 种)、生物碱物质(4 种)进行深入分析。

　　图 5-16 是正离子模式下不同处理组蚯蚓氨基酸、糖和胆碱及其衍生物的 PCA 分析。由图 5-16(a)可知，PCA 分析的 PC1 和 PC2 分别解释了所有分析变量的

51.9%和 15.9%。虽然第一主成分解释了足够多的变量，但各处理组在第一主成分（X 轴）方向上并没有很好地分开。一方面是由于处理组间样本代谢物差异小，没有形成分离地聚集分布；另一方面可能说明，由于土壤组成和理化性质复杂多变，蚯蚓的代谢物主要受潜在因素的影响，而非受处理变量的控制[20]。图 5-16(b) 是 PCA 分析的载荷图，对 PC1 贡献较大的代谢物依次为 L-亮氨酸、L-苯丙氨酸和 L-缬氨酸，其值为正，说明在 PC1 得分较高的样本中，这三种代谢物含量较高。

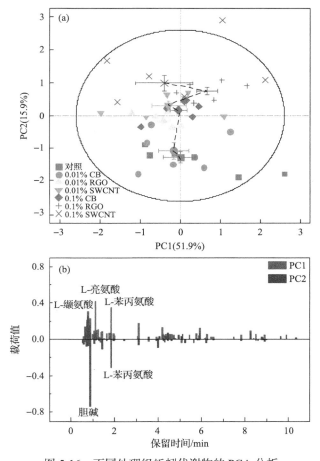

图 5-16　不同处理组蚯蚓代谢物的 PCA 分析

(a) PC1 *vs.* PC2 得分图；误差线为各处理组内位于 95%置信椭圆内样本的均值±标准误；(b) PC1～PC3 的载荷图

图 5-17 是对主成分贡献排名前 10 的氨基酸在不同 CNs 处理组蚯蚓体内强度。结果显示：对于亮氨酸，RGO 处理浓度为 0.01%时显著降低了 11.1%（$P<0.05$）；当浓度增加到 0.1%时，显著升高了 11.3%（$P<0.05$）。对于苯丙氨酸，各处理组内含量均比对照降低；处理浓度为 0.01%时，RGO 和 SWCNT 处理组内分别显著降

低 26.4%($P<0.001$)和 32.6%($P<0.001$);在 0.1%浓度时,CB、RGO 和 SWCNT 处理组内分别显著下降了 27.1%($P<0.001$)、18.7%($P<0.01$)和 37.9%($P<0.001$)。对于缬氨酸,0.01%和 0.1%的 RGO 分别显著增加了 13.6%($P<0.05$)和 22.0% ($P<0.01$)。而对于其他氨基酸,与对照相比无显著变化,值得注意的是 0.1%RGO 处理基本为上升变化。以上对具体代谢物的分析印证了 PCA 分析的结果,同时上述结果表明,土壤中外加 CNs 会干扰蚯蚓主要氨基酸的代谢。

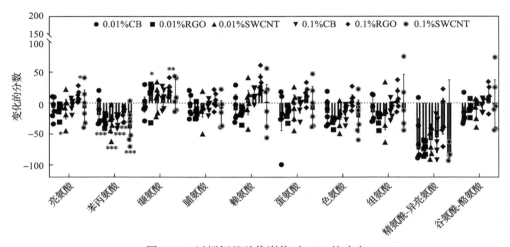

图 5-17　蚯蚓氨基酸代谢物对 CNs 的响应

数据以处理组强度(I_T)相对于对照组强度(I_C)变化的分数表示。图中显示了个体、均值和 95%置信区间。*,**,

***分别代表通过 LSD 多重比较,与对照组平均强度相比存在 $P<0.05$,$P<0.01$,$P<0.001$ 的显著性差异

对 PC2 得分贡献较大的是胆碱和 L-苯丙氨酸[图 5-16(b)]。不同处理组在 PC2 上[图 5-16(a)的 Y 轴方向]与对照组的得分有明显的区分,差异呈现浓度和 CNs 依赖的聚类分布。对照组均值点位于最下方,表明载荷为负的代谢物在对照组中含量更高。处理组随着浓度的增加而正向远离对照组,且差异呈 SWCNT>RGO >CB 的趋势,这与它们造成的蚯蚓胆碱和 L-苯丙氨酸(对 PC2 载荷为负值)显著降低的程度呈正相关[图 5-16(b)和图 5-18]。特别是胆碱含量在 100 mg/kg 处理组 CB、RGO、SWCNT 分别显著下降了 14.0%($P<0.01$)、35.1%($P<0.001$)和 46.8% ($P<0.001$);1000 mg/kg 时分别下降了 38.8%($P<0.001$)、43.1%($P<0.001$)、64.8%($P<0.001$)(图 5-18)。这表明 PC2 可能与我们研究目标 CNs 的形貌(长宽比和水合直径)差异有关。

不同污染物暴露条件下,蚯蚓代谢物含量的增加或降低现象均有发生,变化规律不一,主要与毒物和蚯蚓的种类有关。亮氨酸、丙氨酸、缬氨酸等是赤子爱胜蚓体内常见的代谢氨基酸。据报道[43],当暴露于 0.5～10 mg/kg 土壤多氯联苯 (PCBs)时,蚯蚓体内包括这 3 种氨基酸在内的多种氨基酸含量降低;本研究中蚯

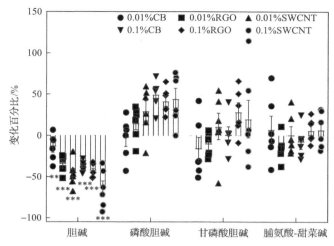

图 5-18　蚯蚓胆碱及衍生代谢物对 CNs 的响应

数据以处理组强度 (I_T) 相对于对照组强度 (I_C) 变化的百分比 [(I_T-I_C) /I_C×100%] 表示。

，*分别代表与对照相比存在 $P<0.01$，$P<0.001$

蚓主要氨基酸对 0.01% CNs 的响应与此类似，这可能与它们共同含有芳香环结构有关。氨基酸含量降低的原因其一可能是蛋白质受损导致大量氨基酸参与合成反应弥补受损的蛋白质；其二可能是碳纳米材料干扰了蚯蚓体内糖酵解过程，从而消耗氨基酸转化为丙酮酸、乙酰辅酶 A、乙酰乙酸或其他三羧酸循环中间体来补充能量供给[43]。当 PCBs 浓度增加到 25 mg/kg 时，氨基酸又有所上升，这与 CNs 特别是 RGO 在高浓度时的响应相似。Åslund 等研究了纳米 TiO_2 对赤子爱胜蚓的亚致死代谢毒性，发现在 20 mg/kg 和 200 mg/kg 剂量时，蚯蚓代谢物出现多种氨基酸水平上升，麦芽糖和葡萄糖含量水平降低的现象[44]；这种现象与蚯蚓对菲的代谢响应模式类似[45,46]，作者将这种代谢模式归因于氧化应激。本研究中蚯蚓对 0.1% RGO 的氨基酸响应符合这种氧化应激的模式，但遗憾的是通过 LC/MS 检测方式并没有很好地探测到麦芽糖/葡萄糖分子信号。不过，Mckelvie 等利用 ^{1}HNMR 和 GC/MS 方法的对比发现麦芽糖不是一种非常可靠的标志物，因为它在 DDT 和硫丹暴露中随浓度变化不稳定[47]，这一论断也被其他有机物和重金属的研究所佐证[48]。目前有关三种材料对土壤动物代谢水平影响的研究很少。Lankadurai 等利用滤纸接触和土壤培养两种方法探究了 C_{60} 对 *Eisenia fetida* 的代谢影响，结果发现蚯蚓的氨基酸是潜在的纳米材料标志物[49]；暴露方法显著影响蚯蚓的代谢响应：滤纸接触响应水平随着暴露时间增加而增加，而土壤培养响应水平随着时间增加而逐渐缓解，这可能与材料在土壤中的吸附和蚯蚓的试验有关[49]；主要氨基酸(亮氨酸、缬氨酸、异亮氨酸、苯丙氨酸)在滤纸接触 4 d 和 7 d 土壤培养 2 d 后均显著下降，这可能与消耗氨基酸来合成各种酶以应对 C_{60} 胁迫有关[49]。周启星团队研究了多种碳纳米材料对小球藻的代谢影响，发现 COOH-SWCNT 和 GO 会抑制小球藻脂肪酸、氨基酸和小分子酸，通过 OPLS-DA 分析发现 ROS 产生和烷烃、赖氨酸、十八烯酸和缬氨酸有很大相关性[50]；小球藻氨基酸对 GO 纳米片和 GO 量子点暴露响应较为灵敏，与特定的毒理效应具有一定的关联性[51]。

胆碱和甜菜碱等化合物在生物膜组成、渗透压平衡和细胞膜内稳态过程中发挥着重要作用[43,52]。本研究中 CNs 处理蚯蚓体内胆碱含量显著，且依赖于浓度和 CNs 种类的变化，这意味着这三种 CNs 可能会造成生物膜损伤且损伤程度存在差异性。当脂膜受损时，机体利用胆碱合成磷脂来修复损伤，从而胆碱含量降低；抑或磷脂的物理损失直接导致其分解代谢产物胆碱减少。磷酸胆碱是真核细胞卵磷脂生物合成的重要中间体，在动物胆碱激酶的催化下，由胆碱及 ATP 缩合形成。随着蚯蚓体内胆碱的减少、磷酸胆碱增加，这意味着鞘磷脂合成代谢增加。蚯蚓体内具有种类繁多的甜菜碱，脯氨酸-甜菜碱是其中一种，本研究在低浓度 CNs 处理时，蚯蚓代谢物中脯氨酸-甜菜碱有所降低而在高浓度时有所增加，但无显著性差异。上述与渗透相关的代谢物调节似乎是机体试图修复受损生物膜，保持细胞渗透压稳定的表现[43]。

尽管代谢物测试前已经对体重等因素进行了归一化处理，但仍然存在其他因素，如不同个体蛋白质或脂肪含量不同，可能会影响代谢物的绝对强度。利用成对代谢物的比值可以有效消除这些变量对代谢响应判断的影响。这种方法假设正常情况下机体内两种代谢物存在固定的比例关系，偏离该比例关系就表示存在代谢反应。例如 Mckelvie 等发现随着 DDT 暴露浓度的增加丙氨酸和甘氨酸的比值增加，两者的回归线斜率偏离平衡时的 1.5[47]。鉴于此，进一步分析对主成分贡献最大的两种代谢物亮氨酸(I_L)和苯丙氨酸(I_B)含量比值(I_L/I_B)的变化。亮氨酸在所有样本中的相对标准偏差(RSD)为 19.6%，而苯丙氨酸的 RSD 为 28.2%。说明苯丙氨酸有更大的变异性。图 5-19 是各处理组中苯丙氨酸与亮氨酸的线性回归线。如表 5-4 所示,对照组中苯丙氨酸和亮氨酸之间存在较好的线性关系(斜率为 0.95,R^2=0.9938),I_L/I_B 平均值为 0.72。与对照相比，CNs 处理组拟合直线的斜率以及 I_L/I_B 均值下降。斜率降低程度最大的是 0.01% RGO 处理组，这与个别蚯蚓体内苯丙氨酸相对于亮氨酸大幅降低有关。拟合曲线 R^2 大于 0.9 的只有 SWCNT 处理组，这反映了 SWCNT 组的所有样本变化规律一致。而在拟合线性较差的组，各样本的 I_L/I_B 值存在较大差异，说明胁迫程度不足以使全部蚯蚓的 I_L/I_B 发生变化。定量分析发现(表5-4)苯丙氨酸与亮氨酸比值的均值随着 CNs 处理浓度的增加而降低，且固定浓度时，存在 SWCNT＜RGO＜CB＜对照的趋势，SWCNT 的 I_L/I_B 值在 0.01%和 0.1%浓度时分别减小了 26%和 36%。表明 SWCNT 的代谢状况偏离对照最远，RGO 次之、CB 最近。同时，该结果也说明苯丙氨酸和亮氨酸可以作为蚯蚓对不同 CNs 响应的代谢物指标。

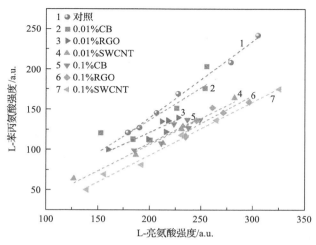

图 5-19　苯丙氨酸与亮氨酸的线性关系及拟合曲线

表 5-4　不同处理组苯丙氨酸代谢和亮氨酸代谢关系

处理	苯丙氨酸 vs. 亮氨酸线性拟合公式	R^2	苯丙氨酸/亮氨酸
对照	$y = 0.9521x-51.008$	0.9938	0.72 ± 0.0489^a
0.01% CB	$y = 0.8054x-24.576$	0.7516	0.69 ± 0.09^a
0.01% RGO	$y = 0.59x+3.1243$	0.8331	0.61 ± 0.03^b
0.01% SWCNT	$y = 0.6626x-39.672$	0.9904	0.53 ± 0.03^c
0.1% CB	$y = 0.6399x-20.29$	0.8431	0.55 ± 0.03^{bc}
0.1% RGO	$y = 0.6968x-41.886$	0.8307	0.53 ± 0.03^c
0.1% SWCNT	$y = 0.651x-24.235$	0.9800	0.46 ± 0.07^d

注：数字上角相同字母代表比值不存在显著性差异（$P>0.05$，$N=6$）。

目前，大部分的蚯蚓代谢物研究采用了 ^{1}HNMR 的方法。虽然该方法对蚯蚓代谢标志物具有很好地识别功能且具有前处理简单、噪声少、对样品无创性的优点，但也存在灵敏度低，分辨率不高、重叠峰干扰以及价格昂贵的缺点。本研究使用 MS 技术获取了大量的代谢物数据，但是也存在很多的噪声，正离子质谱模式对氨基酸和胆碱等碱性的代谢物识别较好，对糖类的分辨率不高，因此在未来的代谢毒理学研究中，可以考虑利用靶向 LC/GC-MS 技术，精确分析这些典型代谢物对 CNs 的响应。

本节通过基于 UPLC/MS 的非靶向代谢组学技术，探究了不同形貌 CNs 对蚯蚓的代谢影响。通过对全部代谢物的 OPLS-DA 分析发现，对代谢物的影响 SWCNT ＞RGO＞CB，且处理浓度越高响应越显著。对典型代谢物分析发现，氨基酸和胆碱变化可以很好地预测蚯蚓对碳纳米材料的响应，对于糖代谢的影响，并没有得出明显的结论。0.1%浓度的 RGO 与其他处理组的响应模式相反，与对照相比有一致的增加趋势；0.01% RGO 在响应方向相同的处理组中也与对照具有最大的差异。对于膜组成和功能相关代谢物（胆碱等）的影响，SWCNT＞RGO＞CB，这反映了 SWCNT 可能对膜的扰动最强，基于材料长宽比的顺序可以推测材料的长宽比主要影响膜相关代谢物的因素。另外，两种主要贡献氨基酸——苯丙氨酸和亮氨酸的比值可以有效反应代谢物偏离基线的状况，其比值的均值在两个浓度均表现为 SWCNT＜RGO＜CB＜0.72，表明 SWCNT 在主要氨基酸成对变化上更偏离对照。由于苯丙氨酸在所有样本中具有更大的 RSD，可视为主要变化氨基酸，结合 PC2 的主要贡献因子为胆碱和苯丙氨酸，那么可以将 PC2 代表形貌相关成分。

　　综上，通过对代谢物的分析发现，CNs 可以显著干扰蚯蚓的代谢平衡，包括蛋白质损伤，能量代谢失衡及生物膜损伤，从而导致蚯蚓体重的变化。

5.6　小　　结

　　本章通过滤纸接触试验、土壤培养试验、体外毒性试验，研究纳米炭黑（CB）、还原氧化石墨烯（RGO）和单壁碳纳米管（SWCNT）三种同质异构的碳纳米材料对蚯蚓生长、生理生化、肠道菌群、代谢物等的影响。得到如下主要结论：

　　(1) 三种 CNs 浓度低于 15.7 $\mu g/cm^2$ 和 1000 mg/kg 土壤时，不会对蚯蚓存活产生明显的影响，但是明显抑制了蚯蚓的生长。土壤培养 28 d 只有添加 CB 的处理为正增长，且添加浓度 0.01%和 0.1%的处理间无显著差异，但增长率约为对照的 70%左右。RGO 处理和 SWCNT 处理均为负增长，增长率分别为–5.7%～–13.8%和–11.3%～–15.2%。随 RGO 添加浓度增加增长率显著降低。

　　(2) 滤纸接触 48 h，三种 CNs 处理对蚯蚓 SOD 的影响存在显著差异，总的表现为促进了 SOD 活性，但在 0.1～15.7 $\mu g/cm^2$ 范围内，没有呈现明显的规律性。三种 CNs 对 CAT 的影响不如对 SOD 的影响明显，在实验条件下 CB 对蚯蚓 CAT 活力没有显著影响，RGO 仅在 15.7 $\mu g/cm^2$ 和 SWCNT 仅在 11.0 $\mu g/cm^2$ 显著地提高了 CAT 活力。三种 CNs 对蚯蚓 MDA 含量影响与对照和处理间相比均没有显著差异。

　　(3) 体外暴露 12 h，三种 CNs 对蚯蚓体腔细胞存活率的抑制随浓度增大而增加。浓度在 1 mg/L 时对存活率无明显影响，在 10 mg/L 时 RGO 和 SWCNT 仅为对照的 71.0%和 79.2%，在 100 mg/L 时 CB、RGO 和 SWCNT 均显著抑制细胞存活率，存活率分别为对照的 76.2%、64.1%和 53.9%。

　　(4) 土壤培养 28 d，有 17.3% OTUs 是所有 CNs 处理共有的，放线菌门是优势菌门，其次为变形菌门和厚壁菌门。3 种 CNs 对肠道微生物 Beta 多样性无显著影响。SWCNT 的存在增加了放线菌门相对丰度，降低了变形菌门丰富度。CB 的存在减少了放线菌门相对丰度，增加了厚壁菌门和拟杆菌门的相对丰度。RGO 在 0.01%浓度时，拟杆菌门丰富度降低了 13%，绿弯菌增加了 184%，而在 0.1% 浓度时则相反，前者增加了 238%；后者降低了 18%。肠道微生物 Shannon 指数的增加程度与 CNs 长宽比的对数呈负相关。

(5) 蚯蚓代谢物 15 种氨基酸中主要氨基酸为亮氨酸、苯丙氨酸和缬氨酸，其次是胆碱。三种 CNs 的存在均显著降低了苯丙氨酸和胆碱含量。0.01% CB、RGO 和 SWCNT 处理组蚯蚓代谢物胆碱含量分别下降了 14.0%、35.1%和 46.8%，在 0.1% 处理组分别下降了 38.8%、43.1%、64.8%。三种 CNs 对蚯蚓代谢物的影响程度为 SWCNT＞RGO＞CB。

综上，体腔细胞毒性、肠道微生物多样性指数以及代谢物均与 CNs 的形貌（长宽比）呈现一定的相关性，CB 对蚯蚓的毒理效应最小，SWCNT 最大，RGO 对蚯蚓的毒理影响随浓度增大而增大。

参 考 文 献

[1] Magrez A, Kasas S, Salicio V, Pasquier N, Seo J W, Celio M, Catsicas S, Schwaller B, Forró L. Cellular toxicity of carbon-based nanomaterials[J]. Nano Letters, 2006, 6(6): 1121-1125.

[2] Ema M, Gamo M, Honda K. A review of toxicity studies of single-walled carbon nanotubes in laboratory animals[J]. Regulatory Toxicology and Pharmacology, 2016, 74: 42-63.

[3] Jia G, Wang H, Yan L, Wang X, Pei R, Yan T, Zhao Y, Guo X. Cytotoxicity of carbon nanomaterials: Single-wall nanotube, multi-wall nanotube, and fullerene[J]. Environmental science & technology, 2005, 39(5): 1378-1383.

[4] Nel A, Xia T, Madler L, Li N. Toxic potential of materials at the nanolevel[J]. Science, 2006, 311(5761): 622-627.

[5] Nel A E, Mädler L, Velegol D, Xia T, Hoek E M, Somasundaran P, Klaessig F, Castranova V, Thompson M. Understanding biophysicochemical interactions at the nano-bio interface[J]. Nature Materials, 2009, 8(7): 543-557.

[6] Lahiani M H, Dervishi E, Ivanov I, Chen J, Khodakovskaya M. Comparative study of plant responses to carbon-based nanomaterials with different morphologies[J]. Nanotechnology, 2016, 27(26): 265102.

[7] Grabinski C, Hussain S, Lafdi K, Braydich-Stolle L, Schlager J. Effect of particle dimension on biocompatibility of carbon nanomaterials[J]. Carbon, 2007, 45(14): 2828-2835.

[8] Gorka D E, Osterberg J S, Gwin C A, Colman B P, Meyer J N, Bernhardt E S, Gunsch C K, Digulio R T, Liu J. Reducing environmental toxicity of silver nanoparticles through shape control[J]. Environmental Science & Technology, 2015, 49(16): 10093-10098.

[9] Tree-Udom T, Seemork J, Shigyou K, Hamada T, Sangphech N, Palaga T, Insin N, Pan-In P, Wanichwecharungruang S. Shape effect on particle-lipid bilayer membrane association, cellular uptake, and cytotoxicity[J]. ACS Applied Materials & Interfaces, 2015, 7(43): 23993-24000.

[10] Li Y, Kröger M, Liu W K. Shape effect in cellular uptake of PEGylated nanoparticles: Comparison between sphere, rod, cube and disk[J]. Nanoscale, 2015, 7(40): 16631-16646.

[11] Buchman J T, Gallagher M J, Yang C T, Zhang X, Krause M O, Hernandez R, Orr G. Research highlights: Examining the effect of shape on nanoparticle interactions with organisms[J]. Environmental Science: Nano, 2016, 3(4): 696-700.

[12] Zhang L, Hu C, Wang W, Ji F, Cui Y, Li M. Acute toxicity of multi-walled carbon nanotubes, sodium pentachlorophenate, and their complex on earthworm *Eisenia fetida*[J]. Ecotoxicology & Environmental Safety, 2014, 103 (1): 29-35.

[13] Petersen E J, Huang Q, Jr W W. Bioaccumulation of radio-labeled carbon nanotubes by *Eisenia foetida*[J]. Environmental Science & Technology, 2008, 42 (8): 3090-3095.

[14] Petersen E J, Huang Q, Jr W W J. Ecological uptake and depuration of carbon nanotubes by *Lumbriculus variegatus*[J]. Environmental Health Perspectives, 2008, 116 (4): 496-500.

[15] Petersen E J, Pinto R A, Zhang L, Huang Q, Landrum P F, Weber W J. Effects of polyethyleneimine-mediated functionalization of multi-walled carbon nanotubes on earthworm bioaccumulation and sorption by soils[J]. Environmental Science & Technology, 2011, 45 (8): 3718-3724.

[16] Patricia C S, Nerea G V, Erik U, Elena S M, Eider B, Dmw D, Manu S. Responses to silver nanoparticles and silver nitrate in a battery of biomarkers measured in coelomocytes and in target tissues of *Eisenia fetida* earthworms[J]. Ecotoxicology & Environmental Safety, 2017, 141: 57-63.

[17] Tang R, Li X, Mo Y, Ma Y, Ding C, Wang J, Zhang T, Wang X. Toxic responses of metabolites, organelles and gut microorganisms of *Eisenia fetida* in a soil with chromium contamination[J]. Environmental Pollution, 2019, 251: 910-920.

[18] Pass D A, Morgan A J, Read D S, Field D, Weightman A J, Kille P. The effect of anthropogenic arsenic contamination on the earthworm microbiome[J]. Environmental Microbiology, 2015, 17 (6): 1884-1896.

[19] Nicholson J K, Lindon J C. Metabonomics[J]. Nature, 2008, 455 (7216): 1054-1056.

[20] Gillis J D, Price G W, Prasher S. Lethal and sub-lethal effects of triclosan toxicity to the earthworm *Eisenia fetida* assessed through GC-MS metabolomics[J]. Journal of Hazardous Materials, 2017, 323: 203-211.

[21] Zhou B, Xiao J F, Tuli L, Ressom H W. LC-MS-based metabolomics[J]. Molecular Biosystems, 2012, 8 (2): 470-481.

[22] Fitzpatrick L C, Muratti-Ortiz J F, Venables B J, Goven A J. Comparative toxicity in earthworms *Eisenia fetida* and *Lumbricus terrestris* exposed to cadmium nitrate using artificial soil and filter paper protocols[J]. Bulletin of Environmental Contamination & Toxicology, 1996, 57 (1): 63-68.

[23] Hu C, Zhang L, Wang W, Cui Y, Li M. Evaluation of the combined toxicity of multi-walled carbon nanotubes and sodium pentachlorophenate on the earthworm *Eisenia fetida* using avoidance bioassay and comet assay[J]. Soil Biology & Biochemistry, 2014, 70: 123-130.

[24] Mendonça M C, Rodrigues N P, De Jesus M B, Amorim M J. Graphene-based nanomaterials in soil: Ecotoxicity assessment using *Enchytraeus crypticus* reduced full life cycle[J]. Nanomaterials, 2019, 9 (6): 858.

[25] Cañas J E, Qi B, Li S, Maul J D, Cox S B, Das S, Green M J. Acute and reproductive toxicity of nano-sized metal oxides (ZnO and TiO$_2$) to earthworms (*Eisenia fetida*) [J]. Journal of Environmental Monitoring, 2011, 13 (12): 3351-3357.

[26] Heinrich U, Fuhst R, Rittinghausen S, Creutzenberg O, Bellmann B, Koch W, Levsen K. Chronic inhalation exposure of Wistar rats and two different strains of mice to diesel engine exhaust, carbon black, and titanium dioxide[J]. Inhalation Toxicology, 1995, 7 (4): 533-556.

[27] De Marchi L, Pretti C, Gabriel B, Marques P A, Freitas R, Neto V. An overview of graphene materials: Properties, applications and toxicity on aquatic environments[J]. Science of the Total Environment, 2018, 631: 1440-1456.

[28] Mendonça M C P, Soares E S, De Jesus M B, Ceragioli H J, Irazusta S P, Batista Â G, Vinolo M a R, Júnior M R M, Da Cruz-Höfling M A. Reduced graphene oxide: Nanotoxicological profile in rats[J]. Journal of Nanobiotechnology, 2016, 14(1): 53. DOI: 10.1186/s12951-016-0206-9.

[29] OECD. Test No. 207: Earthworm, Acute Toxicity Tests, OECD Guidelines for the Testing of Chemicals, Section 2[M]. Paris: OECD Publishing, 1984.

[30] Xue Y, Gu X, Wang X, Sun C, Xu X, Sun J, Zhang B. The hydroxyl radical generation and oxidative stress for the earthworm *Eisenia fetida* exposed to tetrabromobisphenol A[J]. Ecotoxicology, 2009, 18(6): 693-699.

[31] Panzarino O, Hyršl P, Dobeš P, Vojtek L, Vernile P, Bari G, Terzano R, Spagnuolo M, De Lillo E. Rank-based biomarker index to assess cadmium ecotoxicity on the earthworm *Eisenia andrei*[J]. Chemosphere, 2016, 145: 480-486.

[32] Song Y, Zhu L S, Wang J, Wang J H, Liu W, Xie H. DNA damage and effects on antioxidative enzymes in earthworm (*Eisenia foetida*) induced by atrazine[J]. Soil Biology & Biochemistry, 41(5): 905-909.

[33] 王彦力, 白雪, 多立安, 赵树兰. 草坪基质添加碳纳米材料对高羊茅生长和蚯蚓生理的影响[J]. 农业环境科学学报, 2019, 38(4): 773-778.

[34] 杨占宁, 丁光辉, 于源志, 李西山, 张楠楠, 李瑞娟, 张晶, 崔福旭. 单壁碳纳米管对太平洋牡蛎(*Crassostrea gigas*)的毒性效应及生物体防御机制研究[J]. 生态毒理学报, 2019(1): 90-98.

[35] Yang Y, Xiao Y, Li M, Ji F, Hu C, Cui Y. Evaluation of complex toxicity of canbon nanotubes and sodium pentachlorophenol based on earthworm coelomocytes test[J]. PLoS ONE, 2017, 12(1): e0170092.

[36] Van Der Ploeg M J, Van Den Berg J H, Bhattacharjee S, De Haan L H, Ershov D S, Fokkink R G, Zuilhof H, Rietjens I M, Van Den Brink N W. In vitro nanoparticle toxicity to rat alveolar cells and coelomocytes from the earthworm *Lumbricus rubellus*[J]. Nanotoxicology, 2014, 8(1): 28-37.

[37] Kong H, Kai X, Liang P, Zhang J, Yan L, Yu Z, Cui Z, El-Sayed N N, Aldalbahi A, Nan C. Autophagy and lysosomal dysfunction: A new insight into mechanism of synergistic pulmonary toxicity of carbon black-metal ions co-exposure[J]. Carbon, 2017, 111: 322-333.

[38] Sunil K. Manna, Shubhashish Sarkar, Johnny Barr, Kimberly Wise, Enrique V. Barrera, Olufisayo Jejelowo, Allison C. Riceficht, Govindarajan T. Ramesh. Single-walled carbon nanotube induces oxidative stress and activates nuclear transcription factor-κB in human keratinocytes[J]. Nano Letters, 2005, 5(9): 1676-1684.

[39] Shrestha B, Acosta-Martinez V, Cox S B, Green M J, Li S, Cañas-Carrell J E. An evaluation of the impact of multiwalled carbon nanotubes on soil microbial community structure and functioning[J]. Journal of Hazardous Materials, 2013, 261: 188-197.

[40] Forstner C, Orton T G, Wang P, Kopittke P M, Dennis P G. Effects of carbon nanotubes and derivatives of graphene oxide on soil bacterial diversity[J]. Science of the Total Environment, 2019, 682: 356-363.

[41] Wu F, You Y, Zhang X, Zhang H, Chen W, Yang Y, Werner D, Tao S, Wang X. Effects of various carbon nanotubes on soil bacterial community composition and structure[J]. Environmental Science & Technology, 2019, 53(10): 5707-5716.

[42] Vetrovský T, Steffen K, Baldrian P. Potential of cometabolic transformation of polysaccharides and lignin in lignocellulose by soil[J]. PLoS ONE, 2014, 9(2): e89108.

[43] Åslund M L W, Simpson A J, Simpson M J. ^{1}H NMR metabolomics of earthworm responses to polychlorinated biphenyl(PCB) exposure in soil[J]. Ecotoxicology, 2011, 20(4): 836-846.

[44] Åslund M L W, Mcshane H, Simpson M J, Simpson A J, Whalen J K, Hendershot W H, Sunahara G I. Earthworm sublethal responses to titanium dioxide nanomaterial in soil detected by ^{1}H NMR metabolomics[J]. Environmental Science & Technology, 2012, 46(2): 1111-1118.

[45] Mckelvie J R, Wolfe D M, Celejewski M, Simpson A J, Simpson M J. Correlations of *Eisenia fetida* metabolic responses to extractable phenanthrene concentrations through time[J]. Environmental Pollution, 2010, 158(6): 2150-2157.

[46] Brown S A, Mckelvie J R, Simpson A J, Simpson M J. ^{1}H NMR metabolomics of earthworm exposure to sub-lethal concentrations of phenanthrene in soil[J]. Environmental Pollution, 2010, 158(6): 2117-2123.

[47] Mckelvie J R, Yuk J, Xu Y, Simpson A J, Simpson M J. ^{1}H NMR and GC/MS metabolomics of earthworm responses to sub-lethal DDT and endosulfan exposure[J]. Metabolomics, 2009, 5(1): 84-94.

[48] Simpson M J, Mckelvie J R. Environmental metabolomics: New insights into earthworm ecotoxicity and contaminant bioavailability in soil[J]. Analytical and Bioanalytical Chemistry, 2009, 394(1): 137-149.

[49] Lankadurai B P, Nagato E G, Simpson A J, Simpson M J. Analysis of *Eisenia fetida* earthworm responses to sub-lethal C_{60} nanoparticle exposure using ^{1}H-NMR based metabolomics[J]. Ecotoxicology and Environmental Safety, 2015, 120: 48-58.

[50] Hu X, Ouyang S, Mu L, An J, Zhou Q. Effects of graphene oxide and oxidized carbon nanotubes on the cellular division, microstructure, uptake, oxidative stress, and metabolic profiles[J]. Environmental Science & Technology, 2015, 49(18): 10825-10833.

[51] Ouyang S, Hu X, Zhou Q. Envelopment-internalization synergistic effects and metabolic mechanisms of graphene oxide on single-cell *Chlorella vulgaris* are dependent on the nanomaterial particle size[J]. ACS Applied Materials & Interfaces, 2015, 7(32): 18104-18112.

[52] Liebeke M, Bundy J G. Biochemical diversity of betaines in earthworms[J]. Biochemical and Biophysical Research Communications, 2013, 430(4): 1306-1311.

第6章 表面改性纳米炭黑对蚯蚓的毒理效应

重金属具有极高的毒性，是我国乃至世界大部分污染土壤中的主要污染物[1]。原位钝化修复技术利用吸附剂或钝化剂来降低土壤中重金属生物有效性，因其省时、高效、经济而被广泛应用于土壤轻微、轻度重金属污染修复。目前，诸多研究致力于探索具备优良吸附效率的重金属钝化剂。纳米级材料，如纳米羟基磷灰石[2-5]、纳米炭黑[6-8]等，与一般块体(bulk)材料相比，比表面积更大，对重金属的吸附能力更强，因而常被选用为土壤重金属钝化剂。

炭黑(CB)是一种由化石燃料或植被不完全燃烧气相过程产生的无定形烟灰(soot)颗粒，平均粒径为20~300 nm[9]。非极性疏水性CB对重金属的结合能力较弱，选择其作为重金属钝化剂时需要对其表面改性，增加对重金属具有络合、螯合能力的官能团来提高其对重金属的吸附能力[10,11]。

表面性质是影响纳米材料生物效应的关键因素[12]，但经过表面改性的纳米级(1~100 nm)炭黑在土壤系统中是否存在潜在的环境风险尚不完全清楚。

第4章引言中已介绍了蚯蚓在土壤毒理学中的指示作用。蚯蚓体内具有大量的化学感受器和神经末梢，因而它们对周围环境刺激具有灵敏的反应能力[13]。蚯蚓对有害刺激的回避行为试验已被用以评估纳米Ag、TiO₂和Al₂O₃等重金属纳米颗粒的生态毒性[14,15]。蚯蚓肠道组织的病理学检查可以观察毒物对蚯蚓的病理损伤[16,17]。蚯蚓体腔细胞的彗星试验是检测蚯蚓分子水平DNA损伤的传统方法[18,19]。Hu等用彗星试验探究了纳米TiO₂和ZnO大于1 g/kg时会造成严重蚯蚓DNA损伤[20]。因此彗星试验是研究纳米颗粒对蚯蚓损伤机理的重要手段。

之前研究中纳米材料的受试浓度通常超过其环境实际浓度。但是，用于土壤修复的纳米材料施加量大，通常为0.15%~5%[4,6,21]。在第4章中，我们已经探究了不同形貌CNs毒性的差异，结果显示近球形的CB对蚯蚓的宏观和微观指标影响较小。然而，表面改性也会影响纳米材料的毒性[22]。在本章研究中，主要利用滤纸接触试验、回避试验、土壤培养试验来比较CB和MCB对蚯蚓的毒理效应差异，并通过综合标志物响应、组织病理学、细胞毒性、彗星试验来比较改性纳米炭黑与纳米炭黑对蚯蚓的毒性差异。本章研究的环境意义是为改性纳米炭黑本身能否安全地应用于重金属污染土壤修复提供科学依据。

6.1　表面改性纳米炭黑对蚯蚓生长的影响

6.1.1　死亡率、异常率和体重

　　滤纸暴露 48 h 后，在对照组中观察到一只蚯蚓体节断裂，其他处理组蚯蚓均存活良好，暴露于 1000 mg/L（15.7 µg/cm^2）的 MCB 处理组的蚯蚓体表渗出黏液。受试浓度范围内 CB 和 MCB 不会对蚯蚓产生明显的致死作用，因此未获得两种物质的 LC$_{50}$。本书第 4 章滤纸接触试验和土壤培养试验中，即使受试浓度分别达到了 1000 mg/L 和 1000 mg/kg，CB、RGO 和 SWCNT 处理组蚯蚓均存活，也没有得到相应的 LC$_{50}$。土壤暴露培养 14d 和 28 d，添加 CB 和 MCB 处理组蚯蚓死亡率相同，与对照相比相对存活率均分别下降了 21.4%和 25.9%[图 6-1（a）]，但两者之间未出现显著性差异（$F_{14d}=4.0$，$P_{14d}=0.079$；$F_{28d}=3.5$，$P_{28d}=0.098$）。Zhao 等研究发现添加 5%（w/w）浓硫酸和浓硝酸改性炭黑对种植黑麦草的土壤中赤子爱胜

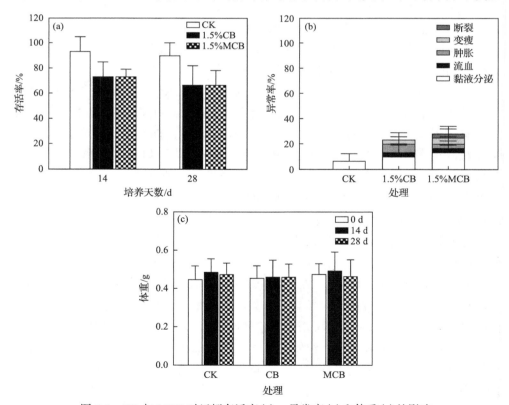

图 6-1　CB 与 MCB 对蚯蚓存活率（a）、异常率（b）和体重（c）的影响

蚓存活率具有显著的负效应[23]，但其没有与未改性 CB 进行比较。其另一项研究表明施加 3%和 5%浓硫酸和浓硝酸改性炭黑显著降低了土壤线虫的丰度，与对蚯蚓的研究结果一致[24]。

　　对蚯蚓的行为症状[25]进行观察，发现 MCB 处理组的黏液分泌蚯蚓条数稍大于 CB 处理组，且有 3.3%的断裂异常率[图 6-1(b)]。

　　蚯蚓的体重呈现先增加(14 d)后减少(28 d)的变化规律，28d 培养后，对照组和 CB 处理组的蚯蚓体重与培养前相比略微增加($P>0.05$)，而 MCB 处理组体重下降了 2.3%[图 6-1(c)]。

6.1.2　回避率

　　通过回避试验，发现在土壤干重 0.015%的处理浓度下(但仍高于环境丰度)，未观察到蚯蚓对 CB 和 MCB 处理的土壤有明显的回避现象(图 6-2)。而且蚯蚓更喜好添加了 CB 的土壤，出现 80%的负回避率。这可能是因为，CB 的添加，改变了土壤理化性质，尤其是增加了土壤中有机碳含量、土壤的持水性等，更适宜蚯蚓生长[26]。当处理浓度增加到 1.5%时，MCB 组的蚯蚓出现了强回避行为(AR=93.3%)。蚯蚓对 CB 和 MCB 的回避响应可能存在剂量依赖关系，且蚯蚓对 MCB 的回避响应大于 CB。

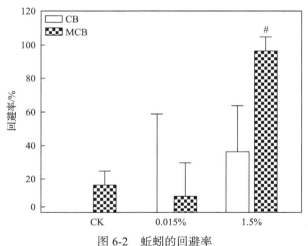

图 6-2　蚯蚓的回避率

#通过二项式检验，与 $P=0.5$ 存在显著性差异($P<0.05$)

　　综上所述，CB 经酸表面改性后，虽然材料表面含氧官能团增加、Zeta 电位降低，但与未改性相比，对蚯蚓存活、体重、异常率没有显著差异。但是蚯蚓对 MCB 的回避响应显著大于 CB，尤其是在浓度为 1.5%时，回避行为 AR 高达 93.3%。这可能是因为 MCB 是为了钝化修复重金属污染土壤发明的新型纳米材料[27,28]，改性后 MCB 表面含氧官能团增加、Zeta 电位降低，更利于其对重金属的吸附[28]，能否是 MCB 吸附了土壤中重金属，增加了对蚯蚓的毒性所致？这还需要进一步证实。另外，不管表面改性与否，蚯蚓对高浓度的 CB 和 MCB 均表现出回避响应。已有研究表明，安德爱胜蚓(Eisenia andrei)对纳米 TiO₂ 发生回避响应的最低浓度为 1000～5000 mg/kg 不等，与 TiO₂ 的尺寸、晶型等有关[14]。赤子爱胜蚓对土壤中浓度≥9 mg/kg 纳米 Ag 及 >5000 mg/kg 纳米 Al₂O₃ 都有回避行为[29,30]。这可能是因为纳米颗粒直接刺激受体细胞的响应，也可能是因为纳米材料对土壤液相化学和微生物状况的改变而间接影响到蚯蚓的行为[14]。到目前为止，蚯蚓对纳米材料回避原因尚不完全清楚。由于土壤中纳米材料的自然含量较低，例如自然不完全燃烧产生的黑碳(BC)仅占土壤总有机碳含量的 4%(2%～13%)，不足以引起蚯蚓回避响应。但是用于土壤污染修复的纳米材料一般为土壤质量的 0.15%～2%。因此，纳米材料应用于污染土壤修复需慎重。

6.2　表面改性纳米炭黑对蚯蚓生理生化指标的影响

由于蚯蚓对污染物具有很强的耐受能力，且上述研究可知纳米材料对蚯蚓生长指标不能完整地反映蚯蚓受胁迫状况，因此通过蚯蚓生理生化指标的测定来判断蚯蚓对 CB 和 MCB 胁迫响应的差异和适应的机制。

6.2.1　抗氧化标志物

通过 SOD、CAT 等抗氧化酶活性的激活或抑制，或反映生物膜氧化程度的 MDA 的含量变化，可以判断毒物对抗氧化系统的毒性，有利于早期诊断和识别化学物质的毒作用模式和机理。

图 6-3 是滤纸接触 48 h 后，赤子爱胜蚓三种抗氧化生物标志物的测定结果。对 SOD 活性分析发现[图 6-3(a)]，随 CB 和 MCB 浓度从 0.1 μg/cm² ～15.7 μg/cm² 增高，蚯蚓 SOD 活性均呈现先升高后降低的趋势，最大值出现在浓度为 1.1 μg/cm² 处，变化幅度 MCB 的处理大于 CB 处理。MCB 在各浓度(除了 11.0 μg/cm²)SOD 活性均高于 CB，但无显著性差异。SOD 是生物体内催化·O₂⁻ 转化为 H₂O₂ 和 H₂O 的重要抗氧化酶，当机体处于较高自由基环境时，SOD 被激活以清除自由基达到稳定水平；当自由基水平超过 SOD 的调节上限时，SOD 被不可逆性抑制[18]。因此 SOD 活性常随暴露时间变化而呈现先升高后降低的趋势。而本试验中发现 SOD 随暴露浓度也呈现类似规律，这可能是因为浓度的急剧增加代替了长时间缓慢暴露积累的过程。

对 SOD 的后续酶 CAT 活性的变化分析发现[图 6-3(b)]，与对照相比，CB 对蚯蚓 CAT 活性没有显著影响，而 MCB 浓度从 0.1～15.7 μg/cm² 增高，蚯蚓 CAT

活性呈现起伏变化的趋势，当 MCB 浓度在 1.1 μg/cm^2 和 15.7 μg/cm^2 时 CAT 活性显著高于对照。CB 处理 CAT 活性随浓度的变化规律与 SOD 相似，最大值出现在浓度为 11.0 μg/cm^2 处。CAT 酶的功能是加速 H$_2$O$_2$ 分解为 H$_2$O 和 O$_2$，与 SOD 构成一对协同作用的抗氧化酶系，因此 CAT 活性变化规律同步或滞后于 SOD，在 15.7 μg/cm^2 MCB 处理组的 CAT 显著增加，这可能是因为此时 MCB 导致蚯蚓直接产生 H$_2$O$_2$ 型自由基。

图 6-3(c) 是蚯蚓体内 MDA 含量的测定结果。各处理组间 MDA 含量没有显著差异，尽管在 0.1 μg/cm^2 时，MCB 处理组 MDA 含量相对高于 CB。MDA 是脂质过氧化水平的标志物，当其积累时说明动物体内已发生氧化损伤。通过滤纸接触 48 h CB 和 MCB，蚯蚓体内 MDA 并未明显积累，一方面可能因为 CAT 和 SOD 等抗氧化酶及时清除了自由基，另一方面可能与暴露时间短有关。

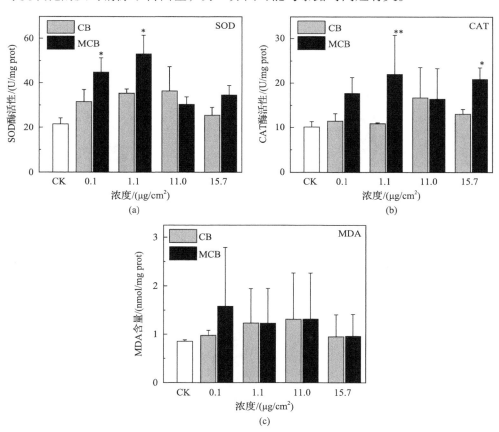

图 6-3　不同浓度 CB 和 MCB 对蚯蚓过氧化氢酶活性(a)、超氧化物歧化酶活性(b)和丙二醛含量(c)的影响

星号表示处理与对照组之间的差异显著(P<0.05；$^{**}P$<0.01；$^{***}P$<0.001)

6.2.2 谷胱甘肽/氧化型谷胱甘肽

谷胱甘肽(glutathione,GSH)具有抗氧化作用和整合解毒作用,把机体内有害的毒物转化为无害的物质。谷胱甘肽有还原型(GSH)和氧化型(GSSG)两种形式。

图 6-4 显示了自然土壤暴露 28 d 后蚯蚓 GSH 和 GSSG 的测定结果。由图 6-4 可知,对照组、1.5%(15 g/kg)CB 和 1.5% MCB 处理组蚯蚓 GSH 含量三者无显著差异[图 6-4(a)],1.5% CB 处理组 GSSG 含量与对照组无显著差异,而 1.5% MCB 处理组 GSSG 含量显著高于对照[图 6-4(b)],约为对照的 3 倍。在正常生理条件下,动物以还原型谷胱甘肽占绝大多数。从 GSH/GSSG 比值看[图 6-4(c)],

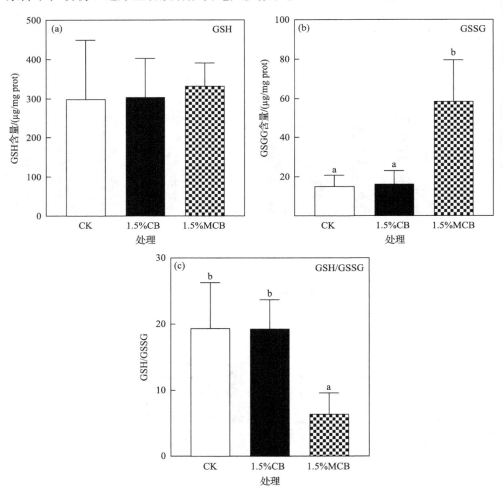

图 6-4 土壤中 CB 和 MCB 对蚯蚓体内谷胱甘肽(a)和
氧化型谷胱甘肽(b)含量及其比值(c)的影响

1.5% CB 处理组与对照无显著差异（$P>0.05$），且 GSH/GSSG 比值约为 20。而 1.5% MCB 处理组 GSH/GSSG 显著低于对照组，且 GSH/GSSG 比值仅为对照组的 33.2%。GSH 参与解毒过程结合反应，将有害的毒物转化为无害的物质排泄出体外，GSH 与其解毒产物 GSSG 含量的比值越小，机体所受氧化压力越大[31]。本研究显示，CB 经酸改性后，显著增加了 GSSG 的含量，可能会影响蚯蚓细胞的抗氧化、解毒能力和免疫能力。

6.2.3　蛋白质和酶活性

谷胱甘肽在机体内具有多方面的生理功能。它的主要生理作用是能够清除掉人体内的自由基，作为体内一种重要的抗氧化剂，保护许多蛋白质和酶等分子中的巯基。

图 6-5 显示了自然土壤暴露 28 d 后蚯蚓蛋白质浓度、过氧化氢酶（CAT）活性和乳酸脱氢酶（LDH）活性的测定结果。结果显示：1.5% CB 和 1.5% MCB 处理组蚯蚓机体蛋白质含量略低于对照，但三者无显著差异 [图 6-5(a)]。本研究显示，CB 和 MCB 对蚯蚓机体总蛋白质含量影响不大，可能因为 GSH 主要保护某些带巯基的蛋白质分子，只有测定这类蛋白分子，才能反映纳米材料对动物机体蛋白质的影响。

MCB 处理组蚯蚓 CAT 活性显著高于对照和 CB 处理，CB 处理高于对照但差异不显著（$P=0.056$）。当蚯蚓体内活性氧含量升高时，抗氧化系统活力被激发，导致大量 CAT 产生，用来清除过氧化氢，保护机体免受氧化胁迫的伤害。

CB 处理和 MCB 处理蚯蚓 LDH 活性显著高于对照（$P<0.05$），CB 处理和 MCB 处理差异不显著 [图 6-5(c)]。LDH 是机体能量代谢中的一种重要酶，尤其是与炎症反应有关。细胞上清液中的 LDH 活性越高代表 LDH 渗漏率越高，细胞膜损伤越严重[32]。CB 和 MCB 处理组蚯蚓的 LDH 活性升高，表明 CB 和 MCB 都可能对细胞膜造成损伤。

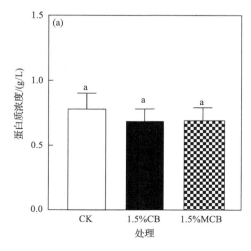
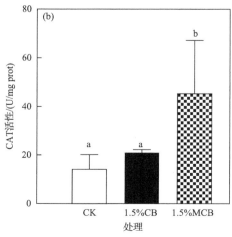

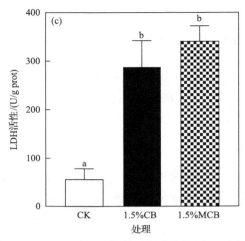

图 6-5　土壤中 CB 和 MCB 对蚯蚓体内蛋白质浓度(a)、过氧化氢酶活性(b)
乳酸脱氢酶活性(c)的影响

6.2.4　表面改性纳米炭黑对蚯蚓生理生化指标影响的综合分析

　　使用生物标志物评估污染物的潜在危害往往受缺乏综合统计分析的限制。众所周知，生物标志物存在激活和抑制的相反情况，难以判断利弊。因此，综合生物标志物响应(IBR)——将所有测得的生物标志物整合为一个反映总应激压力的指标——可以用于评价 CB 和 MCB 对蚯蚓的综合压力。如图 6-6(a)所示，滤纸接触试验对 SOD 和 CAT 的最大影响出现在 1.1 $\mu g/cm^2$ MCB 处理组，对总蛋白质(TP)和 MDA 最大影响出现在 0.1 $\mu g/cm^2$ MCB 处理组。图 6-6(b)是对生物标志物得分的另一种表达方式(以标志物名称为半径坐标轴)。通过图 6-6(b)每一处理各生物标志物星状连线围成的面积，可以计算出 IBR 值，以 IBR 值为半径绘成星状图即图 6-6(c)。可以看出，MCB 除了浓度 11.0 $\mu g/cm^2$ 以外，其余浓度 IBR 值均大于CB。图 6-6(d)～(f)为土壤培养试验中由总蛋白质(TP)、CAT、LDH、GSH/GSSG指标得到的得分星状图和 IBR 星状图。同样 MCB 处理组的 IBR 值大于 CB。通过上述 IBR 分析，可以得出结论：在两种暴露方式中，MCB 处理组中蚯蚓受到的胁迫压力均大于 CB。

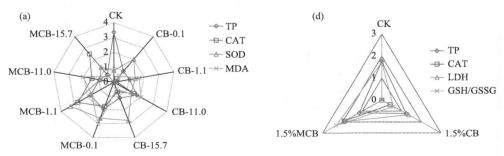

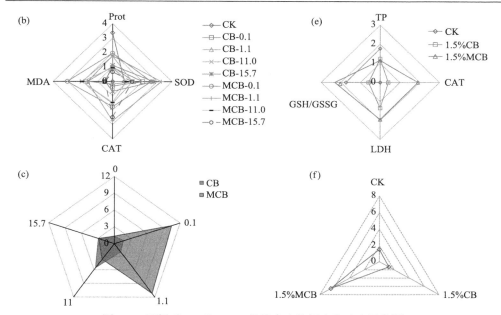

图 6-6　蚯蚓对 CB 和 MCB 的综合生物标志物响应星状图

(a)~(c)分别是滤纸接触试验中以不同处理为半径坐标的得分图、以不同标志物为半径坐标的得分图以及各处理所有标志物的 IBR 值星状图；(d)~(f)分别是土壤培养试验中对应于(a)~(c)的星状图

6.3　表面改性纳米炭黑对蚯蚓组织和细胞病理指标的影响

6.3.1　组织病理学检查

图 6-7 所示对照组肠道上皮平滑紧实，黄色组织紧贴肠外壁[图 6-7(a)]；而 CB 和 MCB 处理组蚯蚓的肠上皮细胞松散、坏死，黄色组织脱离肠外表皮[图 6-7(b)、(c)]。可见 CB 对蚯蚓肠道组织有明显影响，CB 经酸表面改性后，MCB 对蚯蚓肠道组织的影响进一步加剧。

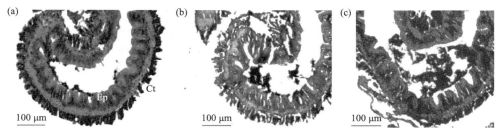

图 6-7　蚯蚓肠道组织切片 H&E 染色放大 100×图像[*]

(a)对照；(b)1.5% CB 处理组；(c)1.5% MCB 处理组；Ep：肠上皮；Ct：黄色组织

*扫描封底二维码见本图彩图

6.3.2 细胞病理学检查

图 6-8 是蚯蚓体腔细胞的 H&E 染色光学显微图像。图 6-8(a₁) 是对照组单个悬浮体腔细胞，具有吞噬功能。图 6-8(a₂) 是两个细胞的团聚形态。图 6-8(b₁) 和图 6-8(c₁) 分别是 100 mg/L CB 和 MCB 处理后的细胞形态。可以发现黑色的纳米颗粒附着于细胞上并有进入细胞的趋势。图 6-8(b₂) 显示 CB 附着在多个细胞的表面，导致细胞变形。图 6-8(c₂) 显示 MCB"桥连"多个细胞的团聚，提取细胞质并产生细胞碎片。CB 和 MCB 颗粒附着于细胞和进入细胞或许是碳纳米颗粒细胞毒理效应的原因之一。

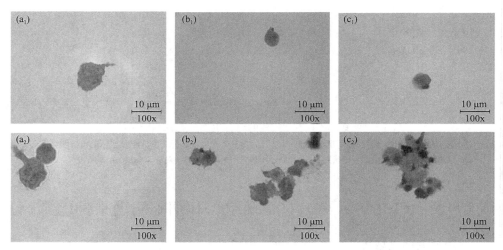

图 6-8　蚯蚓体腔细胞的 H&E 染色光学显微图像

(a₁) 和 (a₂) 是对照组、(b₁) 和 (b₂) 是 1.5% CB 处理组、(c₁) 和 (c₂) 是 1.5% MCB 处理组蚯蚓体腔细胞 H&E 染色放大 100× 图像

6.3.3 体腔细胞存活率

图 6-9 显示了体腔细胞(coelomocytes)暴露于含不同浓度 CB 和 MCB 培养液中 12 h 后，以对照组蚯蚓细胞存活率为 100%，计算得到的 CB 和 MCB 处理组的存活率。随着染毒浓度的增加，体腔细胞存活率逐渐下降，当浓度为 100 mg/L 时，CB 和 MCB 组存活率与对照相比出现了极显著差异($P<0.01$)和极极显著差异($P<0.001$)。MCB 各浓度水平对细胞存活率的抑制均大于 CB，尤其是 100 mg/L 时，MCB 组存活率显著低于 CB 组，仅是 CB 组的 55.3%。说明对体腔细胞存活率的影响 MCB>CB。本研究中 CB 在相对较高的浓度 100 mg/L 时，细胞相对存活率为 76.2%，而改性后 MCB 细胞毒性大大增加。

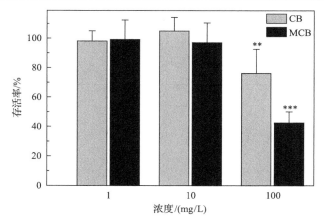

图 6-9　不同浓度 CB 和 MCB 对蚯蚓体腔细胞相对存活率的影响

相对存活率表示为处理组占对照组均值的百分数，星号表示处理与对照之间的差异显著

(**P＜0.01；***P＜0.001)

　　Magrez 等[33]发现酸改性后碳纳米管和碳纳米纤维的细胞毒性增加，并推测由于颗粒会与细胞直接接触或被吸收，因此表面基团增加很可能引起了毒性的增加，但此研究没有比较 CB 改性前后细胞毒性的变化。带负电荷碳量子点（HNO_3 处理）比中性的碳量子点诱导更强的氧化应激反应，单颗粒没有进入细胞核[1]。这些研究表明酸改性后纳米颗粒细胞毒性增强。然而也有研究表明，羧基和羟基化聚合纳米粒子细胞毒性小于带正电荷氨基化粒子，表面极性处理的富勒烯具有抗氧化性能，毒性减弱[34]。因此表面改性纳米颗粒的细胞毒性增加还是降低尚无定论，需要针对具体纳米材料进一步分析。

6.3.4　DNA 损伤

　　细胞 DNA 损伤程度的大小可以由彗星试验体现。图 6-10 是彗星试验荧光图像和 DNA 拖尾结果。由图 6-10 可见，对照组 DNA 荧光呈致密圆形，且头部较大，没有彗尾，Olive 尾距（OTM）[35]统计值较小，是正常细胞的实验现象。100 mg/L CB 组 OTM 统计值与对照相比无显著性差异，说明 CB 纳米颗粒基因毒性很小。100 mg/L MCB 组与 CB 组相比，出现较长的彗尾，且 OTM 统计值显著升高。说明氧化改性后纳米颗粒的基因毒性增加。彗星试验已被广泛应用于纳米材料对土壤动物毒性的研究。目前广泛接受的 DNA 损伤机理是自由基学说和细胞核扰动。当细胞活性氧增加时，过剩的活性氧会攻击 DNA，使 DNA 断键产生较小的片段。当纳米颗粒吸收进入细胞核内时也会扰动 DNA 的复制和自我修复，造成 DNA 损伤。有研究表明，MWCNTs 对蚯蚓的 DNA 损伤呈现剂量（50～500 mg/kg）效应关系[36]。通过人工土壤模拟，发现当纳米颗粒 TiO_2 和 ZnO 的暴露剂量大于 1.0 g/kg 时会对赤子爱胜蚓 DNA 造成显著损伤，后者毒性大于前者。我们前面的实验已经证实 CB 和 MCB 的存在引起了蚯蚓氧化应激，且 MCB 处理的影响程度大于CB，所以这里显示出 MCB 处理造成的 DAN 损伤程度大于 CB 处理。土壤中碳纳米材料动物毒性的研究较少。

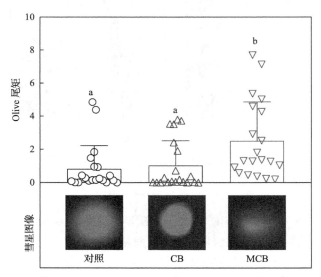

图 6-10　CB 和 MCB 对蚯蚓体腔细胞和 DNA 损伤的影响

不同字母表示处理组之间存在显著性差异（$P < 0.05$，$N=20$）

6.4　小　　结

本章通过氧化改性制备了改性纳米炭黑（MCB），改性后的纳米炭黑比表面积降低、负电荷增加、含氧官能团增加。通过滤纸接触试验、土壤培养试验、回避试验、体外试验、彗星试验等，比较了改性前后纳米炭黑对蚯蚓宏观和微观指标的毒性差异，实验结果表明：

（1）纳米炭黑（CB）经酸性高锰酸钾改性后，表面特性的主要变化是含氧官能团增加、Zeta 电位降低，颗粒的杂质和缺陷程度降低。

（2）CB 和 MCB 对蚯蚓的存活率、体重、异常率的影响无显著差异。蚯蚓对MCB 的回避响应显著大于 CB，且存在剂量依赖关系，当 MCB 浓度为 1.5% 时，回避率高达 93.3%。

（3）MCB 显著诱导抗氧化酶的表达，表现出氧化应激的毒理作用模式。用综合生物标志物响应（IBR）反映 CB 和 MCB 对蚯蚓 SOD、CAT、MDA、总蛋白质、LDH、GSH 和 GSSG 生理生化指标的影响。在浓度为 $0.1 \sim 15.7~\mu g/m^2$ 滤纸接触试验和 1.5% 土壤培养试验中，均表现为 MCB 处理组中蚯蚓受到的胁迫压力大于 CB

处理组。

（4）当土壤中浓度为 1.5% 时，CB 对蚯蚓肠道组织有显著影响；当体外培养浓度大于 100 mg/L 时，CB 对蚯蚓细胞存活率和病理形态有显著影响。CB 经酸改性后，MCB 对蚯蚓细胞存活率、DNA 的影响显著大于 CB。

综上，高浓度 CB 对蚯蚓生长、生理生化指标和病理指标均有显著影响，表面改性后加剧了这些影响。

参 考 文 献

[1] Havrdova M, Hola K, Skopalik J, Tomankova K, Petr M, Cepe K, Polakova K, Tucek J, Bourlinos A B, Zboril R. Toxicity of carbon dots-Effect of surface functionalization on the cell viability, reactive oxygen species generation and cell cycle[J]. Carbon, 2016, 99: 238-248.

[2] He M, Shi H, Zhao X, Yu Y, Qu B. Immobilization of Pb and Cd in contaminated soil using nano-crystallite hydroxyapatite[J]. Procedia Environmental Sciences, 2013, 18(18): 657-665.

[3] Chen J H, Wang Y J, Zhou D M, Cui Y X, Wang S Q, Chen Y C. Adsorption and desorption of Cu(Ⅱ), Zn(Ⅱ), Pb (Ⅱ), and Cd(Ⅱ) on the soils amended with nanoscale hydroxyapatite[J]. Environmental progress & sustainable energy, 2010, 29(2): 233-241.

[4] Xing J, Hu T, Cang L, Zhou D. Remediation of copper contaminated soil by using different particle sizes of apatite: A field experiment[J]. SpringerPlus, 2016, 5(1): 1182. DOI:10.1186/s40064-016-2492-y.

[5] Yang Z, Fang Z, Zheng L, Cheng W, Tsang P E, Fang J, Zhao D. Remediation of lead contaminated soil by biochar-supported nano-hydroxyapatite[J]. Ecotoxicology & Environmental Safety, 2016, 132: 224-230.

[6] 王汉卫, 王玉军, 陈杰华, 王慎强, 成杰民, 周东美. 改性纳米炭黑用于重金属污染土壤改良的研究[J]. 中国环境科学, 2009, 29(4): 431-436.

[7] 成杰民. 改性纳米黑碳应用于钝化修复重金属污染土壤中的问题探讨[J]. 农业环境科学学报, 2011, 30(1): 7-13.

[8] Lyu Y, Yu Y, Li T, Cheng J. Rhizosphere effects of Loliumperenne L. and Beta vulgaris var. Cicla L. on the immobilization of Cd by modified nanoscale black carbon in contaminated soil[J]. Journal of Soils and Sediments, 2018, 18(1): 1-11.

[9] Nowack B, Bucheli T D. Occurrence, behavior and effects of nanoparticles in the environment[J]. Environmental Pollution, 2007, 150(1): 5-22.

[10] Zhou D M, Wang Y J, Wang H W, Wang S Q, Cheng J M. Surface-modified nanoscale carbon black used as sorbents for Cu(Ⅱ) and Cd(Ⅱ)[J]. Journal of Hazardous Materials, 2010, 174(1-3): 34-39.

[11] Cheng J, Yu L, Li T, Liu Y, Lu C, Li T, Wang H. Effects of nanoscale carbon black modified by HNO₃ on immobilization and phytoavailability of Ni in contaminated soil[J]. Journal of Chemistry, 2015(2): 1-7.

[12] Bhattacharjee S, Ershov D, Gucht J V D, Alink G M, Rietjens I M M, Zuilhof H, Marcelis A T. Surface charge-specific cytotoxicity and cellular uptake of tri-block copolymer nanoparticles[J]. Nanotoxicology, 2013, 7(1): 71-84.

[13] Schaefer M. Behavioural endpoints in earthworm ecotoxicology[J]. Journal of Soils and Sediments, 2003, 3(2): 79-84.

[14] Mcshane H, Sarrazin M, Whalen J K, Hendershot W H, Sunahara G I. Reproductive and behavioral responses of earthworms exposed to nano-sized titanium dioxide in soil[J]. Environmental Toxicology & Chemistry, 2012, 31(1): 184-193.

[15] Shoults-Wilson W A, Reinsch B C, Tsyusko O V, Bertsch P M, Lowry G V, Unrine J M. Effect of silver nanoparticle surface coating on bioaccumulation and reproductive toxicity in earthworms (Eisenia fetida)[J]. Nanotoxicology, 2011, 5(3): 432-444.

[16] Tang R, Li X, Mo Y, Ma Y, Ding C, Wang J, Zhang T, Wang X. Toxic responses of metabolites, organelles and gut microorganisms of Eisenia fetida in a soil with chromium contamination[J]. Environmental Pollution, 2019, 251: 910-920.

[17] Rico A, Sabater C, Castillo M-Á. Lethal and sub-lethal effects of five pesticides used in rice farming on the earthworm Eisenia fetida[J]. Ecotoxicology and Environmental Safety, 2016, 127: 222-229.

[18] Song Y, Zhu L S, Wang J, Wang J H, Liu W, Xie H. DNA damage and effects on antioxidative enzymes in earthworm (Eisenia foetida) induced by atrazine[J]. Soil Biology & Biochemistry, 41(5): 905-909.

[19] Singh N P, Mccoy M T, Tice R R, Schneider E L. A simple technique for quantitation of low levels of DNA damage in individual cells[J]. Experimental Cell Research, 1988, 175(1): 184-191.

[20] Hu C W, Li M, Cui Y B, Li D S, Chen J, Yang L Y. Toxicological effects of TiO_2 and ZnO nanoparticles in soil on earthworm Eisenia fetida[J]. Soil Biology & Biochemistry, 2010, 42(4): 586-591.

[21] Singh R, Misra V, Singh R P. Removal of Cr(VI) by nanoscale zero-valent iron (nZVI) from soil contaminated with tannery wastes[J]. Bulletin of Environmental Contamination and Toxicology, 2012, 88(2): 210-214.

[22] Nel A, Xia T, Madler L, Li N. Toxic potential of materials at the nanolevel[J]. Science, 2006, 311(5761): 622-627.

[23] Zhao S, He L, Lu Y, Duo L. The impact of modified nano-carbon black on the earthworm Eisenia fetida under turfgrass growing conditions: Assessment of survival, biomass, and antioxidant enzymatic activities[J]. Journal of Hazardous Materials, 2017, 338: 218-223.

[24] Duo L, He L, Zhao S. The impact of modified nanoscale carbon black on soil nematode assemblages under turfgrass growth conditions[J]. European Journal of Soil Biology, 2017, 80: 53-58.

[25] Kwak J I, Kim S W, An Y J. A new and sensitive method for measuring in vivo and in vitro cytotoxicity in earthworm coelomocytes by flow cytometry[J]. Environmental Research, 2014, 134: 118-126.

[26] 刘玉真. 改性纳米黑碳的土壤环境行为及其环境效应研究[D]. 济南: 山东师范大学, 2015.

[27] 成杰民, 刘玉真, 孙艳, 王汉卫. 一种重金属污染土壤修复用的纳米黑碳钝化剂制备方法: 中国专利, CN 103084153 A[P]. 2013-05-08.

[28] Yu Y, Li X, Cheng J. A comparison study of mechanism: Cu^{2+} adsorption on different adsorbents and their surface-modified adsorbents[J]. Journal of Chemistry, 2016, 2016: 1-8.

[29] Shoults-Wilson W, Zhurbich O I, Mcnear D H, Tsyusko O V, Bertsch P M, Unrine J M. Evidence for avoidance of Ag nanoparticles by earthworms (Eisenia fetida)[J]. Ecotoxicology, 2011, 20(2): 385-396.

[30] Coleman J G, Johnson D R, Stanley J K, Bednar A J, Weiss Jr C A, Boyd R E, Steevens J A. Assessing the fate and effects of nano aluminum oxide in the terrestrial earthworm, Eisenia fetida[J]. Environmental Toxicology and Chemistry, 2010, 29(7): 1575-1580.

[31] Xue Y, Gu X, Wang X, Sun C, Xu X, Sun J, Zhang B. The hydroxyl radical generation and oxidative stress for the earthworm Eisenia fetida exposed to tetrabromobisphenol A[J]. Ecotoxicology, 2009, 18(6): 693-699.

[32] Tong H, Mcgee J K, Saxena R K, Kodavanti U P, Devlin R B, Gilmour M I. Influence of acid functionalization on the cardiopulmonary toxicity of carbon nanotubes and carbon black particles in mice[J]. Toxicology and Applied Pharmacology, 2009, 239 (3) : 224-232.

[33] Magrez A, Kasas S, Salicio V, Pasquier N, Seo J W, Celio M, Catsicas S, Schwaller B, Forró L. Cellular toxicity of carbon-based nanomaterials[J]. Nano Letters, 2006, 6 (6) : 1121-1125.

[34] Dugan L L, Turetsky D M, Du C, Lobner D, Wheeler M, Almli C R, Shen C K-F, Luh T-Y, Choi D W, Lin T-S. Carboxyfullerenes as neuroprotective agents[J]. Proceedings of the National Academy of Sciences, 1997, 94 (17) : 9434-9439.

[35] Olive P L, Banánth J P. Induction and rejoining of radiation-induced DNA single-strand breaks:"tail moment" as a function of position in the cell cycle[J]. Mutation Research/DNA Repair, 1993, 294 (3) : 275-283.

[36] Hu C, Zhang L, Wang W, Cui Y, Li M. Evaluation of the combined toxicity of multi-walled carbon nanotubes and sodium pentachlorophenate on the earthworm *Eisenia fetida* using avoidance bioassay and comet assay[J]. Soil Biology & Biochemistry, 2014, 70: 123-130.

第7章 改性纳米炭黑-Cd 对蚯蚓的联合毒理效应

商业纳米材料广泛应用给各行各业发展带来了巨大的变革和机遇，但同时也可能对生态环境安全产生威胁。工业纳米炭黑(CB)是通过不完全燃烧过程产生的纳米级无定形颗粒。经过表面功能化处理得到的改性纳米炭黑(MCB)，作为一种相对经济的吸附剂，在环境污染控制领域(如水处理和土壤修复)中被广泛应用[1,2]。然而，人们对其环境过程和生态毒理学效应尚不完全清楚，尤其是当它们被有意地引入环境与共存的重金属相互作用时。镉(Cd)是一种极为有害的重金属，也是我国土壤污染调查中超标点位最多的重金属[3]。尽管经过近一个世纪的研究，公众对其毒性有了清晰的了解，但对于镉和纳米材料的联合毒性知之甚少。

由于炭黑超细颗粒(大气颗粒物的主要成分)会通过呼吸道进入人体，早期和近来的许多研究都特别关注炭黑对动物(例如小鼠)的心肺毒性[4,5]。尽管土壤也是CB重要的汇，但很少有学者关注CB对土壤动物的影响。

文献[6]对一些纳米材料与共存污染物的联合毒性研究进行了详尽的综述。其中，碳基纳米材料(CNs)和重金属相互作用的研究数量仅为个位数，与CB和重金属离子有关的研究更是空白。一项研究表明，氧化石墨烯(GO)能够高度吸附重金属而降低它们对细菌的联合毒性[7]，而另一项研究却表明，低浓度的GO可以增强Cd^{2+}对藻类的毒性[8]。单壁碳纳米管(SWCNT)和不同类型的碳纳米管(CNT)分别可以增强Cu和Cd对大型蚤(*Daphnia magna*)的毒性[9,10]。CNTs促进生物对重金属的吸收和其表面含氧官能团是导致CNTs与重金属对生物联合毒性增加的主要原因。有趣的是，不仅SWCNT会促进生物体吸收重金属[10]，而且重金属也反过来会抑制SWCNT从细胞中分泌出去[11]。土壤介质中污染物和纳米材料的联合毒性研究远少于水性介质。仅有的土壤培养研究表明，多壁碳纳米管(MWCNTs)和五氯酚钠对赤子爱胜蚓的回避效应具有协同作用[12]。然而，在复杂的联合毒性实验设计情况下，土壤中的培养过程影响因素多、耗时耗力，因此迫切需要发展一种简单而快速的评估方法。体腔细胞是蚯蚓体腔内具有免疫功能的自由流动细胞，已被用于体外纳米颗粒毒性的识别和鉴定[13-16]，但很少或几乎没有将其应用于评估纳米颗粒和重金属联合作用的研究。

两因素析因分析、浓度加和(concentration addition，CA)和独立作用(independent action，IA)等模型以及联合作用指数(combination index，CI)可能是评估纳米颗粒和共存污染物联合效应的可行方法[6]。Jonker等开发的在CA和IA模型基础上可以对协同/拮抗(synergistic/antagonistic，S/A)、剂量水平依赖(dose ratio-dependent，

DR)或剂量比依赖(dose level-dependen，DL)进行效应检验的 MIXTOX 模型是一种用于发现相对毒性之间或相应概率之间复杂关系的统计上更为可靠的方法。

因此,本章尝试利用从赤子爱胜蚓(*Eisenia fetida*)体内提取出的体腔细胞来评估 MCB 和 Cd 的单一和联合作用,同时通过土壤培养试验模拟真实污染场景下 MCB 和 Cd 的联合毒性。第一，建立了 MCB 和 Cd 的细胞毒性浓度-响应关系。第二，通过因子分析，MIXTOX 模型和 CI 指数研究了 MCB 和 Cd 的联合作用类型。第三，通过土壤培养试验，研究了 MCB 和 Cd 对蚯蚓生物存活和生物标志物的影响。第四，通过吸附试验证明 MCB 和 Cd 之间的相互作用并以此解释吸附如何影响它们的联合毒性。本章研究对于碳纳米材料和重金属二元组合的一般评价模式具有参考价值。

7.1 Cd 和 MCB 对体腔细胞的联合毒性

7.1.1 Cd 和 MCB 单一的细胞毒性

如图 7-1 所示,Cd 和 MCB 的剂量-响应曲线(CRCs)呈单调 S 形。使用 MIXTOX 包内置的 Logit 模型和 Weibull 模型来获得主要的毒理学参数，计算公式如下:

Logit 模型:

$$y = \frac{1}{1 + e^{-\alpha - \beta \lg x}} \tag{7-1}$$

Wellbull 模型:

$$y = \frac{1}{1 - e^{-e^{\alpha + \beta \lg x}}} \tag{7-2}$$

式中，α 是位置参数；β 是斜率参数。拟合结果如表 7-1 所示。

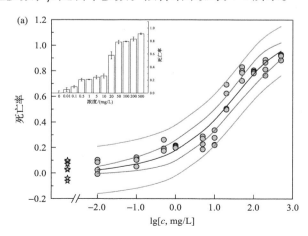

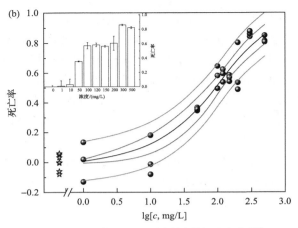

图 7-1　Cd(a)和 MCB(b)的剂量-反应曲线*

点：观测值；黑线：拟合曲线；红线：95% OCI；蓝线：95% FCI。
星号是对照点。插图是平均值±标准误差的柱状图
*扫描封底二维码见本图彩图

表 7-1　Cd 和 MCB 的 Logit 和 Weibull 拟合参数

处理	Logit				Weibull			
	α	β	EC_{50} /(mg/L)	R^2	α	β	EC_{50} /(mg/L)	R^2
Cd	1.84±0.35	1.53±0.25	15.82 (9.59~26.11)	0.938	1.66±0.23	1.04±0.15	17.67 (10.84~27.92)	0.946
MCB	4.85±0.71	2.45±0.34	94.00 (76.18~116.00)	0.974	3.74±0.54	1.68±0.24	100.22 (78.10~126.93)	0.965

注：参数表示为估计值±标准误差；EC_{50} 括号内为 95%函数置信区间。

　　根据拟合 R^2 值的大小，Cd 的 CRCs 更符合 Weibull 模型[图 7-1(a)]，而 MCB 的 CRCs 更符合 Logit 模型[图 7-1(b)]。以此计算出 Cd 和 MCB 的 EC_{50} 分别为 17.67 mg/L 和 94.00 mg/L（表 7-1）。Cd 的毒性显著大于 MCB，主要是 Cd 在低浓度时对细胞的影响大于 MCB。MCB 的两种模型的斜率参数 β 是 Cd 的 1.6 倍，MCB 在高浓度时毒性随浓度增加变化更快。通过与对照组的 Dunnett 检验，在测试范围内 Cd 的 NOEC 为 0.5 mg/L，MCB 为 10.0 mg/L。当 Cd 浓度从 10 mg/L 增加到 20 mg/L 时，细胞死亡率从 26.4%急剧增加到 58.0%（$P<0.05$），而 MCB 处理的跳跃范围是 50~100 mg/L。但是在 100~200 mg/L 的范围内，MCB 并没有明显改变死亡率。出现这种平稳状态的一个可能原因是高浓度下颗粒的沉降速率更快[16]。

7.1.2　Cd 和 MCB 联合的细胞毒性

（1）Cd 和 MCB 是否存在交互作用的判断

为了测试 Cd 和 MCB 对细胞存活率是否具有交互作用，进行了二因素、四个

水平的析因设计，图 7-2 的纵坐标估计边际均值代表的是因子对蚯蚓细胞存活率的影响差异。结果显示，当 Cd 固定浓度时，细胞存活率随 MCB 浓度的增加而降低[图 7-2(a)]。浓度为 1.0 mg/L、10.0 mg/L 和 50.0 mg/L 的 MCB 分别平均提高 Cd 细胞毒性 7.3%、15.4% 和 38.0%。这表明 MCB 的存在增强了 Cd 的细胞毒性。MCB 浓度在 1.0～50.0 mg/L 范围内，对蚯蚓细胞毒性影响程度最大、MCB 剂量依赖差异最大值均出现在 Cd 浓度为 5.0 mg/L 时，当 Cd 浓度为 10.0 mg/L 时，这种影响差异缩小，此时 Cd 的毒性占主导。Cd 的存在同样可以增加 MCB 的细胞毒性[图 7-2(b)]。具体而言，与不含 Cd 的处理相比，Cd 的浓度在 1.0～10.0 mg/L 时，显著降低了低浓度 MCB 处理组的细胞活性，但 Cd 各浓度处理之间没有显著差异。当 MCB 浓度为 50.0 mg/L，Cd 的浓度在 5.0～10.0 mg/L 时，与不含 Cd 的对照相比，显著降低，此时 Cd 仍能影响 MCB 的毒性。

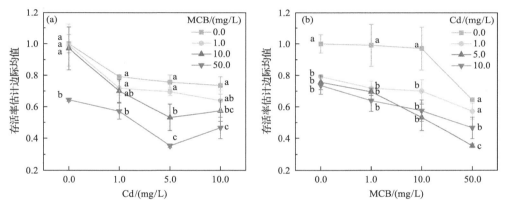

图 7-2 Cd 和 MCB 析因设计对体腔细胞存活率影响的估计边际均值

(a)不同水平的 MCB 对 Cd 的简单效应影响；(b)不同水平的 Cd 对 MCB 简单效应的影响

(2)Cd 与 MCB 交互作用的综合分析

图 7-3 和表 7-2 显示了析因综合分析的结果。由图 7-3 可知，主效应方向基本与简单效应方向一致。Cd 对 MCB 毒性的影响拐点出现在 Cd 浓度为 5.0 mg/L，大于 5.0 mg/L 后直线的负斜率趋于平缓，此时 Cd 的毒性占主导[图 7-3(a)]。MCB 对 Cd 毒性的影响拐点出现在 MCB 浓度为 10.0 mg/L，直线负斜率增大，MCB 浓度大于 10.0 mg/L 后，Cd 与 MCB 的交互作用增加[图 7-3(b)]。由表 7-2 中 $P <$ 0.05 判断 Cd 和 MCB 之间有显著的交互作用。

(3)Cd 与 MCB 联合作用类型

根据药理学中效定理的基本原理[17]，预测效应取决于剂量和 CRCs 的形状，因此促进/增强作用(A+B＞A 或 A+B＞B)并不等同于协同作用。析因分析并未提

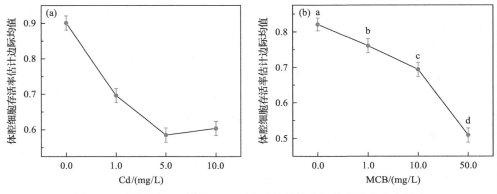

图 7-3　不同浓度 Cd(a) 和 MCB(b) 对蚯蚓体腔细胞存活率的主效应

表 7-2　Cd 和 MCB 对细胞存活率影响的析因分析

因子	Ⅲ型平方和	自由度	均方值	F 统计量	效应
Cd	0.807	3	0.269	54.425	0.000
MCB	0.717	3	0.239	48.337	0.000
Cd * MCB	0.096	9	0.011	2.161	0.049

供 Cd 和 MCB 联合作用类型的信息(相加、拮抗、协同等)。为了进一步探索 Cd 和 MCB 的联合作用类型(拮抗作用、加和作用或协同作用),进行了基于 TU 概念的固定剂量比设计毒性试验。根据 TU 的定义,1.0 TU 毒物应导致存活率降低 50%。

利用 Jonker 等开发的基于 CA 和 IA 参考模型的 MIXTOX 模型进行二元混合物剂量-反应分析[18]。如表 7-3 所示,将固定剂量比设计试验的存活率数据用 CA 参考模型拟合得出 SS 为 0.31。在 CA 模型基础上添加参数 a 来描述协同/拮抗作用(S/A)稍微降低了 $SS[P(\chi^2)=0.054]$,但并不显著,表明不存在 S/A 的背离作用。通过添加参数 a 和 b_{Cd} 也会使 SS 略有降低,但同样无显著性,表明不存在剂量比率依赖(DL)的作用模式。然而,增加参数 a 和 b_{DL} 可以使 SS 显著降低$[P(\chi^2)=0.0008]$,因此可以得出结论:Cd 和 MCB 联合毒性存在背离 CA 模型的 DL 模式[18]。参数 $a=5.68$,为正,表示混合物毒性在低剂量水平时拮抗[图 7-4(a)凸起区域],在高剂量水平时协同[图 7-4(a)凹陷区域]。参数 $b_{DL}>1$,表明拮抗与协同的转化发生在高于 EC_{50} 的剂量水平[18]。接着将数据与 IA 模型进行比较,得出 SS 值为 0.28(表 7-3)。添加参数 a 或 a 和 b_{Cd} 到 IA 模型来描述 S/A 或 DR 背离降低了 $SS[P(\chi^2)>0.05]$,但不显著。在 IA 模型基础上添加参数 a 和 b_{DL} 来描述 DL,显著降低 SS 值$[P(\chi^2)=0.0038]$。参数 $a>0$ 和 $b_{DL}>2$ 表明低剂量水平时存在拮抗作用,高剂量水平时存在协同作用[图 7-4(b)],拮抗到协同的转换剂量发生在小于 EC_{50} 时[18]。上述分析表明,Cd 和 MCB 对蚯蚓体腔细胞的联合作用类型随混合剂量水平的变化而变化。

表 7-3　Cd 和 MCB 对体腔细胞联合作用的 MIXTOX 分析结果

参数	浓度加和				独立作用			
	参考模型	S/A	DR	DL	参考模型	S/A	DR	DL
V_{max}	0.94	0.93	0.93	0.96	0.97	0.95	0.95	0.96
β_{Cd}	1.48	1.47	1.38	0.84	1.02	1.28	1.17	0.84
β_{MCB}	1.38	1.49	1.46	1.13	1.14	1.38	1.37	1.11
EC_{50Cd}	14.0	17.6	20.0	18.5	14.0	17.0	19.8	15.8
EC_{50MCB}	97.07	112.1	106.9	101.3	92.3	106.9	100.6	105.2
a	NA	−1.55	−0.32	5.68	NA	−1.42	−0.05	6.24
b_{Cd}	NA	NA	−2.99	NA	NA	NA	−2.89	NA
b_{DL}	NA	NA	NA	1.43	NA	NA	NA	2.09
SS	0.31	0.27	0.26	0.18	0.28	0.26	0.25	0.18
χ^2	NA	3.698	4.459	14.174	NA	1.957	3.097	11.128
df	NA	1	2	2	NA	1	2	2
$P(\chi^2)$	NA	0.054	0.103	0.0008	NA	0.184	0.213	0.0038

注：V_{max} 是最大存活率；β 是单个剂量反应曲线的斜率；EC_{50} 是半数有效浓度；a、b_{Cd} 和 b_{DL} 是背离函数中的参数；SS 是残差平方和；χ^2 是通过将两个比较 SS 的商的自然对数乘以数据点数得出的似然比检验统计量；df 是自由度，等于两个比较模型中参数个数的差值；$P(\chi^2)$ 由 χ^2 分布获得 S/A 是协同作用/拮抗作用；DL 是的剂量水平依赖背离；DR 是剂量比相关偏差。缩写 NA 表示该数量不适用。

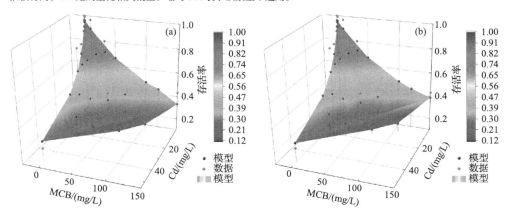

图 7-4　剂量依赖背离于浓度加和(a)与独立作用(b)参考模型的剂量-响应面

(4)Cd 与 MCB 联合作用程度

　　为了定量 Cd 和 MCB 联合作用的程度，使用 CompuSyn 软件输出了联合指数 (CI)(表 7-4)和 Chou-Talalay 的 Fa-CI 图[17](图 7-5)。Fa-CI 图是以效应为导向的，一个特定的 CI 值对应于一个受影响分数(fraction affected，Fa)，即死亡率。在低 Fa 时，CI>1 表示 Cd 与 MCB 之间存在拮抗作用；而在高 Fa 时，CI<1 表明两

者之间存在协同作用[17]。转换发生在 Fa=0.5 左右(在 EC_{50} 时接近浓度加和作用)。该结果在 S 形单调剂量-效应关系条件下(高 Fa 代表高剂量水平，反之亦然)与 MIXTOX 分析结论一致，说明在低剂量混合水平下为拮抗作用，在高剂量水平下为协同作用。

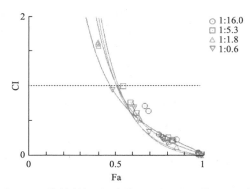

图 7-5　不同剂量比组合的 Cd 和 MCB 的 Fa-CI 图

表 7-4　Cd 和 MCB 在不同效应浓度和剂量比下的联合作用指数(CI)

剂量比	CI			
	EC_{50}	EC_{75}	EC_{90}	EC_{95}
1∶16.0	0.88583	0.33486	0.15505	0.09649
1∶5.3	1.04836	0.29011	0.11209	0.06585
1∶1.8	1.04652	0.20819	0.05839	0.02981
1∶0.6	1.12563	0.18890	0.03948	0.01662

7.2　改性纳米炭黑对蚯蚓细胞吸收 Cd 和超微结构的影响

7.2.1　MCB-Cd 对体腔细胞超微结构的影响

采用 TEM 分析比较 MCB+Cd 组合在低、高剂量水平时对体腔细胞的损伤差异及在细胞内的定位。图 7-6(a_1)和(a_2)是对照组中典型的阿米巴样细胞(amoebocytes)，具有少量的低电子密度囊泡。图 7-6(b_1)显示了在低浓度混合物暴露下，MCB 包裹在吞噬体内进入细胞的过程。体腔细胞可以吞噬 MCB(+Cd)并积累。图 7-6(b_2)显示 MCB(+Cd)的主要靶细胞器是核周线粒体。在低剂量组合下，具有高电子密度的线粒体仍显示较为清晰的结构，仅有少数线粒体表现出嵴断裂消失现象。而且被攻击的具有双层的线粒体似乎被吞噬体包裹着，这种异噬似乎导致了自噬现象[19]，预示细胞启动自我修复程序。在高剂量组合下，线粒体肿胀和空泡化，MCB 进入核周池[图 7-6(c_1)]，对核膜造成损伤，细胞基质中没有可见的完整细胞器，线粒体碎片中聚集了大量颗粒[图 7-6(c₂)]。表明高浓度水平下 MCB+Cd 对体腔细胞的毒性加剧。有研究表明，Cd[20]和 C₆₀（相关碳纳米材料)[15]虽然对体腔细胞毒性较小，但均可以在低浓度时抑制体腔细胞的吞噬作用。但由于 MCB 和 Cd 的吸附作用，即使在高浓度组合下，体腔细胞的吞噬活性也似乎没有被抑制。然而在高浓度下，细胞的损伤加剧，这可能是大量的 MCB+Cd 聚集体内无法外排(胞吐和自噬)[11]，以及 Cd 的长时间停留二次释放导致的协同毒性作用。

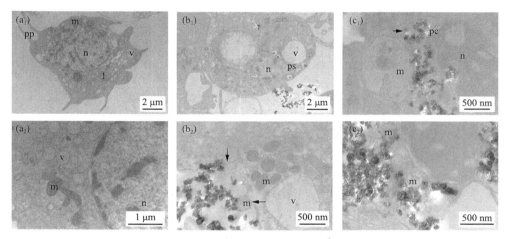

图 7-6　体腔细胞 TEM 图像*

(a)对照；(b)2 mg/L Cd+20 mg/L MCB；(c)10 mg/L Cd+60 mg/LMCB。pp：伪足；m：线粒体；n：细胞核；
v：囊泡；l：溶酶体；ps：吞噬；pc：核周池。黑色箭头表示 MCB 颗粒，红色箭头表示吞噬体膜
*扫描封底二维码见本图彩图

7.2.2　MCB 对细胞吸收 Cd 的影响

在低剂量水平(TU<1)时，与仅用 Cd 处理相比，添加 MCB 不会显著影响上清液中 Cd 的含量($P>0.05$)，但会显著降低($P<0.001$)细胞裂解液中游离 Cd 含量[图 7-7(a)]，暗示降低的 Cd 主要以结合在细胞膜上或在细胞内部以 MCB-Cd 形式存在。在高剂量水平(TU>1)下，MCB 降低了上清液中 Cd 的含量($P<0.01$)，并同时增加了($P<0.001$)细胞内的游离 Cd 含量[图 7-7(b)]，表明 MCB 促进 Cd 的转运或细胞的吸收。

7.2.3　MCB 吸附 Cd 对细胞联合毒性的验证

如图 7-8 所示，MCB 和 Cd 分开同时添加(MCB+Cd)和 MCB 与 Cd 吸附反应后再添加(MCB-Cd)这两种暴露方式之间的毒性数据没有差异($P>0.05$)，间接证明了 Cd 和 MCB 对细胞联合毒性是由于 Cd 吸附在 MCB 表面后产生的。

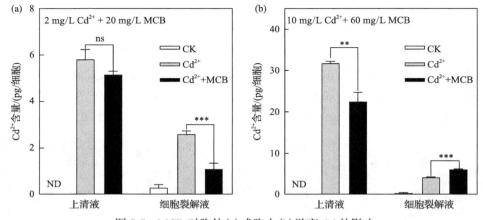

图 7-7　MCB 对胞外(a)或胞内(b)游离 Cd 的影响

$**P<0.01$，$***P<0.001(N=3)$

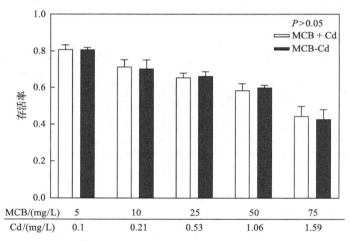

图 7-8　MCB 和 Cd 暴露前吸附(MCB-Cd)或暴露期间吸附(MCB+Cd)对其联合毒性的影响

7.3　土壤中 Cd 和 MCB 对蚯蚓的联合毒性

7.3.1　存活率

土壤培养结束时,蚯蚓生存状态良好,对照组(CK)蚯蚓 28 d 存活率为 99.3%,死亡率小于 20%,认定实验有效。与对照相比,Cd 和 MCB+Cd 处理组蚯蚓存活率在 14 d 分别降低了 3.6%($P>0.05$)和 32.1%($P<0.05$);在 28 d 时分别比对照降低了 29.6%($P>0.05$)和 51.9%($P<0.05$)。同时添加 Cd 和 MCB 与单独添加 Cd 相比,蚯蚓存活率显著下降(图 7-9)。

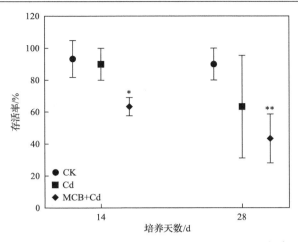

图 7-9　Cd(5.31 mg/kg)和 MCB+Cd(1.5% + 5.31 mg/kg)对蚯蚓存活率的影响

7.3.2　生物标志物

图 7-10 是土壤培养 28 d 后,蚯蚓体内还原性谷胱甘肽(GSH)和氧化型谷胱甘肽(GSSG)的测定结果。GSH 是含巯基的小分子物质,它可以螯合 Cd 从而避免Cd 与生物大分子作用,含巯基物质在清除活性氧中发挥着重要作用[21]。与对照相比,Cd 和 MCB+Cd 处理对蚯蚓 GSH 含量影响不明显。Cd 处理组 GSSG 含量上升,但与 MCB+Cd 处理差异不显著(P＞0.05),GSH/GSSG 显著降低(P＜0.05)。这说明体内参与解毒反应的 GSH 数量增加,GSSG 逐渐积累,机体处于较高的氧化压力水平。有研究发现,在 4.42 mg/kg 土壤中暴露 6 周,蚯蚓谷胱甘肽转硫酶活性才显著增加 39.3%[21]。

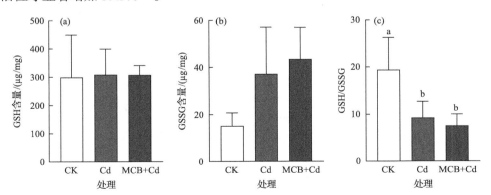

图 7-10　MCB 和 MCB+Cd 对蚯蚓还原型谷胱甘肽含量(a)、氧化型谷胱甘肽含量(b)、
还原型谷胱甘肽与氧化型谷胱甘肽比值(c)的影响
竖条表示标准偏差(N=3)。不同字母代表存在显著性差异(P＜0.05),
相同和未标记字母代表无显著性差异(P＞0.05)

Eisenia waltoni 蚯蚓体内 GSH 随 Cd 浓度(30～120 mg/kg)增加而增加，而在 *Eisenia fetida* 蚯蚓体内解毒酶增加、GSH 含量降低[22]。本研究中 GSH 含量没有显著变化可能是蚯蚓代谢水平增加，GSH 及时补充。当在 5.31 mg/kg 土壤中添加 1.5%的 MCB 后，伴随着死亡率的增加，蚯蚓体内 GSSG 含量进一步增加，GSH/GSSG 显著降低，仅为对照的 39%($P<0.05$)。这是因为 MCB 本身也能增加 GSSG 含量的作用。

　　由图 7-11 可知，蚯蚓的蛋白质含量有所下降，但没有达到显著水平。这是因为有些蛋白质分解使含量下降，有些蛋白合成以应对刺激，含量可能升高。Cd 处理组和 MCB+Cd 处理组蚯蚓组织蛋白质含量都有不同程度的下降，但无显著性($P>0.05$)。Cd 处理组蚯蚓 CAT 酶活性显著升高，这是蚯蚓对体内过氧化氢水平升高的应答。而 MCB+Cd 处理 CAT 酶活性显著下降，结合 MCB 也能显著增加 CAT 酶活性，说明此时蚯蚓的 CAT 酶活性受到不可逆地抑制。乳酸脱氢酶(LDH)是糖酵解酶，当机体代谢和氧化还原反应需要大量能量时，LDH 酶活性上调。Cd 处理 LDH 酶活性均显著升高，一方面是蚯蚓的应激反应需要额外的能量；另一方面，LDH 在细胞膜受损情况下会有较高的检出水平[23]，预示 Cd 会损伤细胞膜。同时添加 MCB+Cd 与对照相比显著升高；与单独添加 Cd 相比，LDH 酶活性有所降低，这与 CAT 的变化趋势相似。

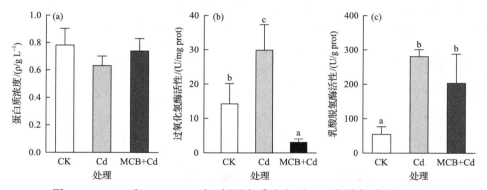

图 7-11　MCB 和 MCB+Cd 对蚯蚓蛋白质浓度(a)、过氧化氢酶活性(b)、
乳酸脱氢酶活性(c)的影响
不同字母代表存在显著性差异($P<0.05$)，相同和未标记字母代表无显著性差异($P>0.05$)

7.3.3　土壤 Cd 有效态含量和蚯蚓吸收 Cd 含量

　　为探究 Cd 在蚯蚓体内富集和 MCB 对蚯蚓摄食 Cd 的影响及其与毒理效应的关系，对土壤有效态 Cd 含量和蚯蚓体内 Cd 含量分析发现(表 7-5)：①由于自然土壤背景 Cd 的存在，培养前(驯化一周后)蚯蚓体内已积累 3.3 mg/kg 干重的 Cd。

②添加 Cd 平衡两月后，Cd 有效态含量占总镉含量的 54%，添加 1.5% MCB 后，土壤有效态镉含量下降到 36%，证明 MCB 对土壤 Cd 有较好的钝化能力。培养蚯蚓 28 d 对土壤有效态 Cd 无显著影响。③Cd 处理组蚯蚓体内吸收的 Cd 含量增加，是土壤有效态 Cd 的近 20 倍，是土壤全量 Cd 的 9.2 倍。这与前人蚯蚓体内 Cd 是土壤全量 Cd 6～7 倍的研究结果相近[24]。④尽管添加 MCB 降低了土壤有效态 Cd 含量，但并没有降低蚯蚓体内 Cd 含量，生物富集系数（BCF）为 9.53。

表 7-5　土壤有效态 Cd 含量和蚯蚓体内 Cd 含量变化

处理	土壤中有效态镉含量/(g/kg)		蚯蚓体内 Cd 含量/(mg/kg)	
	培养前	培养后	培养前	培养后
CK	0.10 ± 0.02^a	0.11 ± 0.01^a		$5.50\pm0.29^{a**}$
Cd	2.87 ± 0.75^c	2.28 ± 0.23^c	3.3 ± 0.63	$49.08\pm1.41^{b***}$
MCB+Cd	1.92 ± 0.24^b	1.54 ± 0.44^b		$50.58\pm0.84^{b***}$

注：不同字母代表处理组之间（行间）存在显著性差异（$P<0.05$，$N=3$）。星号代表培养前后数据存在显著性差异（$**P<0.05$，$***P<0.001$，$N=3$）。

添加 MCB 显著降低了土壤中有效态 Cd 的含量，可以降低对植物的毒理效应[25]，但蚯蚓的习性是吞吐土壤，每克蚯蚓每天可以消耗 200～300 mg 干重土壤[26]。这样不管是土壤中的 Cd，还是土壤中 MCB 吸附钝化的 Cd，都会进入蚯蚓体内，由于 MCB 对 Cd 有吸附钝化能力，所以 Cd+MCB 处理蚯蚓体内的 Cd 含量略高于 Cd 处理。前面的研究已经显示，MCB 本身对总蛋白质含量影响不大，提高氧化型谷胱甘肽含量，促进 CAT、LDH 酶活性。而 MCB+Cd，相对于 Cd，提高氧化型谷胱甘肽含量，同时抑制 CAT 酶和 LDH 活性，增加蚯蚓的死亡率，表明 Cd+MCB 毒理效应加剧。

综上，MCB 应用于重金属污染土壤修复时，能显著降低土壤中有效态重金属的含量，减少对植物的毒害作用，保障农产品安全。但是，对蚯蚓有明显的毒理效应，是否能进一步影响土壤生态系统，有待于进一步研究。

7.4　小　　结

本章通过体腔细胞暴露试验评估了 Cd 和 MCB 的单一毒性和联合毒性，分析了低混合剂量和高混合剂量下 MCB 对细胞内游离 Cd 的影响，利用析因分析、联合作用指数以及 MIXTOX 模型判断了交互作用类型；利用 TEM 确定了 MCB 在体腔细胞内的定位和损伤；通过土壤培养试验探究了 MCB 对 Cd 在应用场景下的毒理效应。主要结论如下：

（1）Cd 和 MCB 的 EC_{50} 分别为 17.67 mg/L 和 94.00 mg/L，Cd 的细胞毒性显著大于 MCB，MCB 的存在，促进 Cd 的细胞吸收。MCB-Cd 可以被蚯蚓体腔细胞吞噬，并造成细胞线粒体损伤、扰动核膜稳定性，从而导致细胞凋亡。当 2 mg/L Cd^{2+}+20 mg/L MCB 低剂量混合时，添加 MCB 降低了细胞内游离 Cd^{2+} 的含量。当 10 mg/L Cd^{2+}+60 mg/L MCB 高剂量混合时，添加 MCB 提高了胞内游离 Cd^{2+} 的含量。Cd 与 MCB 的联合效应类型为低剂量混合拮抗，高剂量混合协同作用，转换存在混合剂量水平临界值。

（2）添加 MCB 土壤中有效态 Cd 含量降低了 33.3%。与对照相比，5.31 mg/kg Cd 和 1.5% MCB+5.31 mg/kg Cd 处理中，蚯蚓存活率培养 14 d 后分别降低了 3.6% 和 32.1%，培养 28 d 后分别降低了 29.6% 和 51.9%。蚯蚓对土壤中 Cd 有明显的富集作用，在 Cd 污染土壤中 BCF 为 9.25，添加 MCB 后 BCF 为 9.53。MCB+Cd 显著提高了 GSSG 含量，GSSG/GSH 仅为对照的 39%。Cd 显著提高了 CAT 和 LDH 活力，MCB+Cd 抑制了 CAT 和 LDH 活力。

虽然表面改性纳米炭黑对重金属具有强的吸附能力，但其与重金属结合后对土壤动物产生不利影响，尤其是 MCB-Cd 联合毒性的复杂机制还需要进一步探明，本章研究可为今后碳纳米材料-重金属联合毒理效应研究提供借鉴。同时建议重金属污染土壤钝化修复时，慎用纳米级钝化剂。

参 考 文 献

[1] Zhou D M, Wang Y J, Wang H W, Wang S Q, Cheng J M. Surface-modified nanoscale carbon black used as sorbents for Cu(II) and Cd(II)[J]. Journal of Hazardous Materials, 2010, 174(1-3): 34-39.

[2] Cheng J, Sun Z, Li X, Ya Q Y. Effects of modified nanoscale carbon black on plant growth, root cellular morphogenesis and microbial community in cadmium-contaminated soil[J]. Environmental Science and Pollution Research, 2020. DOI: 10.1007/s11356-020-08081-z.

[3] Zhao F J, Ma Y, Zhu Y G, Tang Z, Mcgrath S P. Soil contamination in China: Current status and mitigation strategies[J]. Environmental Science & Technology, 2014, 49(2): 750-759.

[4] Modrzynska J, Berthing T, Ravn-Haren G, Jacobsen N R, Weydahl I K, Loeschner K, Mortensen A, Saber A T, Vogel U. Primary genotoxicity in the liver following pulmonary exposure to carbon black nanoparticles in mice[J]. Particle and Fibre Toxicology, 2018, 15(1): 2. Doi: 10.1186/s12989-017-0238-9.

[5] Oberdörster G, Ferin J, Gelein R, Soderholm S C, Finkelstein J. Role of the alveolar macrophage in lung injury: Studies with ultrafine particles[J]. Environmental Health Perspectives, 1992, 97: 193-199.

[6] Deng R, Lin D, Zhu L, Majumdar S, White J C, Gardea-Torresdey J L, Xing B. Nanoparticle interactions with co-existing contaminants: Joint toxicity, bioaccumulation and risk[J]. Nanotoxicology, 2017, 11(5): 591-612.

[7] Gao Y, Ren X, Wu J, Hayat T, Alsaedi A, Cheng C, Chen C. Graphene oxide interactions with co-existing heavy metal cations: Adsorption, colloidal properties and joint toxicity[J]. Environmental Science: Nano, 2018, 5(2): 362-371.

[8] Tang Y, Tian J, Li S, Xue C, Xue Z, Yin D, Yu S. Combined effects of graphene oxide and Cd on the photosynthetic capacity and survival of *Microcystis aeruginosa*[J]. Science of the Total Environment, 2015, 532: 154-161.

[9] Wang X, Qu R, Liu J, Wei Z, Wang L, Yang S, Huang Q, Wang Z. Effect of different carbon nanotubes on cadmium toxicity to *Daphnia magna*: The role of catalyst impurities and adsorption capacity[J]. Environmental Pollution, 2016, 208: 732-738.

[10] Kim K T, Klaine S J, Lin S, Ke P C, Kim S D. Acute toxicity of a mixture of copper and single-walled carbon nanotubes to *Daphnia magna*[J]. Environmental Toxicology and Chemistry, 2010, 29(1): 122-126.

[11] Cui X, Wan B, Guo L H, Yang Y, Ren X. Insight into the mechanisms of combined toxicity of single-walled carbon nanotubes and nickel ions in macrophages: Role of P2X7 receptor[J]. Environmental Science & Technology, 2016, 50(22): 12473-12483.

[12] Eyambe G S, Goven A J, Fitzpatrick L C, Venables B J, Cooper E L. A non-invasive technique for sequential collection of earthworm(*Lumbricus terrestris*)leukocytes during subchronic immunotoxicity studies[J]. Laboratory Animals, 1991, 25(1): 61-67.

[13] Patricia C S, Nerea G V, Erik U, Elena S M, Eider B, Dmw D, Manu S. Responses to silver nanoparticles and silver nitrate in a battery of biomarkers measured in coelomocytes and in target tissues of *Eisenia fetida* earthworms[J]. Ecotoxicology & Environmental Safety, 2017, 141: 57-63.

[14] Yang Y, Xiao Y, Li M, Ji F, Hu C, Cui Y. Evaluation of complex toxicity of canbon nanotubes and sodium pentachlorophenol based on earthworm coelomocytes test[J]. PLoS ONE, 2017, 12(1): e0170092.

[15] Van Der Ploeg M J, Van Den Berg J H, Bhattacharjee S, De Haan L H, Ershov D S, Fokkink R G, Zuilhof H, Rietjens I M, Van Den Brink N W. In vitro nanoparticle toxicity to rat alveolar cells and coelomocytes from the earthworm *Lumbricus rubellus*[J]. Nanotoxicology, 2014, 8(1): 28-37.

[16] Hayashi Y, Engelmann P, Foldbjerg R, Szabó M, Somogyi I, Pollák E, Molnár L, Autrup H, Sutherland D S, Scott-Fordsmand J. Earthworms and humans in vitro: Characterizing evolutionarily conserved stress and immune responses to silver nanoparticles[J]. Environmental Science & Technology, 2012, 46(7): 4166-4173.

[17] Chou T-C. Theoretical basis, experimental design, and computerized simulation of synergism and antagonism in drug combination studies[J]. Pharmacological Reviews, 2006, 58(3): 621-681.

[18] Jonker M J, Svendsen C, Bedaux J J, Bongers M, Kammenga J E. Significance testing of synergistic/antagonistic, dose level-dependent, or dose ratio-dependent effects in mixture dose-response analysis[J]. Environmental Toxicology & Chemistry, 2005, 24(10): 2701-2713.

[19] Kong H, Kai X, Liang P, Zhang J, Yan L, Yu Z, Cui Z, El-Sayed N N, Aldalbahi A, Nan C. Autophagy and lysosomal dysfunction: A new insight into mechanism of synergistic pulmonary toxicity of carbon black-metal ions co-exposure[J]. Carbon, 2017, 111: 322-333.

[20] Fugère N, Brousseau P, Krzystyniak K, Coderre D, Fournier M. Heavy metal-specific inhibition of phagocytosis and different in vitro sensitivity of heterogeneous coelomocytes from *Lumbricus terrestris*(Oligochaeta)[J]. Toxicology, 1996, 109(2-3): 157-166.

[21] Yang X, Song Y, Kai J, Cao X. Enzymatic biomarkers of earthworms *Eisenia fetida* in response to individual and combined cadmium and pyrene[J]. Ecotoxicology and Environmental Safety, 2012, 86: 162-167.

[22] Maity S, Banerjee R, Goswami P, Chakrabarti M, Mukherjee A. Oxidative stress responses of two different ecophysiological species of earthworms(*Eutyphoeus waltoni* and *Eisenia fetida*)exposed to Cd-contaminated soil[J]. Chemosphere, 2018, 203: 307-317.

[23] Li M, Xu G, Yu R, Wang Y, Yu Y. Bioaccumulation and toxicity of pentachloronitrobenzene to earthworm(*Eisenia fetida*)[J]. Ecotoxicology and Environmental Safety, 2019, 174: 429-434.

[24] 王振中, 张友梅, 胡觉莲, 郑云有, 胡朝阳, 郭永灿, 赖勤, 颜亨梅, 邓继福. 土壤重金属污染对蚯蚓 (Opisthopra)影响的研究[J]. 环境科学学报, 1994, 14(2): 236-243.

[25] Cheng J, Sun Z, Yu Y, Li X, Li T. Effects of modified carbon black nanoparticles on plant-microbe remediation of petroleum and heavy metal co-contaminated soils[J]. International Journal of Phytoremediation, 2019: 1-9.

[26] Barley K. The influence of earthworms on soil fertility. II. Consumption of soil and organic matter by the earthworm *Allolobophora caliginosa* (Savigny)[J]. Australian Journal of Agricultural Research, 1959, 10(2): 179-185.

第8章 碳纳米材料对蚯蚓的生态毒理效应机理

　　纳米材料的出现深刻而长远地影响着人类发展的进程。合理的使用纳米材料可以为人类带来诸多正面和积极的影响。例如,纳米材料已广泛应用于电子设备、药物载体、纳米机器人等前沿新型领域,在改善人类衣、食、住、行及健康等方面发挥巨大功效。然而,不合理的使用、意外的泄漏,以及无防护的暴露等将打开纳米材料潘多拉魔盒的另一面,对生态安全、职业卫生、人类健康造成威胁。纳米毒理学是门新兴学科,人们对纳米材料在大气、水体环境中的迁移、转化、富集以及毒理学效应有了较为全面的认识,但对其在土壤环境中的迁移、转化、富集以及毒理学效应了解较少。纳米材料的毒理学效应及病理生理学后果主要包括:由活性氧产生所致的氧化应激、蛋白质和膜损伤;由氧化应激引发的Ⅱ相酶诱导、炎症和线粒体扰动;由线粒体扰动导致的能量衰竭和凋亡;由炎症导致的组织炎性细胞浸润、纤维化、肉芽肿;由 DNA 损伤导致的三致效应等[1]。

　　氧化应激是同行认可度最高的机理模式。氧化应激包括三个阶段:第一阶段是抗氧化途径,此时的应激水平较低,主要表现为通过 Nrf-2 通路发生的Ⅱ相酶的诱导;第二阶段是炎症阶段,主要表现为通过 MAPK 激酶信号通路导致的细胞因子和趋化因子的释放;第三个阶段是细胞毒性阶段,此时氧化应激水平已达到顶峰,通过线粒体 PT 孔通路发生细胞凋亡[1,2]。

　　纳米材料的性质是影响其毒理效应的决定性因素。形状可以显著影响纳米材料直接接触导致的生物损伤。研究表明 MWCNTs 和 SWCNT 大于直径较大的碳纤维(CF)、碳纳米纤维(CNF)[3]。AgNPs 对多花黑麦草的毒根毛毒性:球形>立方形>线形[4]。表面性质也会显著影响材料的毒性,表面性质会显著影响纳米颗粒与蛋白质和脂质受体的结合能力。有研究表明,带正电的纳米颗粒显著破坏带负电的质膜,而带负电的颗粒可以与细胞膜局部带正电的离子域(如 NH_2^+)相互作用[5,6]。改性后的纳米材料表面官能团(例如 C=O,—COOH,—OH)可显著影响纳米材料本身的氧化和抗氧化活性[7]。纳米颗粒与环境介质的相互作用显著地影响纳米材料的迁移转化和归趋,进而影响纳米材料的生物有效性。纳米材料与环境中共存污染物的吸附、键合、分配等不可逆地改变了彼此的生物毒性。

　　纳米材料对土壤动物影响的研究数量较少。土壤是个复杂的系统,影响纳米材料毒性的因素众多。本章以本研究的主要结果为依据,从纳米材料应用于土壤重金属污染修复出发,借鉴前人相关研究,探讨同质异构碳纳米材料对蚯蚓毒理效应机理、表面改性纳米炭黑对蚯蚓毒理效应机理、土壤中 MCB-Cd 对蚯蚓的联合毒理效应机理,为纳米材料应用于重金属污染土壤钝化修复的生态安全性提供理论依据。

8.1　不同碳纳米材料对蚯蚓毒理效应机理

8.1.1　不同碳纳米材料的差异对蚯蚓毒理效应的影响

本研究所选用的 CB、RGO 和 SWCNT 是零维、二维和一维同质异形的纳米材料。三者对蚯蚓体重变化、体腔细胞存活率抑制、氧化应激标志物和膜损伤相关代谢物响应等的影响均表现出 SWCNT＞RGO＞CB 的趋势。由此可以推断，碳纳米材料的形状在其对蚯蚓的毒理效应机制中发挥了重要作用。此外，尽管三种材料均由碳元素构成(同质)，但是任何两种材料的生产和选用都不能完全做到控制形状这一单一变量而保持其他性质完全一致(除非利用计算机分子动力学模拟)。因此，在比较研究的三种材料的形貌(长宽比)对其毒性效应机理的影响时，还要考虑其他方面的性质。根据本研究对所用材料的表征，作者从形貌、比表面积、表面电荷和含氧官能团、表面缺陷和结晶度，以及重金属杂质几个角度来探讨纳米材料与蚯蚓组织相互作用的可能机制(图 8-1)。

(1) 形貌

形貌主要影响纳米颗粒-生物界面的动力学过程[8]。不同形貌 CNs 与生物膜作用的取向、结合能、结合面积等有很大不同[6,9]。研究表明，SWCNT 对肺泡巨噬细胞的毒性远大于 C_{60}[10]；SWCNT 比 CB 对小鼠胚胎纤维母细胞造成更大的基因毒性[11]。本研究中，3 种 CNs 形貌的长宽比和 DLS 粒径排序为：SWCNT ≫ RGO ≫ CB(图 8-1)，三者对蚯蚓体重变化、体腔细胞存活率抑制、氧化应激标志物和膜损伤相关代谢物响应等的影响均表现出 SWCNT＞RGO＞CB 的趋势。由此可得，同质碳纳米材料，形貌是影响其生物毒性的主要因素之一。

(2) 比表面积

更大的比表面积意味着更多的反应活性原子位于材料表面，从而与生物组织、细胞表面的受体有更大的概率结合，产生更大的毒性[12]。尽管本研究中 3 种 CNs 的比面积相对相差控制在 10%以内，但仍存在 SWCNT＞RGO＞CB 的关系，不能将比表面积的影响完全与形貌的影响区分开来。可以推测比表面对蚯蚓毒理效应有影响，但不是关键因素。但是，比表面是材料吸附能力的重要表征指标，一般而言，相同情况下，比表面越大，对环境中的污染物吸附能力越强，因此当 CNs 进入环境后，比表面仍有可能是导致蚯蚓生理生化响应差异的原因。

(3) 表面电荷

材料的表面电荷对其毒理效应的影响可能有两个方面：自身的胶体稳定性和

其与生物膜表面电荷的相互作用。

根据双电层理论和 Derjaguin-Landau-Verwey-Overbeek (DLVO)理论，胶体的稳定性或颗粒的相互作用受颗粒间双反离子层的静电斥力 (REF$\propto 10^{-2}$ r) 和范德瓦耳斯作用力 (VDW$\propto 10^{-6}$ r) 控制[8]。静电斥力的大小取决于表面电势(Zeta 电位)、溶液离子强度、离子价态、pH。范德瓦耳斯吸引力取决于颗粒的 DLS 粒径、球-球、球-面接触等[13]。本研究中 SWCNT、RGO 和 CB 在相同的分散液中 Zeta 电位相近，其静电势垒相近，而 DLS 粒径存在 SWCNT>RGO>CB 的关系，SWCNT 更容易通过布朗运动接触，第二极小值降低，吸引能增加，更容易发生聚沉，但这应使毒性降低而非增强。

静电作用显著影响纳米颗粒与细胞膜的物理化学作用。研究表明，SiO$_2$ 纳米颗粒倾向于损伤带相反电荷的模型细胞膜[14]。带负电荷的多壁碳纳米管在静电作用诱导下破坏了含有带正电荷的脂质的模型细胞膜[5]。带负电的 GO 只破坏带正电的模型细胞膜[6]。真实细胞膜外以负电为主导，但也存在阳离子区域(NH$_3^+$)，例如负电 PM$_{2.5}$ 就可以与膜上的阳离子点位结合[15]，因此正负电荷纳米颗粒都具有破坏质膜的潜质。表面电荷在细胞损伤中的机理是：在表面电荷作用的支持下，加速了生物-纳米界面的共价结合，加速了纳米颗粒内化进入细胞及提取磷脂、破坏完整性等损伤行为。而且，电荷吸引下将磷脂头部 P$^-$-N$^+$ 与双分子平面的夹角(0~3°)提高，单位面积内细胞面积增大，导致细胞的凝胶化。本研究中，三种 CNs 的表面电荷接近，因此根据上述分析，在模拟条件下表面电荷差异不是影响三种 CNs 毒性差异的原因。当 CNs 进入环境后，从土壤介质到生物体，表面电荷会发生一系列变化[16]，所以不能断定 Zeta 电位是真实环境中能有效影响 CNs 对蚯蚓的胁迫压力。

(4)表面官能团

表面基团可以改变纳米材料的亲疏水性、亲憎脂性、表面活化或钝化[1]等，因此表面含氧官能团对纳米材料的生物毒理效应的影响机理十分复杂。

①活性氧。最早研究表明纯化的富勒烯 C$_{60}$ 由于极强的亲电子能力，可以与氧气和水反应生成超氧阴离子自由基，从而产生毒性[17]；富勒烯的活性氧相关毒理效应包括脂质过氧化、蛋白质和 DNA 氧化。而表面羟基化的水溶性富勒烯衍生物 C$_{60}$(OH) 毒性降低。丙二酰基团对富勒烯表面进行修饰增加—CO$_2$H，可以产生具有抗氧化活性的富勒烯材料[18]。大量研究表明官能团化的富勒烯具有捕捉活性氧自由基的能力，从而将其作为抗氧化剂应用到医学诊疗中。但同时，有相当一部分研究表明，表面增加含氧基团后，富勒烯的非活性氧相关毒性增加(尤其是在黑暗无光激发条件下)，毒理效应包括自噬、炎症和 DNA 损伤。也有很多对其他碳纳米材料的研究表明，表面增加羟基、羧基后，细胞和组织的氧化应激水平

增加[19-22]。看来，纳米材料表面含氧官能团对其生物毒性的影响还取决于材料本身的化学结构。

②表面电荷。表面官能团的改变也会直接导致材料表面电荷的改变，进而通过上面 3.中所述机制，即碳纳米材料自身的胶体稳定性和其与生物膜表面电荷的相互作用，改变材料对蚯蚓的毒理效应。

③与质膜结合。含氧官能团(羟基、羧基、羰基等)可以与磷脂及亲水头部通过氢键相互作用。羧基还可能与磷脂头部的磷酸基团形成 C—O—P 共价键，进而使纳米材料更牢固地在细胞膜上附着[5]。

④亲疏水性。极性的含氧官能团可以增加材料的亲水性。亲水材料在溶剂中是热力学稳定的，不容易聚沉，而疏水性物质会从溶剂体中自发地排出，并被迫在界面上聚集或积累，因此表面极性官能团的增加意味着更容易进出生物体[8]。本研究中利用傅里叶红外光谱研究表明三种 CNs 的含氧官能团种类没有太大不同。SWCNT 有更完整的碳骨架结构，CB 有更多的苯环结构。EDS 分析表明 RGO 氧含量最高，这可能是促使其在高浓度时造成蚯蚓氨基酸代谢与 CB 和 SWCNT 不同的原因。表面官能团可以增加 CNs 对环境中污染物的吸附，因此在实际环境中表面官能团是否通过影响其他污染物而影响自身的毒理效应还有待证明。

(5)表面缺陷和结晶度

大多数研究认为，CNs 的表面缺陷越多，晶格结构越不完整，未成键的悬挂碳键就容易失去电子，进而与环境中的氧气反应产生活性氧，产生更强的毒理效应[5,23,24]。通过拉曼光谱和 XRD 分析得知，SWCNT 拥有更完整的晶格和更少的缺陷却产生了最多的不良效应，而 CB 是无定形，具有最多的缺陷却产生了最少的不良效应。因此可以判断表面缺陷不是影响毒性差异的因素。

(6)重金属杂质

纳米材料在生产过程中会使用重金属催化剂，这些残留在纳米材料表面的重金属杂质不仅会直接参与毒性反应，芬顿类重金属还会催化芬顿反应，产生羟基自由基[25]。本研究中，三种 CNs 存在的重金属杂质主要是 Fe，其含量顺序为 SWCNT＞CB＞RGO。因此 SWCNT 的毒性可能部分来源于 Fe(即使其纯度＞95%)。通过 Fe^{2+} 的移动性试验，发现三种材料浸出 Fe^{2+} 量较少，说明溶出 Fe^{2+} 对蚯蚓产生的影响可以忽略，但仍可能在细胞内通过芬顿化学反应将 H_2O_2 再次转化为 OH·，导致细胞氧化损伤。另外纳米材料具有特殊的能带结构，在光激发下可以产生光生电子和空穴。已有研究表明三氧化二铁耦合碳纳米材料，碳纳米材料会通过光激发产生活性氧[26]，而且富勒烯类碳纳米材料本身就具有活性氧产生能力。本研究进行了黑暗培养条件控制，那么在真实土壤环境中，这三种含有重金属杂质的碳纳米材料是否会在可见光下产生自由基尚不清楚[26]。

综上，本研究构建了不同碳纳米材料主要性质差异对蚯蚓的毒理效应机理模型(图 8-1)。在试验条件下，碳纳米材料的形貌是导致其对蚯蚓毒理效应的最重要因素，其次是纳米材料中重金属杂质的含量，纳米材料表面缺陷对蚯蚓毒理效应影响甚微。在实际环境中碳纳米材料的比表面积、Zeta 电位可能是重要的影响因素，纳米材料表面含氧量是否影响其对蚯蚓的毒理效应有待进一步证明。

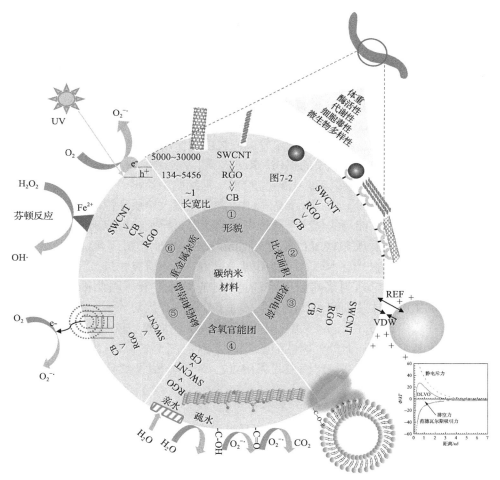

图 8-1　不同碳纳米材料性质差异对蚯蚓毒理效应影响机理模型

8.1.2　不同形貌碳纳米材料对蚯蚓生物膜的损伤

既然同质碳纳米材料的形貌是影响它们生物毒理效应的主要因素，那么三种碳纳米材料与生物膜的界面相互作用差异就极有可能是造成它们毒性差异的重要原因。Qu 等已详细地综述了纳米颗粒与生物膜的相互作用机制[27]。纳米颗粒进入细胞内有两大途径：第一类是内吞途径，包括吞噬作用、大胞饮作用、网格蛋白介导和小窝蛋白诱导的内吞以及无蛋白诱导的内吞。第二类是非内吞途径，包括直接穿透和其他方式[27]。不同形貌的纳米颗粒进入细胞需要的能量和时间不同。研究表明进入细胞膜需要克服的膜弯曲能和所需时间排序为：棒状＞立方形＞球形[28]。因此 SWCNT 的形貌（更大长宽比和 DLS 直径）与细胞膜的接触时间更长，理应产生更严重的细胞膜损伤。

（1）SWCNT 对细胞膜影响机理

SWCNT 进入细胞主要有两种途径。大部分研究结果显示 SWCNT 通过内吞途径进入细胞，这些 SWCNT 长度从几十纳米到 2μm[28]；小部分研究表明长度为 20～100 nm 的 SWCNT 会通过直接穿透的方式进入细胞[28]。Mu 等的研究结果表明碳纳米管进入 HEK293 细胞膜的方式受团聚状态的影响：单根碳纳米管通过直接穿透方式进入细胞，团聚的碳纳米管束通过内吞作用进入细胞[29]。SWCNT 在跨越细胞膜的过程中会造成膜的损伤。Kang 等研究表明，SWCNT 会破坏细胞膜的完整性和稳定性，导致更多的 RNA 和 DNA 从细胞中流出[30]。为排除真实细胞程序性凋亡对膜结构的影响，Jiang 等利用模型细胞膜大单层囊泡暴露试验证实碳纳米管可以在不提供能量的情况下直接以针刺状穿过质膜，提取磷脂，造成质膜形变[5]。Jia 等研究发现 SWCNT（长度～1 μm）和 MWCNTs（0.3～40 μm）可以被吞噬进入肺泡巨噬细胞[10]。本研究中使用的 SWCNT 与该研究相近，且使用与其相同的分散方法（杜恩斯匀浆器研磨和超声）制备碳悬浮液，因此推测本研究中 SWCNT 也能进入体腔细胞或其他组织。对于分散后产生的较短的碳纳米管，可以通过内吞或穿透的方式进入细胞［图 8-2（b）和（c）］。而对于较长的碳纳米管，无法完全进入细胞膜，从而严重扰乱细胞膜的稳定性［图 8-2（a）］，表现为代谢物胆碱含量极显著降低、氨基酸比例失调（图 5-17，5-18），以及细胞死亡（图 5-3）。

（2）RGO 等二维纳米材料对细胞膜影响机理

RGO 与生物膜之间有十分特殊的相互作用方式。RGO 能包覆在细胞膜周围，产生屏蔽效应[31]。（R）GO 具有锋利的侧边，可以通过"包裹""插入""提取""纳米刀"等形式破坏细胞膜，尤其对薄细胞壁的革兰氏阳性菌具有很强的杀伤，因此大量研究推荐将其用作抗菌剂[24,32]。Tu 等介绍了一种典型的磷脂提取机制：GO 与生物膜在范德瓦耳斯力作用下靠近、接触；GO 的含氧基团与磷脂头部形成氢键，在界面水分子的初始推动下，磷脂分子脱离双分子层，磷脂疏水尾部沿着碳疏水平面轨道向上攀爬，大量磷脂被提取出来［图 8-2（d）］[33]。本研究中的 RGO 为单层和少层还原氧化石墨烯，侧边锋利，同时具有一定的氧含量，所以有可能发生上述提取机制。通过上述过程,RGO 同样会降低胆碱含量,影响氨基酸代谢(图 5-17)。

(3)CB 颗粒对细胞膜可能影响机理

CB 颗粒对动物细胞膜影响的研究较少,其毒性机制不是十分明确。CB(13nm、21nm、95nm)可以被支气管上皮细胞内吞,并定位于胞内体或游离于细胞质中;通过溶酶体途径排出体外。该研究结果与本研究对 MCB 的研究结果相近。本研究没有讨论 CB 的内吞,通过光学显微观察发现,CB 可以附着在细胞膜上,该过程由于颗粒的团聚难免造成细胞膜损失[图 6-8,图 8-2(f)]。但是,由于 CB 是近球形的,而且粒级最小,跨膜时需要更短的时间和更少的能量,更容易被内吞和外泌[图 8-2(e)],因此在三种材料中对细胞膜的损伤最小。

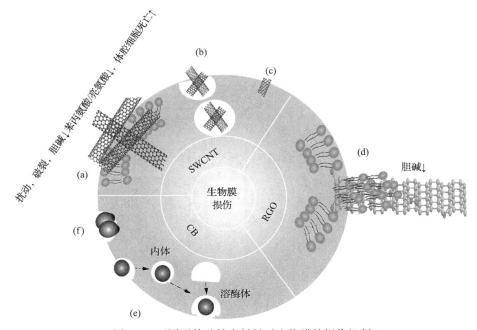

图 8-2　不同形貌碳纳米材料对生物膜的损伤机制

8.1.3　不同碳纳米材料对蚯蚓氧化应激的影响

大量研究表明纳米材料可能会导致生物组织和细胞发生氧化应激。氧化应激是目前发展最为成熟,学术界认可度最高的机理范式。整体上,氧化应激可以来自两种途径:活性氧(ROS)诱导和非 ROS 诱导途径[32]。前者主要诱导细胞内活性氧的过量积累从而氧化细胞,后者在没有活性氧的情况下损伤或氧化细胞组分或结构。

为检测三种 CNs 通过 ROS 诱导途径对细胞存活的影响机理，本研究进一步利用荧光染料 DCFH-DA（2′,7′-二氯荧光黄双乙酸盐）试验捕捉细胞内的活性氧。其原理为：DCFH-DA 可以自由进出细胞并被细胞内的酯酶水解为 DCFH，当细胞内存在活性氧时，DCFH 被氧化为发出强绿色荧光的 DCF，荧光强度在 λ_{Ex}=500 nm 左右，λ_{Em}=525 nm 左右有最大波峰，且强度与活性氧水平成正比[34,35]。

首先，为排除 CNs 本身与 DCFH-DA 作用产生的正向荧光信号，单独测试了 CNs 荧光探针反应的二维荧光光谱，如图 8-3（a）所示，浓度为 10 mg/L，固定 λ_{Em}=525 nm 时，在 λ_{Ex}=500 nm 具有荧光峰，荧光强度 RGO＞CB＞SWCNT，表明 RGO 氧化能力最强，可以少量氧化 DCFH 为 DCF[35]。需要注意的是在 λ_{Ex}=525 nm 处具有很强的瑞利散射峰（λ_{Ex}=λ_{Em}），为颗粒运动散射产生。其次，由于体腔细胞的油细胞（eleocytes/chloragoen）的黄色小体（chloragosomes）中存在核黄素等荧光物质，因而可能会对活性氧测试产生干扰[36]。为了弄清体腔细胞能否干扰活性氧测试，对体腔细胞产生自荧光进行了测试。通过三维荧光扫描发现［图 8-3（b）］，最大自荧光产生于 λ_{Ex}=450 nm 左右、λ_{Em}=525 nm 左右，与 Homa 等的结果一致[36]。而在 DCF 最佳激发和发射波长交叉处，荧光信号较弱，说明细胞自荧光对活性氧荧光干扰较小。

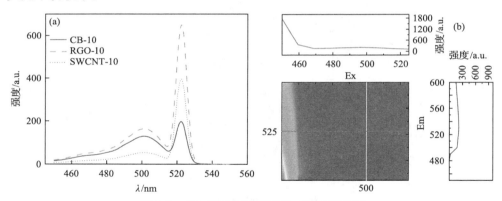

图 8-3　CNs 荧光探针反应的二维荧光光谱

（a）DCFH-DA 与 10 mg/L CNs 单独作用的二维荧光曲线（λ_{Em}=525 nm，λ_{Ex}：450～550 nm）；
（b）体腔细胞自荧光三维光谱图（λ_{Ex}：450～525 nm，λ_{Em}：450～600 nm）

图 8-4（a）是 10 mg/L CNs 诱导体腔细胞产生的活性氧诱导荧光信号。由图可知，在 λ_{Ex}=450 nm 处，RGO、CB 诱导产生的荧光信号与阳性对照和阴性对照无差距，而 SWCNT 处理组产生了强烈的荧光信号，说明此时诱导产生了较多的活性氧。图 8-4（b）是不同浓度时 CNs 诱导产生活性氧相对定量结果。可见，只有 SWCNT 在 1 mg/L 和 10 mg/L 时导致了细胞活性氧的剧增；并且 SWCNT 诱导细胞产生的活性氧来氧化 DCFH 产生的荧光强度远大于自身氧化 DCFH 产生的荧光强度。因此可以判断 SWCNT 可以造成细胞 ROS 诱导的氧化应激。究其原因可能

是 SWCNT 含有较多的铁杂质参与活性氧产生[图 8-5(a)]；而且在低浓度时 SWCNT 不易团聚，小尺寸部分可以进入细胞内扰动线粒体通透转换(PT)孔，改变线粒体膜电位[8,19][图 8-5(b)]。活性氧是由重金属参与产生，还是 CNs 对线粒体功能破坏产生，还需更深入的研究。在高浓度时(100 mg/L SWCNT 处理没有检测到明显的荧光信号，这可能与高浓度时碳有机结构造成的荧光淬灭及细胞大量死亡有关，在下一步的研究中需要加以注意。通过活性氧测定结果，我们不难发现 SWCNT 会诱导蚯蚓抗氧化酶活性升高(图 5-1)，导致蚯蚓体腔细胞死亡的原因(图 5-3)。

RGO 没有明显诱导产生活性氧，但它仍促进了 SOD 和 CAT 活性升高，这可能是 RGO 通过非 ROS 诱导途径导致的氧化应激反应。研究表明，RGO 比 GO 有更强的导电性，RGO 可以作为电子泵将细胞内的电子转移到自身结构中，直接氧化细胞膜；并且 RGO 可以在绝缘脂双分子层上架起传导桥，诱导电子从细胞内成分向外界环境转移[图 8-5(c)]。因此推测这种特殊的电子转移机制使其对蚯蚓氨基酸代谢的影响表现出 CB 和 SWCNT 不同的模式。

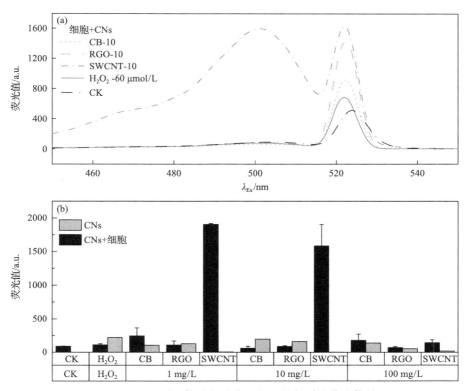

图 8-4　CNs 诱导体腔细胞产生的活性氧诱导荧光信号

(a)体腔细胞暴露于 10 mg/L 不同 CNs 6 h 后的二维荧光曲线(λ_{Em}=525 nm，λ_{Ex}：450～550 nm)；

(b)不同浓度 CNs 处理细胞后及其 CNs 本身产生的定量荧光强度(λ_{Em}：525 nm，λ_{Ex}=500 nm)

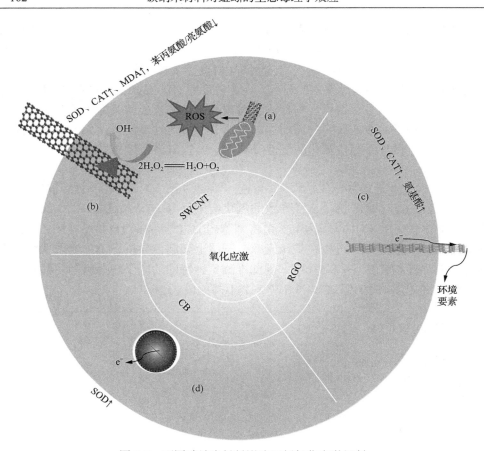

图 8-5　不同碳纳米材料影响蚯蚓氧化应激机制

　　CB 在三种 CNs 中诱导氧化应激的毒性最小,但它在一定浓度时通过滤纸接触仍可提高蚯蚓组织的 SOD 活性。这可能是因为 CB 表面有一定的缺陷引发的 [图 8-5(d)]。值得注意的是表面缺陷也没有明显诱导活性氧积累,推测也可能与电子传导过程有关。

　　以上结果和分析表明,SWCNT 导致的氧化应激主要是 ROS 诱导反应引起的;RGO 造成氧化应激是非 ROS 诱导的电子转移引起的,CB 造成的 SOD 酶活性升高可能是表面缺陷造成的。

8.2　表面改性纳米炭黑对蚯蚓毒理效应机理

　　由于纳米炭黑(CB)和表面改性纳米炭黑(MCB)在土壤中的添加量(1.5%)大,因而对蚯蚓的影响差异可能存在两个方面:一方面是材料与蚯蚓接触产生的直接影响，另一方面大量的材料通过改变土壤性质间接影响蚯蚓的生活习性。

8.2.1　纳米炭黑(CB)和表面改性纳米炭黑(MCB)对蚯蚓的直接影响机理

纳米材料与生物组织直接作用是纳米材料造成生物损伤的主要原因。本研究中采用滤纸接触试验、体外试验和土壤培养试验等多种模拟直接暴露场景测定的各种生物指标的结果趋于一致，即纳米炭黑改性后毒性大于未改性，这说明纳米材料本身的影响是其产生毒性的内在机制。

（1）CB 与 MCB 的差异

MCB 的毒性大于 CB 主要取决于两者表面性质的差异，本研究第 4 章对 CB 和 MCB 进行表征和鉴定并与刘玉真[37]的研究作对比（表 8-1）。结果发现本研究中 MCB 比表面积略有下降而刘玉真的研究中比表面积增加。这可能是由原材料的差异导致。注意到 MCB 孔径增大，这表明小孔含量减少，这可能也解释了本研究比表面积降低的原因：孔结构破坏。不过，进一步分析发现经酸改性后，两个研究的共同点是 CB 和 MCB 最根本的区别在于：MCB 表面含氧官能团增加、Zeta 电位降低。经酶活性、彗星试验、综合标志响应指标分析表明，MCB 的毒性显著大于 CB，证实了我们在 8.1.1 节中的推测，在实际环境中表面含氧量和 Zeta 电位可能是碳纳米材料对蚯蚓毒理影响的主要因素。MCB 毒性增大的具体机制已在 8.1.1 节讨论，不再赘述。

表 8-1　CB 与 MCB 表面性质差异

处理	比表面积/(m^2/g)		I_D/I_G	孔体积/(cm^3/g)	孔径/nm	O 含量/wt%	羧基/$(mmol/g)$		酚羟基/$(mmol/g)$		内酯基/$(mmol/g)$
	a	b		b	b	a	a	b	a	b	b
CB	635.96	750.47	1.48 ± 0.07	0.029	3.325	3.37 ± 1.46	—	—	—	0.489	0.132
MCB	603.38	956.88	$1.43+0.01$	0.258	9.569	19.97 ± 1.40	增加	0.138	增加	0.825	0.362

a 本研究 CB 购自济南天成炭黑厂（粒径 20~70 nm）；

b 参考自文献[38]，CB 购自济南泰龙橡胶厂（粒径 30~40 nm）。

（2）CB 和 MCB 与蚯蚓的接触

无论是在对照、还是在 CB（未展示）和 MCB 处理土壤中，蚯蚓都能钻掘、咀嚼消化土壤[图 8-6(a)和(b)]，在培养后的蚯蚓肠道内容物中，可以观察到团聚的黑色纳米颗粒[图 8-6(c)]。利用拉曼光谱对蚯蚓组织中黑色物质区域定性分析，发现了 1580 cm^{-1} 附近的碳材料特征峰[图 8-6(d)]。由此推测 CB 和 MCB 可以类似体外培养试验（图 7-6）从蚯蚓肠道进入体内。

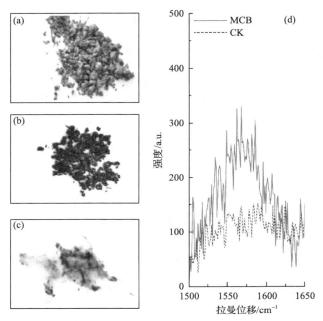

图 8-6　蚯蚓吞吐后土壤团聚体、蚯蚓肠道内容物和蚯蚓组织的拉曼光谱
(a)蚯蚓吞吐后的 CK 组土壤团聚体；(b)蚯蚓吞吐后的 MCB 组土壤团聚体；
(c)MCB 组蚯蚓肠道内容物；(d)MCB 组蚯蚓组织样品拉曼光谱 G 峰

8.2.2　纳米炭黑（CB）和表面改性纳米炭黑（MCB）对蚯蚓的间接影响机理

CB 和 MCB 通过周围环境而对蚯蚓产生间接影响的因素复杂，主要包括以下因素：

（1）pH

由于 CB 和 MCB 分散液的 pH 不同，可能对测试指标产生影响。CB 分散液随测量浓度的变化显示为中性或弱碱性不等；改性后 MCB 分散液为弱酸性。在试验过程中，为评估生产和使用过程中直接进入环境的 CB 或 MCB 的真实效应，且 pH 调节引入的 NaCl 会对蚯蚓生存产生影响，因此未调节分散液的 pH。在滤纸接触试验中，颗粒物以固态沉积形式存在，加入 1 mL 水湿润滤纸溶出的 H^+ 或 OH^- 可忽略。在土壤培养试验中，添加了 CB 和 MCB 的土壤，平衡一周后 pH 分别为 6.79 ± 0.06、6.74 ± 0.06。由于土壤具有阳离子交换和酸碱缓冲能力，与对照相比，添加了 1.5% CB 和 1.5% MCB 的土壤 pH 没有明显变化。体外试验则是在培养液缓冲体系下进行的（pH 为 7.2）。因此，本研究中 pH 不是影响 CB 和 MCB 对蚯蚓毒性差异的主要因素。

(2)土壤水分

蚯蚓体内水分约占体重的 75%~90%，而土壤水分是蚯蚓体内水分的唯一来源，土壤水分对蚯蚓生命活动至关重要[39]。试验开始前，土壤水分含量通过称重法严格控制，各处理组误差不超过 1%。培养结束后对照、CB、MCB 处理组土壤水分含量分别为 22.0%、19.1%、19.2%。土壤水分也不是影响 CB 和 MCB 毒性差异的主要因素。

(3)溶解性有机质(DOM)

纳米材料会与环境中的 DOM 显著相互作用[40]。添加 MCB 会增加总有机碳含量(TOC)但会吸附并减少土壤 DOM 含量[41]，MCB 对 DOM 的作用可能会影响土壤微生态系统，进而如何影响蚯蚓的生理特性需进一步证明。

(4)重金属

MCB 对土壤中重金属的吸附钝化作用比 CB 更强。由于蚯蚓具有吞吐土壤的习性，MCB-重金属一起进入体腔，增加了土壤中重金属对蚯蚓的毒性。因此可以推断，在污染土壤中，只要 MCB 具有吸附该污染物的能力，均有可能增加该污染物对蚯蚓的毒性。本试验中土壤具有一定的重金属背景值，因此这可能是 MCB 比 CB 毒性增加的原因之一。

(5)其他因素

刘玉真等[41]的研究表明，MCB 对褐土的呼吸强度无显著性提高，对土壤细菌数目、土壤速效养分含量起正向作用。

综上所述，CB 和 MCB 对蚯蚓的影响主要是直接作用，而结合毒理学指标的分析结果,改性后 MCB 比 CB 毒性增加的主要机制是负电荷和含氧官能团引起的氧化应激。土壤污染可能是 MCB 对蚯蚓毒理效应的最主要间接因素。

8.3　改性纳米炭黑-Cd 对蚯蚓的联合毒理效应机理

8.3.1　纳米炭黑改性后对 Cd 的吸附特性变化

本研究通过纳米炭黑改性前后对 Cd 的吸附动力学、活化能，吸附等温线等分析，证明 CB 与 MCB 对 Cd 的吸附机制发生了变化。表 8-2 是本研究结合参考文献[43]对 CB 和 MCB 吸附作用结果描述和相关吸附机理。改性前 CB 对 Cd 的吸附能力较低，吸附等温线和吸附动力学趋向于物理吸附过程，反应发生所需活化能较低。CB 对 Cd 离子的吸附主要靠表面能驱动。改性后 MCB 对 Cd 的吸附量增大，吸附等温线和动力学趋向于化学吸附过程，反应所需活化能较高，吸附完成后放出大量热量，使结合物处于低能稳态。一般认为吸附过程存在液膜扩散—颗粒内扩散—吸附反应三个阶段[42]。改性后的 MCB 表面负电势和含氧官能团增加，吸附反应初期 Cd 阳离子在静电作用驱动下进行液膜扩散，由于 MCB 的孔结构遭到破坏，因此很少进行颗粒内扩散，Cd 直接与 MCB 上的—OH、—COOH、C≡O 发生配位、螯合吸附作用。解吸数据进一步证明了这一点：改性前 CB 的水解吸率和 EDTA 解吸率分别为48.07%和22.15%，改性后 MCB 的水解吸率降低，EDTA 解吸率增加了 3.3 倍。通过上述分析可以发现，改性后的 MCB 对 Cd 的吸附能力和吸附稳定性都比 CB 大幅增加。

表 8-2　CB 和 MCB 对 Cd 的吸附机理

实验数据	改性前后的数据变化		结果描述	改性前后对 Cd 吸附机理变化	
	CB	MCB		CB	MCB
Langmuir 等温线 (R^2)	0.954	0.991	改性后多为单分子层吸附改性	单分子或多分子层吸附	单分子层吸附
Freundlich 等温线 (R^2)	0.954	0.958			
Dubinin-Radukevich 等温线 (E)	10.55	15.81	改性后吸附能增加	离子交换化学吸附	离子交换化学吸附
准一级动力学 (R^2)	0.989	0.913	改性后化学吸附为限速步骤	物理吸附为主	化学吸附
准二级动力学 (R^2)	0.989	0.991			
Zeta 电位/mV	10.1±0.55	24.7±2.5	改性后表面负电荷增加	静电吸附	增加对阳离子静电吸附
E_a/(kJ/mol)	17.57[a]	36.6/44.14[a]	改性后吸附活化能增加	物理吸附为主	化学吸附为主
ΔH/(kJ/mol)	—	−98.4	改性后吸附熵变增加	—	化学吸附为主
FTIR	O—H、C≡C	O—H、C≡C、C≡O、C—O、—CNO[a]	改性后含氧官能团增加	螯合作用	对阳离子螯合作用增强
水解吸率 [a]/%	48.07	3.20	改性后 H_2O 的解吸率降低	物理吸附为主	化学吸附为主
EDTA 解吸率 [a]/%	22.51	74.83	改性后螯合解吸率增加	物理吸附为主	化学吸附为主
最大吸附量 q_m[a]/(mg/g)	7.23	18.87	吸附量增大	物理吸附为主	化学吸附为主

a 引自参考文献[43]。

8.3.2　MCB-Cd 相互作用对蚯蚓体腔细胞的联合毒理效应

　　蚯蚓体腔细胞是蚯蚓体腔内流动的免疫细胞，在蚯蚓的新陈代谢和免疫反应中发挥了重要作用，建立了蚯蚓免疫的第一道防御线[44,45]。蚯蚓体腔细胞主要分为三种类型：油细胞或称黄色细胞（主要功能是储存能量，约占细胞总数的 30%）、变形细胞(主要功能是异噬,约占细胞总数的 40%)和粒细胞(主要功能是自噬和异噬,约占细胞总数的 30%)[45]。由于纳米材料、重金属本身均具有生物毒性,两者的相互作用对纳米材料或重金属生物毒性的影响机理十分复杂,目前很少有研究定量说明两者的联合作用类型(相加、独立、拮抗作用、协同作用),弄清两者相互作用的生物毒性对于评估纳米材料能否应用于重金属污染土壤修复至关重要。为了揭示 Cd 和 MCB 对土壤无脊椎动物的联合毒理作用,本研究首次利用蚯蚓体腔细胞来探索重金属-纳米颗粒的体外联合细胞毒性作用,发现 Cd、MCB 和 MCB-Cd 对体腔细胞的主要作用机理如下:

(1)金属硫蛋白对 Cd 的解毒作用,降低了 Cd 对体腔细胞的影响

Cd 通过与细胞中的生物大分子结合而干扰细胞的正常功能[46]。近期少有 Cd 对蚯蚓体腔细胞毒性的报道。一项早期的研究数据显示,$CdCl_2$ 对陆正蚓(*Lumbricus terrestris*)的体腔细胞具有比较低的毒性,在 Cd^{2+} 浓度高达 10^{-4} mol/L(11.2 mg/L)时,细胞存活率仍超过 80%,这一结果与本研究利用 *Eisenia fetida* 蚯蚓体腔细胞获得的 Cd 的 EC_{50} 值一致。不同重金属对体腔细胞存活抑制率不同。根据文献数据,重金属毒性可排序为 Ag^+(EC_{50}=0.14 mg/L)>Hg^{2+}(10^{-4} mol/L 时存活率为 37%)>Cu^{2+}(1 mg/L 存活率 57%)>Cd^{2+}(本研究 EC_{50}=17.67 mg/L)>Pb^{2+}[16,47,48]。不仅体腔细胞对重金属 Cd 有较高的耐受能力,蚯蚓个体对 Cd 的耐受能力也很强[49]。蚯蚓体内金属硫蛋白(MT,例如 wMT-2)可以区隔和解毒 Cd,与体腔连通的肠外表皮的黄色组织在蚯蚓体内具有最高的 MT 表达水平,而流动的体腔细胞是 Cd-MT 复合物靶向位点(图 8-7)[50]。上述依据可以很好地解释 Cd 对体腔细胞的 EC_{50} 相对较高的原因。

(2)MCB 可被体腔细胞吞噬,表面改性是其毒性来源之一

体腔细胞中,变形细胞更多负责吞噬异物,其细胞大小通常为 4.5~8.5 μm,可以吞噬大于 1 μm 的颗粒[48,51]。培养基中 MCB 的 DLS 粒径在变形细胞可以吞噬的颗粒大小范围以内。通过 TEM 分析清楚地看到,即使在 Cd 存在下 MCB 也可以被体腔细胞异噬(图 7-6),因此通过理论和试验同时证明,MCB 确实可以被内化进入蚯蚓细胞。另外本研究中 CB 在 100 mg/L 时细胞存活率为 76.2%,而 MCB 的 EC_{50} 为 94.00 mg/L。因此改性后的 MCB 毒性更大。其具体机制参考本章 8.1.1 节。

(3)材料对 Cd 的吸附,MCB-Cd 可能存在毒理学拮抗作用

尽管在 MCB 的基础上添加 Cd 和在 Cd 的基础上添加 MCB 都会增加彼此的毒性,但是,通过毒性增加判断为协同是个误区,因为当联合毒性增加的程度小于单一化合增加的程度时,就可能代表存在拮抗作用。

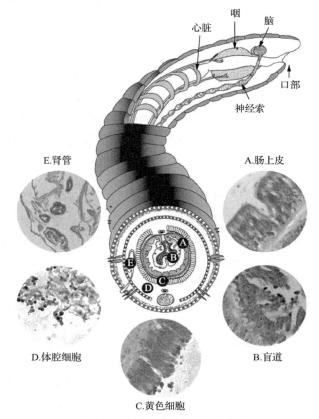

图 8-7　蚯蚓体内的 Cd 转运途径
版权许可引用文献版权所有 2004 年美国化学学会

①MCB-Cd 紧密结合形成"新的化合物"，降低了 Cd 的生物毒性

既然 CB 经酸表面改性后，对 Cd 的吸附由物理吸附变为以化学吸附为主，那么 MCB 对 Cd 的吸附能力大大增强，吸附牢固，暂且将 MCB-Cd 视为"新的化合物"。对 Cd 而言，这种固相结合态的毒性低于水溶态毒性（钝化效应）。在我们的研究中发现，在 Cd 浓度为 0～1 mg/L 和 5～10 mg/L 时，添加 50 mg/L 的 MCB 存活率下降幅度低于对照，以及在 0～1 mg/L 时，1～10 mg/L 的 MCB 没有显著增加死亡率（图 7-2），这可能说明 MCB 和 Cd 存在拮抗交互作用。

②Cd 的吸附改变 MCB 的表面性质，从而降低 MCB 的生物毒性

MCB 对 Cd 的吸附占据或消耗了 MCB 的吸附点位，中和了 MCB 表面负电荷，降低了 MCB 胶体的稳定性[40]。Gao 等研究发现各种重金属会改变 GO 的表面性质，从而改变胶体的稳定性，因此降低其对细菌的毒性[52]。本研究表明 Cd 吸附在 MCB 表面后，MCB 的 Zeta 电位由 24.7 mV±1.5 mV 升高到–15.5 mV±1.5 mV，因此颗粒间的静电斥力降低，胶体稳定性下降。这可能是 MCB 浓度在 10～50 mg/L

时,添加 1~10 mg/L Cd 细胞存活率降低的幅度低于不添加 Cd 的对照的原因;也可能是在 TU<1 的情况下,MCB 和 Cd 产生拮抗作用的原因。

(4)化学吸附作用下,MCB-Cd 可能存在的毒理学协同作用机制

尽管 MCB 可以牢固地钝化 Cd,但是纳米材料对重金属的影响存在"特洛伊木马"效应,即纳米颗粒也可以作为载体协助共存污染物运输到细胞或组织中[53,54]。这些增加的表面重金属在细胞内或发生催化反应,或在生物分子的竞争螯合下释放出来,增加生物毒性。

表 8-3 总结了 10 项近期有关碳纳米材料和重金属联合毒性的研究,发现其中有 7 项研究表明碳纳米材料不管本身是否有毒都会增强重金属的毒性(或产生协同作用),这与碳纳米材料对重金属的吸附能力及纳米材料能否被细胞或生物体吸收密切相关。而少数纳米材料和重金属毒性相互抑制的结果也反证了这一点:Gao 等研究指出 GO 抑制了重金属的毒性,原因之一是复合物足够大,不能被细菌吸收[52];Hu 等研究表明 GO 可以吸附 Cu,降低 Cu 的生物有效性和毒性,并通过 MIXTOX 模型计算得到 GO 和 Cu^{2+} 之间存在拮抗作用,并且指出 GO 主要吸附在细胞壁上,可能不会进入藻类的细胞内[55]。这两项研究的共同点是纳米材料强吸附重金属,但纳米材料不能携载重金属进入细胞积累,因此产生了上面 3.所述的拮抗而不是协同作用。

表 8-3　碳纳米材料吸附和转运重金属对联合毒性的影响

CNs[a]	TEM 粒径	DLS	重金属	受试生物	吸附能力	是否被吸收	联合作用	参考文献
CB	D: 14 nm	D: 95 nm	Cd^{2+}, Ni^{2+} Cu^{2+}, Cr^{3+}	RAW264.7 细胞	强吸附 Ni^{2+},Ni^{2+}> Cr^{3+}>Cu^{2+}>Cd^{2+}	是	协同	[37]
C_{60}	—	D: 98 nm	Cu^{2+}	大型蚤 (*Daphnia magna*)	快速显著	是	增强	[56]
GO	—	L: 20 mm	Cd^{2+}, Co^{2+} Zn^{2+}	细菌	MAC: 1.111 mmol/g、 1.043 mmol/g、 0.936 mmol/g	否	减小	[52]
GO	—	L: 588 nm	Cd^{2+}	铜绿微囊藻 (*Microcystis aeruginosa*)	MAC: 57.94 mg/g	是	低浓度时增强	[31]
GO	1~10 μm	—	Cu^{2+}	斜生栅藻 (*Scenedesmus obliquus*)	显著减少基质中 Cu^{2+}	可能不	拮抗	[55]
SWCNT	L: ~μm D: 2 nm	—	Cu^{2+}	大型蚤 (*Daphnia magna*)	不详	可能是	加和	[57]

CNs[a]	TEM 粒径	DLS	重金属	受试生物	吸附能力	是否被吸收	联合作用	参考文献
MWCNTs	OD：20~40 nm L：~μm	—	Cd²⁺	鲫鱼 (Carassius auratus)	MAC：32.89 mg/g	可能是	增加	[53]
MWCNTs	OD：36 nm L：12 μm、4 μm、4 μm		Zn²⁺	鲫鱼 (Carassius auratus)	不详	不详	可能协同	[58]
SWCNT MWCNTs	OD：2 nm、36 nm、36 nm、36 nm L：12 μm、12 μm、4 μm、4 μm		Cd²⁺	大型蚤 (Daphnia magna)	MAC：1.891 mg/g、0.595 mg/g、30.52 mg/g、24.93 mg/g	是	增强	[25]
CNTs	L：10~30 μm OD：10~20 nm		Cd²⁺	大型蚤 (Daphnia magna)	低（<0.2 mg/g）	是	减少	[59]

a SWCNT：单壁碳纳米管；MWCNTs：多壁碳纳米管；GO：氧化石墨烯；CNTs：碳纳米管；D：平均直径；OD：平均外径；L：平均长度；MAC：最大吸附量。

因此，在 MCB 强吸附 Cd 且 MCB-Cd 复合物牢固结合的情况下，MCB-Cd 就可能加速 Cd 转运至体腔细胞内，引发一系列毒副反应，导致协同毒性作用。

(5)体腔细胞吞噬作用支持下的 MCB-Cd 剂量依赖拮抗-协同转换

吞噬细胞在清除导致细胞因子释放和细胞死亡的纳米颗粒中扮演者清道夫的作用。吞噬作用吸收和溶酶体外排之间的平衡使得胞内纳米颗粒处于可忍受的水平[54]。不考虑 MCB 和 Cd 的交互作用，低浓度的 Cd 会显著抑制细胞对纳米颗粒的吞噬和胞吐，对细胞死亡威胁很小[48,54]。但是当 Cd 在低剂量水平下与 MCB 发生吸附作用时，由于 Cd 的生物有效性降低而对变形细胞的胞外扰动减少，图 7-7(a) 中细胞内游离 Cd²⁺含量降低（被认为是反应活性最高的形态）证明了这一点。这时吞噬小体可处理少量胞内 MCB-Cd [图 7-6(b)]，游离 Cd²⁺或 MCB 可以与金属硫蛋白（MT 结合）或被溶酶体清除[37,50,54]。虽然此时已经有损伤发生，但阿米巴样变形细胞仍在耐受范围内。非吞噬体腔细胞（例如油细胞）得益于吞噬细胞的功能而存活。MCB 和 Cd 对各种类型的体腔细胞的毒性整体上表现为拮抗作用。当 Cd 与 MCB 浓度高时，MCB-Cd 复合物在变形细胞中大量聚集 [图 7-6(c)]，导致严重的自噬和溶酶体功能障碍[37]。胞内异物不能及时排出胞外，不仅直接激活炎症和凋亡途径，而且还会增加生物大分子从 MCB 表面配位螯合 Cd 的概率[MCB 增加了胞内游离 Cd²⁺含量，图 7-7(b)]，造成相当大的线粒体和核膜损伤[图 7-6(c)]。功能障碍的吞噬细胞不能保护非吞噬细胞，MCB 和 Cd 的体腔细胞毒性整体上显示出协同作用。

综上所述，本章在数据支持下阐明了 MCB-Cd 对体腔细胞的拮抗、协同，及拮抗-协同转换机制。但是，由于污染物从环境介质到生物体靶作用位点，要经历很长的迁移转化路径。因此从体外模拟实验到真实环境下的结果还可能存在一定误差。在未来，土壤介质中的更多剂量浓度和剂量比组合的暴露及多种污染物的共同暴露仍需开展。另外，模型更强调数学内涵，从目前的数据给出完全的拮抗-协同机制还是不充足的，因此从基因和蛋白质分子水平上的毒理学响应和调控机制尚需深入探究。

8.3.3　土壤中 MCB-Cd 对蚯蚓的联合毒理效应

（1）土壤中 Cd 对蚯蚓的毒理效应

土壤中 Cd 的生物有效性已有大量的研究。Cd 在土壤中主要以水溶态、离子交换态、碳酸盐结合态、铁锰氧化物结合态、有机质和硫化物结合态、残渣态等形式存在。水溶态、离子交换态、碳酸盐结合态是生物有效态[60,61]，受土壤 pH、有机质含量、黏粒含量、植被类型、耕作措施等的影响[60]。

Cd 对蚯蚓的生物毒性研究已很完备。滤纸接触试验得到的 $Cd(NO_3)_2$ 对赤子爱胜蚓的半致死浓度（LC_{50}）约为 10 $\mu g/cm^2$，人工土壤介质中为 374 mg/kg[47]；草甸棕壤中 $CdCl_2$ 的 LC_{50} 为 900 mg/kg[62]。本研究中土壤 Cd 背景浓度（0.28 mg/kg）和 Cd 处理浓度（5.31 mg/kg）远低于致死剂量，受试蚯蚓没有出现显著性死亡。有研究表明土壤中 Cd 含量为 1.8 mg/kg 时，蚯蚓的抗氧化酶（超氧化物歧化酶和CAT）、Ⅰ相酶（细胞色素 P450）、Ⅱ相酶（谷胱甘肽转硫酶）在 8 周的培养时间里均稳定在较低水平[63]。而土壤中 Cd 含量在 4.22 mg/kg 时，会在第 3 周、4 周显著增加细胞色素 P450 含量，6 周、8 周显著增加 CAT 酶活性[63]。本研究土壤中 Cd 含量为 5.31 mg/kg，在 4 周时 CAT 酶活性也显著升高［图 7-11（b）］；LDH 酶活性显著增加［图 7-11（c）］，这可能是因为 Cd 与细胞膜受体蛋白结合，改变膜通透性和溶酶体内物质的分泌有关[54]。培养 4 周，蚯蚓体内 Cd 显著积累，降低了 GSH/GSSG 值（图 7-10），说明添加 5.31 mg/kg 的 Cd 对蚯蚓体内氧化还原平衡产生一定的影响。

（2）土壤中 MCB 和 Cd 对蚯蚓的毒理效应

本研究在滤纸接触试验中采用两种暴露方法，即 MCB、Cd 分别添加（MBC+Cd）和 MBC 对 Cd 吸附结合后添加（MCB-Cd），发现两种处理之间的毒性数据没有差异（$P > 0.05$）。在本书第 6 章研究中，向 5 mg/kg Cd 污染土壤中添加 1.5% 的 MBC，模拟将 MCB 应用于 Cd 污染土壤修复的情景（MCB+Cd），结果显示：MCB+Cd 处理组的蚯蚓存活率比 Cd 处理组显著降低，MCB+Cd 处理对蚯蚓生化指标的影响除 CAT 酶活性外与 Cd 处理无明显差异。但是添加 MCB 显著降低了土壤中有效态 Cd 的含量（表 7-5），但没有降低蚯蚓对 Cd 的吸收。蚯蚓具有吞吐土壤的习性, 一只健康的蚯蚓每克体重一天能翻转 200～300mg 土壤[64]。所以在 Cd 污染土壤中添加 MCB 对蚯蚓的毒理效应主要发生在体内吸收, 而不是体外接触。

①MCB 与 Cd 共迁移机制: MCB 进入 Cd 污染土壤后, 对 Cd 的吸附作用, 降低了土壤中 Cd 的有效态含量, 土壤中 Cd 总量未发生改变。由于 MCB 是纳米级粒径, 利于蚯蚓吞吐, 所以 MCB 吸附 Cd 一起进入蚯蚓体内。表现出与 Cd 相似的毒理效应。MCB 会负载 Cd 进入蚯蚓体内, 已在第 6 章 TEM 和本章拉曼光谱研究中证实。

②蚯蚓对 Cd 的活化机制: 蚯蚓吞吐土壤, 对土壤中重金属的活化已得到证实(图 8-8)。蚯蚓肠道内分泌出大量多糖、氨基酸等小分子有机质[65,66], 通过络合/螯合作用推动了 Cd 的活化[67]。在 Cd 污染土壤中和 Cd 污染土壤添加 MCB 的处理中, 蚯蚓体内 Cd 含量没有显著差异是一个间接证明。成杰民等研究表明蚯蚓粪中重金属有效态含量高于土壤中也是一个间接的证明[66]。所以在蚯蚓肠腔内没有表现出 Cd 的固相结合态毒理效应低于溶解态。

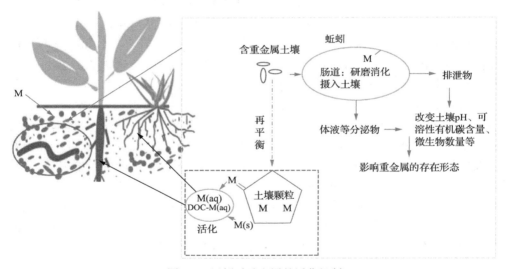

图 8-8　蚯蚓对重金属的活化机制

纳米材料应用于重金属污染土壤钝化修复领域是当前的研究热点。绝大多数研究都证实了纳米材料对重金属有较好的吸附性能, 可以显著降低土壤中重金属有效态含量, 减少重金属向植物可食部迁移, 保障食品安全。但是我们的研究显示: 由于纳米材料的纳米级粒径、形貌结构、表面特性等, 本身具有一定的生物毒理效应, 尤其钝化吸附土壤中重金属后, 没有显著降低重金属对蚯蚓的毒性效应。纳米材料应用于重金属污染土壤钝化修复时, 对蚯蚓的生态风险较大。因此, 建议重金属污染土壤钝化修复时, 慎用纳米级钝化剂。

8.4 MCB 对细胞毒性机理初探

在所有纳米材料(NMs)毒性的一般机制中,细胞膜损伤是一个重要的范例。细胞膜是细胞内结构和细胞外环境之间的屏障。纳米颗粒只有与细胞膜接触后,才能直接对细胞膜造成物理损伤或通过生化反应间接导致细胞内毒性。因此,全面了解磷脂膜与纳米颗粒之间的相互作用机制是解释 NMs 毒性的关键。许多研究致力于揭示 NMs 诱导破坏磷脂膜和跨质膜转移的生物物理过程,这些方法包括体外细胞培养[68-70]、抗菌试验[71-74]、计算机分子动力学模拟[74,75]以及这些方法的组合。然而,当使用活细胞时,不易观察到纳米-生物界面相互作用的动态过程,纳米颗粒出现在膜上的概率相对较小。由磷脂自组装形成的封闭双层膜组成的巨大单层小泡(GUVs)可作为 NMs 膜损伤靶向研究的替代物。有人提出,由于静电吸引和氢键相互作用,SiO_2 纳米颗粒倾向于破坏带相反电荷的 GUVs[76]。大气细颗粒黏附在阳离子位置并破坏 GUVs 膜,主要取决于颗粒物在模拟肺液中的分散及其表面氧化基团[77]。对于碳基纳米材料而言,带负电荷的多壁碳纳米管(MWCNTs)能以正电荷穿透并破坏 GUVs,以负电荷从 GUVs 中提取少量磷脂而不破坏 GUVs。表面缺陷(如悬挂的碳键)加剧了碳纳米管与膜的相互作用[78]。

8.4.1 CB 和 MCB 对 GUV+ 和 GUV− 的影响

有研究表明多数纳米材料和 GUVs 之间的作用是静电引力造成的,本研究选用的 CB 和 MCB 表面均带有负电荷,因此本研究仅从静电作用这一角度,分别使 GUV+ 和 GUV− 暴露在 CB 和 MCB 分散液中,观察 GUVs 的形态变化(图 8-9)。

图 8-9 显示低浓度 CB 和 MCB 对不同电荷 GUVs 的影响。CB 和 MCB 对带正电荷 GUV+ 的作用比较明显,而对带负电荷的 GUV− 的作用不明显。带正电荷的 GUV+ 在暴露于 CB 分散液 4 h 后,相同视野下囊泡数量减少,囊泡破裂,CB 分散液团聚,视野中出现磷脂碎片且剩余囊泡外壁不圆滑;MCB 分散液也对囊泡起到了相同的破坏作用,但 MCB 分散液比前者破坏力更强。而带负电的 GUV− 在碳分散液中暴露 12 h 后仍能保持囊泡外壁的完整性,视野中囊泡的数量没有明显变化,没有出现磷脂碎片,并且囊泡外壁没有碳的包裹。NMs 的质子化氧化官能团和磷脂的磷酸基之间可以形成氢键,并增强 NPs 在 GUVs 表面的黏附[78,79]。GUV+ 中二油酰基磷脂酰胆碱(DOPC)的键合电场环境比 GUV+ 中二油酰基磷脂酰甘油(DOPG)的键合电场环境好。脂质的头基控制着氧化石墨烯(GO)和脂质之间的相互作用和方向,这些脂质以—COO—插入带正电荷的脂质中,而不是以"边缘"方向插入带负电荷的脂质[80]。有研究表明,阴离子纳米颗粒严重影响两性离子脂质的流动性,但含有阳离子纳米颗粒的脂质体样品仍然是流体[81]。两性离子 DOPC 中的 P−—N+(磷-氮)偶极子[图 8-10(b)]几乎平行于局部双层平面,在液相中的

平均角度为 0°～3°[81]。阴离子 NPs 通过提高头基的倾斜角强烈地以静电结合到以 N^+终止的头基[图 8-10(a)，(c)]，但是阳离子 NPs 较弱地吸附到 P-端基[图 8-10(a)，(b)]，因为理论上空间位阻削弱了 P^-和阳离子 NPs 之间的静电力[81]。我们相信，与两性离子脂质相比，阴离子 CB 与带电 GUV^+和 GUV^-的静电相互作用将得到进一步的增强和抑制。

对照
CB
MCB
GUV+
GUV−
50 μm

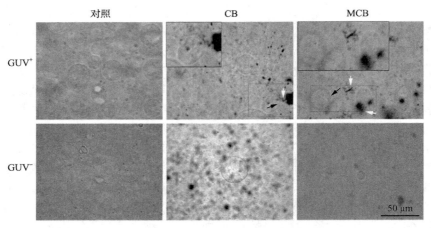

图 8-9　低浓度 CB 和 MCB 混悬液中 GUV^+暴露 1 h 和 GUV^-暴露 12 h 的显微图像*

插入框区域的放大视图；红色线表示完整的脂质双层；黑色箭头表示变形的 GUVs；白色箭头标记的磷脂片段

＊扫描封底二维码见本图彩图

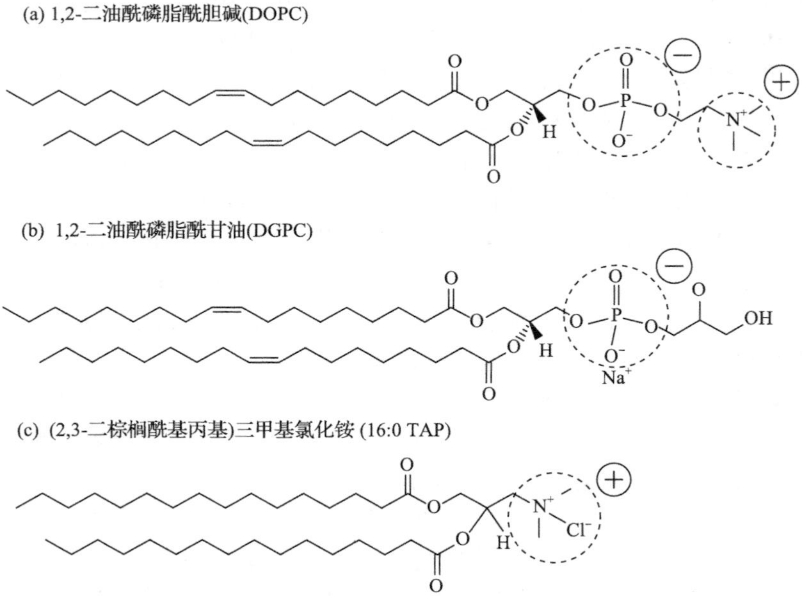

(a) 1,2-二油酰磷脂酰胆碱(DOPC)
(b) 1,2-二油酰磷脂酰甘油(DGPC)
(c) (2,3-二棕榈酰基丙基)三甲基氯化铵 (16:0 TAP)
O
H
P
N+
Na+
OH
Cl−

图 8-10　具有零电荷(a)、负电荷(b)和正电荷(c)的磷脂的化学结构图

　　详细地说，与对照组相比，暴露于 CB 1 h 后，相同视野中圆形 GUV$^+$的数量减少。囊泡变形（图 8-9 中的黑色箭头），一些磷脂被疏水纳米颗粒萃取（图 8-9 中的白色箭头）。当生物膜暴露于石墨烯纳米片[74]和多壁碳纳米管[78]时，这种萃取是一种典型的破坏机制。暴露于 MCB 后，GUV$^+$轮廓变得不光滑，GUV$^+$出现凹陷或不连续。MCB 似乎在攻击 GUV$^+$的一个特定"点"，但这是否是阳离子点，例如 N$^+$还有待证明。

　　与 CB 相比，MCB 对 GUV$^+$造成了更大的损伤。这是由于 MCB 比 CB 具有更强的负电荷强度和较低的 DH。SSA 是与 NPs 毒性相关的决定因素[82]，但在本研究中 MCB 的 SSA 略低，不占主导地位。纳米颗粒与脂质体之间的电位差驱动纳米颗粒向其表面电泳并与头部结合。DH 可确定 NPs 与双电层相互作用和转化的方式。

8.4.2　不同浓度 CB 和 MCB 对 GUV$^+$的影响

　　由上可知，CB 和 MCB 对 GUV$^-$的影响较小，因此下面仅探讨 CB 和 MCB 对阳离子囊泡（GUV$^+$）的浓度效应。根据碰撞理论，高浓度意味着更多的粒子活性和与膜接触的机会，换句话说，更高的毒性。在低浓度 CB 悬浮液中，GUV$^+$的轮廓仍然完整和清晰，暴露 10 分钟后，只有少量纳米颗粒吸附在 GUV$^+$外面［图 8-11（a），10min]。与低浓度处理相比，在中等浓度的碳悬浮液中，更多的黑色纳米颗粒黏附在 GUV$^+$上（图 8-11），但尚未发生明显的损伤。当浓度继续升高时，大量 CB 聚集在 GUV$^+$周围。在 CB 处理中［图 8-11（a），高]，GUV$^+$显示出尾状突起。如果双层膜的外小叶和内小叶之间发生不匹配，GUV$^+$会调整其形状并减小其曲率，以最小化膜的自由能[70,78]。这证明 CB 附着在碳骨架上并从外层提取脂质分子［图 8-12（a），ii]。更严重的是，提取的磷脂覆盖在 CB 上，少量的脂质在没有能量的情况下自发地包裹在 GUV$^+$中，形成了 CB 和 GUV$^+$混合的混沌状态［图 8-12（a），iii]。与遍布囊泡的 CB 不同［图 8-12（a），i]，MCB 倾向于集中在 GUV$^+$的某一点［图 8-12（b），i]，并诱导两个囊泡的融合［图 8-12（b），v]。MCB 作为一种多齿配体，通过—COOH 或—OH 与磷脂头部的磷酸基团形成氢键或 C—O—P 桥键，负电荷的纳米颗粒与正电荷的磷脂 N$^+$之间的静电吸引加速了这一过程。这在 CB 或带负电荷的脂质（DGPC）中是不存在的。MCB 提取的 GUV$^+$内陷和髓鞘样磷脂片段也被发现。膜凹陷可能与 MCB 的跨膜过程有关［图 8-12（b），iii]，CB 组未观察到这种现象。需要能量将 NMs 内吞到真实细胞（如红细胞）中的最佳粒径为 25～30 nm，由受体诱导的内吞作用，细胞对粒径的耐受性更强。例如网格蛋白介导的内吞作用通常为 100 nm，小窝诱导的内吞作用为 50～80 nm[75]。当黏附能量足够强时，可以发生不依赖于网格蛋白和小窝蛋白的 RAFT 介导途径[83]。MCB 的内吞类似途径（初生粒径～40 nm，DH～300 nm）可能存在于与模型膜

(25～100 μm)的相互作用过程中[84]。荧光标记的纳米颗粒可能需要在未来证实类似内吞作用的过程。尽管碳纳米管的跨膜途径尚不清楚，但科学家们对其他碳纳米管的膜界面过程有了深入的了解，并将其应用于合成细胞、药物传递、生物传感器等领域，直径为 1.51 nm 的碳纳米管几乎垂直(倾斜小于 15°)插入直径为 200 nm 的 DOPC 囊泡，并横跨两个膜小叶[85]。基于 TEM 数据的细胞摄取模型表明，单个 MWCNTs 通过直接膜渗透进入细胞，而束状 MWCNTs 通过内吞作用进入细胞[68]。石墨烯胶束(被脂类覆盖的石墨烯单层)可以自插入磷脂膜内部，形成一个三明治式的上层结构[86]。尽管细胞摄取 NMs 并不一定意味着损伤效应，但这些加深了对 CB 生物膜效应的认识[82,87]。

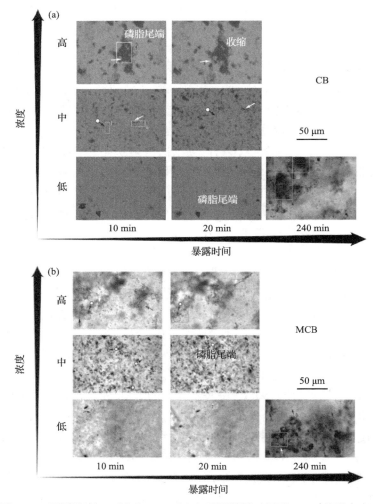

图 8-11　不同浓度 CB(a)和 MCB(b)在不同暴露时间下 GUV+的形态变化
黑色箭头表示变形的 GUVs；白色箭头标记纳米颗粒提取的磷脂片段；带圆圈的箭头表示纳米颗粒覆盖囊泡

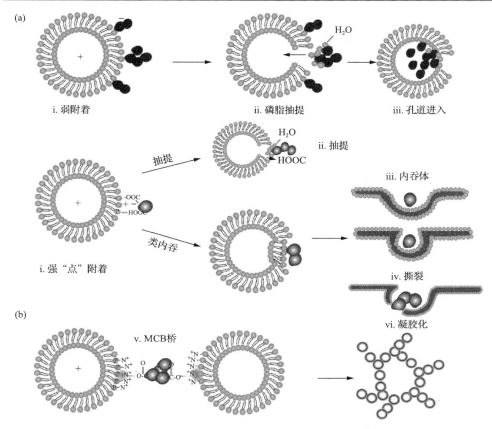

图 8-12 CB 和 MCB 对细胞膜的作用示意图*
(a)从 i 到 iii 的右侧和(b)从 i 到 vi 的下方是选择性框区域的建模(橙色珠子和棕色线、
脂质的头部和尾部；黑色球、纳米颗粒)
*扫描封底二维码见本图彩图

　　纳米颗粒(如 CB)的总表面积和总浓度的暴露指标均显示出与其产生的健康影响具有良好的相关性[88]。当颗粒物浓度增加时，不仅会造成直接的膜损伤，还会造成气道阻塞[89]。但是先前关于膜损伤的研究没有充分暴露浓度梯度设置，这可能导致对所选 NMs 危害的过度关注或低估关注[70,77,78]。虽然研究中 CB 所用剂量远高于环境浓度，但不能无视 CB 高剂量暴露的特殊环境，如当前应用于污染环境修复的 CB 剂量往往高于 1%。

8.4.3 不同暴露时间 CB 和 MCB 对 GUV$^+$的影响

　　随着暴露时间的延长，CB 对膜的影响开始出现且逐渐加重。在低浓度下，暴露前 20 分钟的 GUV$^+$保持完整，但当暴露时间增加到 240 分钟时，囊泡充满 CB[图 8-12(a)，iii]。合并的 CB 脂质提取物可在提取后通过孔进入 GUV$^+$。MCB 介导的封闭 GUV$^+$ 的融合导致脂质体的凝胶化[图 8-12(b)，iii]。当 GUV$^+$ 暴露在阴离子 SiO$_2$ 中时，也发现了膜的凝胶化[76]。导致膜凝胶化的原因是带负电的 CB 与磷脂的 Si—OH 和 O—P 基团之间的氢键和 N$^+$ 末端之间的静电吸引，这将 P$^-$—N$^+$ 偶极子的倾斜角提高到约 30°，从而增加脂质密度[76]。在中等浓度下，暴露 20 min 后，CB 在细胞膜上的黏附量增加，脂质分子沿 CB 方向爬出的时间超过 10 min（图 8-12，ii）。在高浓度下，暴露 20 min 后，质膜的紊乱加剧。低浓度 CB 和中浓度 MCB 暴露 20 min 后出现尾型 GUV$^+$。高浓度 CB 组变形 GUV$^+$ 在 20 min 后进一步收缩，低浓度 MCB 组也有此现象。磷脂的提取减少了 GUVs 的数量，减小了 GUVs 的体积以适应这种变化。渗透效应是 GUVs 形状变化的另一个原因，因为 CB 的加入占据了溶剂的空间，增加了介质中的渗透压。GUV$^+$ 内部水排出导致了 GUV$^+$ 新的平衡形态。相反的结果显示，当添加 CB 时，GUV$^+$ 会调整其形状，甚至爆裂[70]。

纳米生物界面上的反应需要一定的反应时间才能遵循动力学过程。CB 对模拟膜的损伤效应随时间变化的规律提醒我们有必要关注暴露后生物体的长期健康影响。

8.4.4　CB 和 MCB 对 GUV$^+$ 的作用机制

组成 GUVs 的磷脂由一个疏水尾部和一个带电荷的亲水头部组成。首先，在静电相互作用、疏水相互作用和脂质的强烈范德瓦耳斯力吸引作用下，整体疏水性 CB 向整体疏水性生物膜表面聚集（图 8-12，i）。MCB 表面极化加速了亲水头的结合过程，增加了化学键形成的可能性。其次，在纳米生物膜界面发生了磷脂提取（图 8-12，ii）和内吞（图 8-12，iii）等生化过程。具体情况取决于与膜接触的非晶态 CB 的大小、位置和取向，例如锐边或钝边位置。Tu 提出的脂质萃取机制很好地解释了石墨烯纳米片作用于生物膜的机制[74]。窄边（厚度约 1 nm）的石墨烯通过 sp^2 区与脂类的分散作用，突破了头部基团的障碍，插入到膜双层中。石墨烯一旦插入磷脂双分子层中，就会停留在磷脂双分子层的疏水区域，形成疏水轨道，使得磷脂的疏水尾部向上爬升。介质中的 H$_2$O 和脂质头基之间的氢键是克服提取的脂质和堆积的脂质之间的静电相互作用（~800 kJ/mol）的驱动力[74]。对于 CB 和 MCB，我们推断触发提取插入到膜中的模式是"点进"，这是由于随机形状的 CB 表面粗糙，而不是石墨烯的边进或 CNT 的穿孔[图 8-12(b)]。除磷脂提取外，当吸附能足够高时，还可能发生类似内吞作用的过程。不同的是，CB 在磷脂充分剥离后被包裹，形成较大的空隙[图 8-12(a)，iii]，而 MCB 由于相对较小的 DH 和较强的结合能而直接通过[图 8-12(b)，iii]。NPs 部分包裹在囊泡内可导致囊泡撕裂[图 8-12(b)，iv][90]。类似地，当囊泡变形和收缩的趋势超过磷脂分子排列的疏水吸引力时，囊泡可以撕裂并产生磷脂碎片[78]。MCB 介导的 GUV$^+$ 凝胶化是本研究的一个重要发现[图 8-12(b)，v]。MCB 将邻近的 GUV$^+$吸引到它的黏附功能群"手"附近，并增加它们的区域密度。最后，当暴露时间和浓度达到一定值时，脂类萃取、形状收缩、机械撕裂和聚集凝胶的协同作用对膜造成损伤。

8.5　小　　结

以主要研究结果为依据，从纳米材料应用于土壤重金属污染修复出发，借鉴前人相关研究，探讨同质异构碳纳米材料对蚯蚓毒理效应机理、表面改性纳米炭黑对蚯蚓毒理效应机理、土壤中 MCB-Cd 对蚯蚓的联合毒理效应机理。主要结论如下：

(1)碳纳米材料的形貌是导致其对蚯蚓毒理效应的最重要因素，其次是纳米材料中重金属杂质的含量，纳米材料表面缺陷对蚯蚓毒理效应影响甚微。三种碳纳米材料对细胞膜的损伤机理不同。较短的 SWCNT 碳纳米管，通过内吞或穿透的方式进入细胞，较长的碳纳米管，无法完全进入细胞膜，进而严重扰乱细胞膜的稳定性。RGO 具有锋利侧边，通过"包裹""插入""提取""纳米刀"等形式破坏细胞膜。CB 近球形，粒级最小，更容易被内吞和外排，三种材料中对细胞膜的损伤最小。SWCNT 主要通过 ROS 介导引起蚯蚓的氧化应激，RGO 是通过非 ROS 介导的电子转移引起，CB 造成的 SOD 酶活性升高可能是表面缺陷造成的。

(2)CB 经酸性高锰酸钾改性后，MCB 比 CB 毒性增加的直接原因是 Zeta 电位降低和含氧官能团增加引起的氧化应激。土壤污染可能是 MCB 对蚯蚓毒理效应的最主要间接原因。改性后 MCB 对 Cd 的吸附能力和吸附稳定性均比 CB 大幅增加。化学吸附作用下，MCB-Cd 可能存在毒理学拮抗作用机制。MCB-Cd 紧密结合形成"新的化合物"，降低了 Cd 的生物毒性。Cd 的吸附改变 MCB 的表面性质，从而降低 MCB 的生物毒性。在 MCB 强吸附 Cd 且 MCB-Cd 复合物牢固结合的情况下，MCB-Cd 就可能加速 Cd 转运至体腔细胞内，引发一系列毒副反应，导致协同毒性作用。蚯蚓体腔细胞吞噬能力对 MCB-Cd 剂量依赖导致拮抗-协同转换。

(3)在 Cd 污染土壤中添加 MCB 对蚯蚓的毒理效应主要发生在体内吸收，而不是体外接触。MCB 会负载 Cd 进入蚯蚓体内，蚯蚓肠道内分泌大量多糖、氨基酸等小分子有机质，络合/螯合作用推动了进入肠道内 Cd 的活化，进而对蚯蚓产生毒理效应。

(4)表面带负电荷的 CB 和 MCB 主要破坏了 GUV$^+$，对 GUV$^-$影响较小，MCB 较低的 DH、较高的 Zeta 电位和较丰富的官能团加速和加剧了膜损伤的过程，尤其是在低暴露浓度下。CB 能"非特异性"黏附 GUV$^+$，而 MCB 在一个"特定"点与 GUV$^+$接触，然后从 GUV$^+$中提取脂质。无论是 NPs 与脂类的头基还是与 H$_2$O 分子之间的氢键作用都是破坏排列整齐的脂类固有结构的决定力。碳纳米粒子与脂质头基之间的静电作用在纳米生物界面反应中起着重要作用。

参 考 文 献

[1] Nel A, Xia T, Madler L, Li N. Toxic potential of materials at the nanolevel[J]. Science, 2006, 311(5761): 622-627.

[2] Sunil K M, Shubhashish S, Johnny B, Kimberly W, Enrique V B, Olufisayo J, Allison C R, Govindarajan T R. Single-walled carbon nanotube induces oxidative stress and activates nuclear transcription factor-κB in Human keratinocytes[J]. Nano Letters, 2005, 5(9): 1676-1684.

[3] Grabinski C, Hussain S, Lafdi K, Braydich-Stolle L, Schlager J. Effect of particle dimension on biocompatibility of carbon nanomaterials[J]. Carbon, 2007, 45(14): 2828-2835.

[4] Gorka D E, Osterberg J S, Gwin C A, Colman B P, Meyer J N, Bernhardt E S, Gunsch C K, Digulio R T, Liu J. Reducing environmental toxicity of silver nanoparticles through shape control[J]. Environmental Science & Technology, 2015, 49(16): 10093-10098.

[5] Jiang W, Wang Q, Qu X, Wang L, Wei X, Zhu D, Yang K. Effects of charge and surface defects of multi-walled carbon nanotubes on the disruption of model cell membranes[J]. Science of the Total Environment, 2017, 574: 771-780.

[6] Li S, Stein A J, Kruger A, Leblanc R M. Head groups of lipids govern the interaction and orientation between graphene oxide and lipids[J]. Journal of Physical Chemistry C, 2013, 117(31): 16150-16158.

[7] Fu P P, Xia Q, Hwang H-M, Ray P C, Yu H. Mechanisms of nanotoxicity: Generation of reactive oxygen species[J]. Journal of Food and Drug Analysis, 2014, 22(1): 64-75.

[8] Nel A E, Mädler L, Velegol D, Xia T, Hoek E M, Somasundaran P, Klaessig F, Castranova V, Thompson M. Understanding biophysicochemical interactions at the nano-bio interface[J]. Nature Materials, 2009, 8(7): 543-557.

[9] Tree-Udom T, Seemork J, Shigyou K, Hamada T, Sangphech N, Palaga T, Insin N, Pan-In P, Wanichwecharungruang S. Shape effect on particle-lipid bilayer membrane association, cellular uptake, and cytotoxicity[J]. ACS Applied Materials & Interfaces, 2015, 7(43): 23993-24000.

[10] Jia G, Wang H, Yan L, Wang X, Pei R, Yan T, Zhao Y, Guo X. Cytotoxicity of carbon nanomaterials: Single-wall nanotube, multi-wall nanotube, and fullerene[J]. Environmental Science & Technology, 2005, 39(5): 1378-1383.

[11] Yang H, Liu C, Yang D, Zhang H, Xi Z. Comparative study of cytotoxicity, oxidative stress and genotoxicity induced by four typical nanomaterials: The role of particle size, shape and composition[J]. Journal of Applied Toxicology, 2009, 29(1): 69-78.

[12] Colvin V L. The potential environmental impact of engineered nanomaterials[J]. Nature Biotechnology, 2003, 21(10): 1166-1170.

[13] Wang R, Dang F, Liu C, Wang D J, Cui P X, Yan H J, Zhou D M. Heteroaggregation and dissolution of silver nanoparticles by iron oxide colloids under environmentally relevant conditions[J]. Environmental Science: Nano, 2019, 6(1): 195-206.

[14] Wei X, Jiang W, Yu J, Ding L, Hu J, Jiang G. Effects of SiO_2 nanoparticles on phospholipid membrane integrity and fluidity[J]. Journal of Hazardous Materials, 2015, 287: 217-724.

[15] Zhou Q, Wang L, Cao Z, Zhou X, Yang F, Fu P, Wang Z, Hu J, Ding L, Jiang W. Dispersion of atmospheric fine particulate matters in simulated lung fluid and their effects on model cell membranes[J]. Science of the Total Environment, 2016, 542: 36-43.

[16] Hayashi Y, Engelmann P, Foldbjerg R, Szabó M, Somogyi I, Pollák E, Molnár L, Autrup H, Sutherland D S, Scott-Fordsmand J. Earthworms and humans in vitro: Characterizing evolutionarily conserved stress and immune responses to silver nanoparticles[J]. Environmental Science & Technology, 2012, 46(7): 4166-4173.

[17] Sayes C M, Fortner J D, Guo W, Lyon D, Boyd A M, Ausman K D, Tao Y J, Sitharaman B, Wilson L J, Hughes J B. The differential cytotoxicity of water-soluble fullerenes[J]. Nano Letters, 2004, 4(10): 1881-1887.

[18] Dugan L L, Turetsky D M, Du C, Lobner D, Wheeler M, Almli C R, Shen C K-F, Luh T-Y, Choi D W, Lin T-S. Carboxyfullerenes as neuroprotective agents[J]. Proceedings of the National Academy of Sciences, 1997, 94(17): 9434-9439.

[19] Tong H, Mcgee J K, Saxena R K, Kodavanti U P, Devlin R B, Gilmour M I. Influence of acid functionalization on the cardiopulmonary toxicity of carbon nanotubes and carbon black particles in mice[J]. Toxicology and Applied Pharmacology, 2009, 239(3): 224-232.

[20] Dong P X, Wan B, Guo L H. In vitro toxicity of acid-functionalized single-walled carbon nanotubes: Effects on murine macrophages and gene expression profiling[J]. Nanotoxicology, 2012, 6(3): 288-303.

[21] Magrez A, Kasas S, Salicio V, Pasquier N, Seo J W, Celio M, Catsicas S, Schwaller B, Forró L. Cellular toxicity of carbon-based nanomaterials[J]. Nano Letters, 2006, 6(6): 1121-1125.

[22] De Marchi L, Neto V, Pretti C, Figueira E, Chiellini F, Morelli A, Soares A M, Freitas R. Toxic effects of multi-walled carbon nanotubes on bivalves: Comparison between functionalized and nonfunctionalized nanoparticles[J]. Science of the Total Environment, 2018, 622: 1532-1542.

[23] Omid A, Elham G. Toxicity of graphene and graphene oxide nanowalls against bacteria[J]. Acs Nano, 2010, 4(10): 5731-5736.

[24] Krishnamoorthy K, Veerapandian M, Zhang L H, Yun K, Kim S J. Antibacterial efficiency of graphene nanosheets against pathogenic bacteria via lipid peroxidation[J]. Journal of Physical Chemistry C, 2012, 116(32): 17280-17287.

[25] Wang X, Qu R, Liu J, Wei Z, Wang L, Yang S, Huang Q, Wang Z. Effect of different carbon nanotubes on cadmium toxicity to *Daphnia magna*: The role of catalyst impurities and adsorption capacity[J]. Environmental Pollution, 2016, 208: 732-738.

[26] Zhang H, Ming H, Lian S, Huang H, Li H, Zhang L, Liu Y, Kang Z, Lee S-T. Fe$_2$O$_3$/carbon quantum dots complex photocatalysts and their enhanced photocatalytic activity under visible light[J]. Dalton Transactions, 2011, 40(41): 10822-10825.

[27] Qu Z G, He X C, Lin M, Sha B Y, Shi X H, Lu T J, Xu F. Advances in the understanding of nanomaterial-biomembrane interactions and their mathematical and numerical modeling[J]. Nanomedicine, 2013, 8(6): 995-1011.

[28] Li Y, Kröger M, Liu W K. Shape effect in cellular uptake of PEGylated nanoparticles: Comparison between sphere, rod, cube and disk[J]. Nanoscale, 2015, 7(40): 16631-16646.

[29] Mu Q, Broughton D L, Yan B. Endosomal leakage and nuclear translocation of multiwalled carbon nanotubes: Developing a model for cell uptake[J]. Nano Letters, 2009, 9(12): 4370-4375.

[30] Kang S, Herzberg M, Rodrigues D F, Elimelech M. Antibacterial effects of carbon nanotubes: Size does matter![J]. Langmuir, 2008, 24(13): 6409-6413.

[31] Tang Y, Tian J, Li S, Xue C, Xue Z, Yin D, Yu S. Combined effects of graphene oxide and Cd on the photosynthetic capacity and survival of *Microcystis aeruginosa*[J]. Science of the Total Environment, 2015, 532: 154-161.

[32] Zou X, Zhang L, Wang Z, Luo Y. Mechanisms of the antimicrobial activities of graphene materials[J]. Journal of the American Chemical Society, 2016, 138(7): 2064-2077.

[33] Tu Y, Lv M, Xiu P, Huynh T, Zhang M, Castelli M, Liu Z, Huang Q, Fan C, Fang H, Zhou R. Destructive extraction of phospholipids from *Escherichia coli* membranes by graphene nanosheets[J]. Nature Nanotechnology, 2013, 8(8): 594-601.

[34] Bhattacharjee S, Ershov D, Gucht J V D, Alink G M, Rietjens I M M, Zuilhof H, Marcelis A T. Surface charge-specific cytotoxicity and cellular uptake of tri-block copolymer nanoparticles[J]. Nanotoxicology, 2013, 7(1): 71-84.

[35] Chen J, Wang X, Han H. A new function of graphene oxide emerges: Inactivating phytopathogenic bacterium *Xanthomonas oryzae* pv. *Oryzae*[J]. Journal of Nanoparticle Research, 2013, 15(5): 1658.

[36] Homa J, Klimek M, Kruk J, Cocquerelle C, Vandenbulcke F, Plytycz B. Metal-specific effects on metallothionein gene induction and riboflavin content in coelomocytes of *Allolobophora chlorotica*[J]. Ecotoxicology and Environmental Safety, 2010, 73(8): 1937-1943.

[37] 刘玉真. 改性纳米黑碳的土壤环境行为及其环境效应研究[D]. 济南: 山东师范大学, 2015.

[38] Servin A D, Castillo-Michel H, Hernandez-Viezcas J A, De Nolf W, De La Torre-Roche R, Pagano L, Pignatello J, Uchimiya M, Gardea-Torresdey J, White J C. Bioaccumulation of CeO$_2$ nanoparticles by earthworms in biochar-amended soil: A synchrotron microspectroscopy study[J]. Journal of Agricultural and Food Chemistry, 2017, 66(26): 6609-6618.

[39] Deng R, Lin D, Zhu L, Majumdar S, White J C, Gardea-Torresdey J L, Xing B. Nanoparticle interactions with co-existing contaminants: Joint toxicity, bioaccumulation and risk[J]. Nanotoxicology, 2017, 11(5): 591-612.

[40] 李欣芮. 不同植物根际 DOM 对纳米炭黑钝化土壤中 Cd 的影响研究[D]. 济南: 山东师范大学, 2018.

[41] 刘玉真, 成杰民. 改性纳米黑碳对棕壤有效态 Cu、酶活性和微生物呼吸的影响[J]. 湖北农业科学, 2015, 54(3): 578-581.

[42] Kumar A, Gupta K, Dixit S, Mishra K, Srivastava S. A review on positive and negative impacts of nanotechnology in agriculture[J]. International Journal of Environmental Science and Technology, 2019, 16(4): 2175-2184.

[43] 于亚琴. 不同钝化材料对重金属钝化稳定性机理研究[D]. 济南: 山东师范大学, 2017.

[44] Hostetter R K, Cooper E L. Earthworm coelomocyte immunity[A]//Hanna M G., Cooper E L. Contemporary topics in immunobiology[M]. MA, Boston: Springer, 1974: 91-107.

[45] Engelmann P, Molnár L, Pálinkás L, Cooper E, Németh P. Earthworm leukocyte populations specifically harbor lysosomal enzymes that may respond to bacterial challenge[J]. Cell and Tissue Research, 2004, 316(3): 391-401.

[46] Goering P, Waalkes M, Klaassen C. Toxicology of cadmium[A]//Goyer R A, Cherian M G. Toxicology of metals[M]. Berlin: Springer, 1995: 189-214.

[47] Fitzpatrick L C, Muratti-Ortiz J F, Venables B J, Goven A J. Comparative toxicity in earthworms *Eisenia fetida* and *Lumbricus terrestris* exposed to cadmium nitrate using artificial soil and filter paper protocols[J]. Bulletin of Environmental Contamination & Toxicology, 1996, 57(1): 63-68.

[48] Fugère N, Brousseau P, Krzystyniak K, Coderre D, Fournier M. Heavy metal-specific inhibition of phagocytosis and different in vitro sensitivity of heterogeneous coelomocytes from *Lumbricus terrestris* (Oligochaeta) [J]. Toxicology, 1996, 109(2-3): 157-166.

[49] Yu S, Lanno R P. Uptake kinetics and subcellular compartmentalization of cadmium in acclimated and unacclimated earthworms (*Eisenia andrei*) [J]. Environmental Toxicology and Chemistry, 2010, 29(7): 1568-1574.

[50] Stürzenbaum S R, Georgiev O, Morgan A J, Kille P. Cadmium detoxification in earthworms: From genes to cells[J]. Environmental Science & Technology, 2004, 38(23): 6283-6289.

[51] Adamowicz A. Morphology and ultrastructure of the earthworm *Dendrobaena veneta* (Lumbricidae) coelomocytes[J]. Tissue and Cell, 2005, 37(2): 125-133.

[52] Gao Y, Ren X, Wu J, Hayat T, Alsaedi A, Cheng C, Chen C. Graphene oxide interactions with co-existing heavy metal cations: Adsorption, colloidal properties and joint toxicity[J]. Environmental Science: Nano, 2018, 5(2): 362-371.

[53] Qu R, Wang X, Wang Z, Wei Z, Wang L. Metal accumulation and antioxidant defenses in the freshwater fish *Carassius auratus* in response to single and combined exposure to cadmium and hydroxylated multi-walled carbon nanotubes[J]. Journal of Hazardous Materials, 2014, 275: 89-98.

[54] Cui X, Wan B, Guo L H, Yang Y, Ren X. Insight into the mechanisms of combined toxicity of single-walled carbon nanotubes and nickel ions in macrophages: Role of P2X7 receptor[J]. Environmental Science & Technology, 2016, 50(22): 12473-12483.

[55] Hu C, Hu N, Li X, Zhao Y. Graphene oxide alleviates the ecotoxicity of copper on the freshwater microalga *Scenedesmus obliquus*[J]. Ecotoxicology and Environmental Safety, 2016, 132: 360-365.

[56] Tao X, He Y, Fortner J D, Chen Y, Hughes J B. Effects of aqueous stable fullerene nanocrystal (nC$_{60}$) on copper (trace necessary nutrient metal): Enhanced toxicity and accumulation of copper in *Daphnia magna*[J]. Chemosphere, 2013, 92(9): 1245-1252.

[57] Kim K T, Klaine S J, Lin S, Ke P C, Kim S D. Acute toxicity of a mixture of copper and single-walled carbon nanotubes to *Daphnia magna*[J]. Environmental Toxicology and Chemistry, 2010, 29(1): 122-126.

[58] Yan L, Feng M, Liu J, Wang L, Wang Z. Antioxidant defenses and histological changes in Carassius auratus after combined exposure to zinc and three multi-walled carbon nanotubes[J]. Ecotoxicology and Environmental Safety, 2016, 125: 61-71.

[59] Liu J, Wang W X. Reduced cadmium accumulation and toxicity in *Daphnia magna* under carbon nanotube exposure[J]. Environmental Toxicology and Chemistry, 2015, 34(12): 2824-2832.

[60] He Q, Singh B. Effect of organic matter on the distribution, extractability and uptake of cadmium in soils[J]. Journal of Soil Science, 1993, 44(4): 641-650.

[61] Tessier A, Campbell P G, Bisson M. Sequential extraction procedure for the speciation of particulate trace metals[J]. Analytical Chemistry, 1979, 51(7): 844-851.

[62] 宋玉芳, 周启星, 许华夏, 任丽萍, 孙铁珩, 龚平. 土壤重金属污染对蚯蚓的急性毒性效应研究[J]. 应用生态学报, 2002, 13(2): 187-190.

[63] Yang X, Song Y, Kai J, Cao X. Enzymatic biomarkers of earthworms *Eisenia fetida* in response to individual and combined cadmium and pyrene[J]. Ecotoxicology and Environmental Safety, 2012, 86: 162-167.

[64] Barley K. The influence of earthworms on soil fertility. II. Consumption of soil and organic matter by the earthworm *Allolobophora caliginosa* (Savigny)[J]. Australian Journal of Agricultural Research, 1959, 10(2): 179-185.

[65] Cheng J, Wong M H. Effects of earthworms on Zn fractionation in soils[J]. Biology and Fertility of Soils, 2002, 36(1): 72-78.

[66] 成杰民, 俞协治, 黄铭洪. 蚯蚓-菌根在植物修复镉污染土壤中的作用[J]. 生态学报, 2005, 25(6): 1256-1263.

[67] Wen B, Hu X Y, Liu Y, Wang W S, Feng M H, Shan X Q. The role of earthworms (*Eisenia fetida*) in influencing bioavailability of heavy metals in soils[J]. Biology and Fertility of Soils, 2004, 40(3): 181-187.

[68] Mu Q, Broughton D L, Yan B. Endosomal leakage and nuclear translocation of multiwalled carbon nanotubes: Developing a model for cell uptake[J]. Nano Letters, 2009, 9: 4370-4375.

[69] Li S Q, Zhu R R, Zhu H, Xue M, Sun X Y, Yao S D, Wang S L. Nanotoxicity of TiO₂ nanoparticles to erythrocyte in vitro[J]. Food and Chemical Toxicology, 2008, 46: 3626-3631.

[70] Pajnic M, Drasler B, Sustar V, Krek J L, Stukelj R, Simundic M, Kononenko V, Makovec D, Hagerstrand H, Drobne D, Kralj-Iglic V. Effect of carbon black nanomaterial on biological membranes revealed by shape of human erythrocytes, platelets and phospholipid vesicles[J]. Journal of Nanobiotechnology, 2015, 13: 28. https://doi.org/10.1186/s12951-015-0087-3.

[71] Omid A, Elham G. Toxicity of graphene and graphene oxide nanowalls against bacteria[J]. Acs Nano, 2010, 4: 5731-5736.

[72] Seoktae K, Moshe H, Rodrigues D F, Menachem E. Antibacterial effects of carbon nanotubes: Size does matter[J]. Langmuir, 2008, 24: 6409-6413.

[73] Krishnamoorthy K, Veerapandian M, Zhang L H, Yun K, Kim S J. Antibacterial efficiency of graphene nanosheets against pathogenic bacteria via lipid peroxidation[J]. Journal of Physical Chemistry C, 2012, 116: 17280-17287.

[74] Tu Y, Lv M, Xiu P, Huynh T, Zhang M, Castelli M, Liu Z, Huang Q, Fan C, Fang H, Zhou R. Destructive extraction of phospholipids from *Escherichia coli* membranes by graphene nanosheets[J]. Nature Nanotechnology, 2013, 8: 594-601.

[75] Qu Z G, He X C, Lin M, Sha B Y, Shi X H, Lu T J, Xu F. Advances in the understanding of nanomaterial-biomembrane interactions and their mathematical and numerical modeling[J]. Nanomedicine, 2013, 8: 995-1011.

[76] Wei X, Jiang W, Yu J, Ding L, Hu J, Jiang G. Effects of SiO₂ nanoparticles on phospholipid membrane integrity and fluidity[J]. Journal of Hazardous Materials, 2015, 287: 217-224.

[77] Zhou Q, Wang L, Cao Z, Zhou X, Yang F, Fu P, Wang Z, Hu J, Ding L, Jiang W. Dispersion of atmospheric fine particulate matters in simulated lung fluid and their effects on model cell membranes[J]. Science of the Total Environment, 2016, 542: 36-43.

[78] Jiang W, Wang Q, Qu X, Wang L, Wei X, Zhu D, Yang K. Effects of charge and surface defects of multi-walled carbon nanotubes on the disruption of model cell membranes[J]. Science of the Total Environment, 2017, 574: 771-780.

[79] Wang F, Liu J. Nanodiamond decorated liposomes as highly biocompatible delivery vehicles and a comparison with carbon nanotubes and graphene oxide[J]. Nanoscale, 2013, 5: 12375-12382.

[80] Li S, Stein A J, Kruger A, Leblanc R M. Head groups of lipids govern the interaction and orientation between graphene oxide and lipids[J]. Journal of Physical Chemistry C, 2013, 117: 16150-16158.

[81] Yan Y, Anthony S M, Zhang L, Bae S C, Granick S. Cationic nanoparticles stabilize zwitterionic liposomes better than anionic ones[J]. Journal of Physical Chemistry C, 2007, 111: 8233-8236.

[82] Smith K A, Jasnow D, Balazs A C. Designing synthetic vesicles that engulf nanoscopic particles[J]. Journal of Chemical Physics, 2007, 127, 084703. https://doi.org/10.1063/1.2766953.

[83] Colvin V L. The potential environmental impact of engineered nanomaterials[J]. Nature Biotechnology, 2003, 21: 1166-1170.

[84] Akashi K-i, Miyata H, Itoh H, Kinosita Jr K. Preparation of giant liposomes in physiological conditions and their characterization under an optical microscope[J]. Biophysical Journal, 1996, 71: 3242-3250.

[85] Geng J, Kim K, Zhang J, Escalada A, Tunuguntla R, Comolli L R, Allen F I, Shnyrova A V, Cho K R, Munoz D. Stochastic transport through carbon nanotubes in lipid bilayers and live cell membranes[J]. Nature, 2014, 514(7524): 612-615.

[86] Titov A V, Pet K R, Ryan P. Sandwiched graphene--membrane superstructures[J]. Acs Nano, 2010, 4: 229-234.

[87] Wiesner M R, Lowry G V, Pedro A, Dianysios D, Pratim B. Assessing the risks of manufactured nanomaterials[J]. Environmental Science & Technology, 2006, 40: 4336-4345.

[88] Wang Y F, Tsai P J, Chen C W, Chen D R, Hsu D J. Using a modified electrical aerosol detector to predict nanoparticle exposures to different regions of the respiratory tract for workers in a carbon black manufacturing industry[J]. Environmental Science & Technology, 2010, 44: 6767-6774.

[89] Churg A, Brauer M. Ambient atmospheric particles in the airways of human lungs[J]. Ultrastructural Pathology, 2000, 24(6): 353-361.

[90] Roiter Y, Ornatska M, Rammohan A R, Balakrishnan J, Heine D R, Minko S. Interaction of lipid membrane with nanostructured surfaces[J]. Langmuir, 2009, 25: 6287-6299.

第9章 结论与展望

9.1 结 论

本书以纳米炭黑为核心研究材料，在对纳米炭黑(CB)、还原氧化石墨烯(RGO)、单壁碳纳米管(SWCNT)形貌结构、表面电荷、化学组成等的分析基础上，以赤子爱胜蚓(*Eisenia fetida*)为受试生物，通过模拟试验、培养试验和体外试验等，研究同质异形(纳米炭黑、还原氧化石墨烯、单壁碳纳米管)碳纳米材料对蚯蚓死亡率、体重、回避率、抗氧化生物标志物、体腔细胞毒性、DNA 损伤、肠道微生物组成和结构，以及基于 UPLC-MS 的非靶向代谢组学等宏观和微观指标的影响，通过培养试验、彗星试验等研究表面改性对纳米炭黑毒理效应的影响；通过体外试验、培养试验研究改性纳米炭黑-Cd 对蚯蚓的联合毒理效应，揭示同质异性碳纳米材料、纳米炭黑表面改性前后、改性纳米炭黑-Cd 结合对蚯蚓的毒理效应机制，为改性纳米炭黑应用于重金属污染土壤钝化修复的生态安全性提供理论依据。主要结论如下：

(1)形貌和水动力学直径是三种同质异性碳纳米材料最主要的差异

CB 为近球形，三个维度均在纳米级；RGO 为片状、单层或少层石墨烯堆叠，厚度在纳米级，其余二维在微米或亚微米尺度；SWCNT 为单壁长管状，管径在纳米级，长度在微米级。三种碳纳米材料的长宽比为：SWCNT(5000～30000)>RGO(134～5456)>CB(接近 1)，平均水动力学直径(D_H)：SWCNT(3185.4 nm)>RGO(1631.5 nm)>CB(370.2 nm)。三种碳纳米材料的比表面相近，在 635.96～698.17 m^2/g 范围内，表面均带负电荷且 Zeta 电位相近，在-10.1～-12.0 mV 之间。表面主要官能团为 C—C、C—O、C=C、O—H，CB 具有芳香环状结构，SWCNT 具有典型的碳骨架结构。RGO 含氧量是 SWCNT 的 2.83 倍，是 CB 的 7.50 倍。CB 具有最多的缺陷，SWCNT 拥有更完整的晶型和更少的缺陷。三种 CNs 中的重金属杂质主要是 Fe，其含量为 SWCNT>CB>RGO。

(2)三种碳纳米材料对蚯蚓的毒理效应为 SWCNT>RGO>CB

三种 CNs 浓度低于 15.7 μg/cm^2 滤纸和 1000 mg/kg 土壤时，不会对蚯蚓存活产生明显的影响，但明显抑制了蚯蚓的生长。土壤培养 28 d 只有 CB 处理为正增长，RGO 处理和 SWCNT 处理均为负增长。0.1% RGO 和 0.1% SWCNT 处理蚯蚓增长率分别为–5.7%～–13.8%和–11.3%～–15.2%。三种 CNs 处理对蚯蚓氧化应激的影响存在显著差异，总的表现为促进了蚯蚓 SOD 活性，对 CAT 的影响不如对 SOD 的影响明显，RGO 仅在 15.7 μg/cm² 和 SWCNT 仅在 11.0 μg/cm² 处理中显著地提高蚯蚓的 CAT 酶活性，三种 CNs 存在对蚯蚓 MDA 含量无显著影响。三种 CNs 对蚯蚓体腔细胞存活率的抑制随其浓度增大而增加。浓度在 1 mg/L 时对存活率无明显影响，在 100 mg/L 时 CB、RGO 和 SWCNT 均显著抑制细胞存活率，存活率分别为对照的 76.2%、64.1%和 53.9%。有 17.3% OTUs 是所有 CNs 处理共有的，放线菌门是优势菌门，其次为变形菌门和厚壁菌门。SWCNT 的存在增加了放线菌门相对丰度，CB 处理减少了放线菌门相对丰度，0.01% RGO 处理，拟杆菌门丰富度降低了 13%，绿弯菌门增加了 184%，而在 0.1%浓度时则相反。肠道微生物多样性指数的增加程度与 CNs 长宽比的对数呈负相关。蚯蚓代谢物中主要氨基酸为亮氨酸、苯丙氨酸和缬氨酸，标志代谢物是胆碱。添加 0.01% CB、0.01% RGO 和 0.01% SWCNT 处理中蚯蚓代谢物胆碱含量分别下降了 14.0%、35.1%和 46.8%，0.1%处理中分别下降了 38.8%、43.1%、64.8%。总之，体腔细胞毒性、肠道微生物多样性指数以及代谢物胆碱含量均与 CNs 的形貌（长宽比）呈现一定的负相关，CNs 对蚯蚓的毒理效应为 SWCNT＞RGO＞CB。

(3)表面改性后加剧了纳米炭黑对蚯蚓的毒性效应

CB 经酸性高锰酸钾改性后，表面特性的主要变化是含氧官能团增加、Zeta 电位降低。改性后 MCB 对蚯蚓的存活率、体重、异常率的影响与 CB 无显著差异，但回避率显著高于 CB，且存在剂量依赖关系，当 MCB 浓度为 1.5%时，MCB 显著诱导抗氧化酶的表达，表现出氧化应激的毒理作用模式。回避率高达 93.3%。MCB 显著诱导抗氧化酶的表达，表现出氧化应激的毒理作用模式。用生物标志物响应(IBR)综合反映 CB 和 MCB 对蚯蚓 SOD、CAT、MDA、总蛋白质、LDH、GSH 和 GSSG 生理生化指标的影响，表现为 MCB 处理中蚯蚓受到的胁迫压力均大于 CB。当体外培养浓度大于 100 mg/L 时，CB 对蚯蚓肠道组织、细胞存活率和病理形态均有显著影响，经表面改性后，体腔细胞存活率从改性前的 57.1%降低到 35.4%，MCB 对蚯蚓 DNA 的影响也显著大于 CB。总之，高浓度 CB 对蚯蚓生长、生理生化指标和病理指标均有显著影响，表面改性后加剧了这些影响。

(4)Cd 与 MCB 低剂量混合表现为拮抗作用，高剂量混合为协同作用

MCB 对 Cd 的吸附等温线更符合 Langmuir 吸附等温方程，为单分子层吸附，饱和吸附量为 18.9 mg/g，吸附活化能为 36.6 kJ/mol，吸附焓变为–98.4 kJ/mol，吸附为自发反应。MCB 对 Cd 吸附机制为化学配合和 π-阳离子相互作用。Cd 和 MCB

蚯蚓的 EC_{50} 分别为 17.67 mg/L 和 94.00 mg/L，Cd 的细胞毒性显著大于 MCB，MCB 的存在，促进 Cd 的细胞吸收。MCB-Cd 可以被蚯蚓体腔细胞吞噬，造成细胞线粒体损伤、扰动核膜稳定性，导致细胞凋亡。2 mg/L Cd^{2+}+20 mg/L MCB 的低剂量混合表现出拮抗作用，10 mg/L Cd^{2+}+60 mg/L MCB 高剂量混合表现出协同作用。添加 MCB 土壤中有效态 Cd 含量降低了 33.3%，5.31 mg/kg Cd 和 1.5%MCB+5.31 mg/kg Cd 处理组蚯蚓存活率在培养 14 d 分别降低了 3.6%和 32.1%；在培养 28 d 时分别降低了 29.6%和 51.9%。蚯蚓对土壤中 Cd 有明显的富集作用，在 Cd 污染土壤中 BCF 为 9.25，添加 MCB 后 BCF 为 9.53。MCB+Cd 显著提高了 GSSG 含量，GSSG/GSH 仅为对照的 39%。Cd 显著提高了 CAT 和 LDH 酶活性，MCB+Cd 抑制了 CAT 和 LDH 酶活性。Cd 和 MCB 具有联合毒理效应。

（5）重金属污染土壤中碳纳米材料对蚯蚓毒理效应机制需进一步研究

碳纳米材料的形貌是导致其蚯蚓毒理效应的最重要因素。较短的 SWCNT 碳纳米管，通过内吞或穿透的方式进入细胞，较长的碳纳米管，无法完全进入细胞膜，而严重扰乱细胞膜的稳定性。RGO 具有锋利侧边，通过"包裹""插入""提取""纳米刀"等形式破坏细胞膜。CB 近球形，粒级最小，更容易被内吞和外排，是三种材料中对细胞膜损伤最小的。SWCNT 主要通过 ROS 介导反应引起蚯蚓的氧化应激，RGO 通过非 ROS 介导的电子转移引起，CB 造成的 SOD 酶活性升高可能是表面缺陷造成的。改性后 MCB 比 CB 毒性增加的直接原因是 Zeta 电位降低和含氧官能团增加引起的氧化应激。MCB 对 Cd 的吸附能力和吸附稳定性均比 CB 大幅增加。在化学吸附作用下，MCB-Cd 紧密结合形成"新的化合物"，降低了 Cd 的生物毒性，Cd 的吸附改变 MCB 的表面性质，降低了 MCB 的生物毒性，MCB-Cd 表现出毒理学拮抗作用。MCB 对 Cd 的强吸附可能利于 Cd 转运至体腔细胞内，引发一系列毒副反应，导致协同毒性作用。蚯蚓体腔细胞吞噬作用对 MCB-Cd 剂量依赖导致拮抗-协同转换。在 Cd 污染土壤中添加 MCB 对蚯蚓的毒理效应主要发生在体内吸收，而不是体外接触。MCB 会负载 Cd 进入蚯蚓体内，蚯蚓肠道内分泌大量多糖、氨基酸等小分子有机质，络合/螯合作用推动了进入肠道内 Cd 的活化，进而对蚯蚓产生毒理效应。

大多数研究都证实了碳纳米材料对重金属有较好的吸附性能，可以显著降低土壤中重金属有效态含量，减少重金属向植物可食部迁移，保障食品安全。但是本研究显示：由于碳纳米材料的纳米级粒径、形貌结构、表面特性等，本身具有一定的生物毒理效应，尤其钝化吸附土壤中重金属后，没有显著降低重金属对蚯蚓的毒性效应。碳纳米材料应用于重金属污染土壤钝化修复时，对蚯蚓的生态风险较大。因此，建议重金属污染土壤钝化修复时，慎用纳米级钝化剂。

9.2　展　　望

本研究以赤子爱胜蚓为受试生物，利用存活率、生长率、回避率等宏观指标，细胞毒性、抗氧化标志物和酶活性、DNA 损伤、肠道微生物、代谢物等微观指标，通过滤纸接触试验、土壤培养试验、体外试验等，研究了不同形貌碳纳米材料对蚯蚓的毒理效应，表面改性纳米炭黑的蚯蚓毒理效应以及改性纳米炭黑-Cd 对蚯蚓的联合毒理效应及机制。由于碳纳米材料性质不一、土壤系统复杂多变、体外试验和现实环境存在差异等因素，还有一些关键科学问题尚待解决。

(1)需要直接证据揭示不同形貌碳纳米材料对蚯蚓细胞膜毒理效应机理

为研究对真实场景下的影响，本研究所选用三种碳纳米材料未经表面修饰，因此毒理效应差异受多种材料性质影响(尽管各种参数已尽量控制一致)，下一步可利用生物相容性的大分子如牛血清蛋白(BSA)、聚乙二醇(PEG)等包覆纳米材料进行毒理试验，从而达到消除材料形貌差异以外参数的影响。

本研究根据蚯蚓的微观指标，以及前人利用合成大单层囊泡模拟生物膜研究不同形貌碳纳米材料对生物膜的影响结果，从理论上推测三种不同形貌的碳纳米材料会对蚯蚓细胞膜产生不同程度的干扰，但仍缺乏直观的证据。纳米材料的内吞方式是吞噬、网格蛋白介导，还是小窝蛋白介导的内吞尚不清楚，这需要精细的试验设计[1]，结合荧光标记手段，利用激光共聚焦显微镜等分子生物学技术探明。

(2)需要开展不同土壤中不同纳米材料对蚯蚓的生态毒理效应研究

土壤是影响污染物生物效应的关键因素。目前有关纳米材料在土壤中迁移转化的研究较少。中国科学院南京土壤研究所[2,3]对纳米银在土壤中的吸附、迁移等行为的研究发现，纳米银在土壤上的迁移能力为：红壤＜黄泥土＜潮土。主要原因是不同土壤 pH、黏粒、金属氧化物等的差异影响了土壤对纳米材料的静电引力吸附和纳米材料的团聚程度，从而改变了纳米材料在土壤中的滞留和移动性。改性纳米炭黑-重金属在褐土、潮土、酸性棕壤中的迁移行为[4]研究表明，改性纳米炭黑与土壤结合牢固，不易随水的淋溶在垂直方向上迁移。

纳米材料的同质性团聚(homoaggregation)或异质性团聚(heteroaggregation)均会显著改变其移动性和生物有效性[5]。纳米材料在水体中的团聚受溶液的pH[6,7]、溶液中电解质的种类和离子强度[8-10]、天然有机质[11,12]、表面包裹剂的种类[10,12]、溶解氧浓度[13]、光照[14,15]、纳米材料的初始浓度和粒径影响[16,17]。而在土壤中，黏土矿物和有机质可能是主导因素。大分子有机质可能通过绑定纳米材料减小其移动性，而小分子 DOM 可能会通过空间位阻、静电斥力增大纳米材料的稳定性和迁移能力。土壤颗粒会降低纳米 TiO_2 在水相中的悬浮稳定性[18]。有研究基于 DLVO 理论的计算显示不同体系间存在的能量势垒差别造成了纳米 ZnO 在介质中截留程度的不同[19]。纳米 ZnO 在沙壤土中的截留率可达 99%，而在沙质土中仅有 68%，电子探针图显示，纳米 Zn/ZnO 与硅铝矿物结合。土壤类型和理化参数的差异会影响纳米材料的生物效应[20]。例如纳米 ZnO 与 CeO_2 在水稻土中会对蚯蚓产生毒性效应，诱导抗氧化系统产生显著性差异，引起 MDA、PCO 含量的增加，而在红壤中对蚯蚓的毒性效果较小[21]。另外，纳米材料在环境中的氧化[22]、硫化[23,24]、氯化[25]及再转化，都会改变纳米材料的存在形态而改变其生物效应。如低 Eh、低 pH、高 S^{2-} 环境中纳米银会转化为生物有效性低的纳米硫化银。研究纳米材料在土壤中的转化、迁移、分配等行为是解开纳米材料土壤生物效应问题的一把钥匙。

因此，研究纳米材料在不同土壤中迁移转化及对蚯蚓毒理效应的影响，找到纳米材料土壤环境行为与其生物毒理效应的关系十分必要。

(3) 需要开展纳米材料与土壤中重金属的相互作用对蚯蚓的毒理效应研究

当纳米材料应用于重金属污染土壤修复时，纳米材料除了本身的毒性外，重金属还会通过吸附、键合、表面反应等影响纳米材料表面性质、微观结构，产生不同于单一纳米材料或重金属的毒理效应。有研究发现，在水体中 2 mg/L 纳米 TiO_2 就会加剧 Cu^{2+} 对大型蚤 (*Daphnia magna*) 的毒效应，表现为 LC_{50} 由 111 μg/L 降低到 42 μg/L，纳米 TiO_2 对 Cu^{2+} 的吸附增加了生物对 Cu^{2+} 的摄入和积累，而纳米 TiO_2 还有可能与 Cu^{2+} 竞争金属硫蛋白结合位点，使其解毒能力下降[26]。但也有研究表明，当纳米 TiO_2 与 Cd 离子同时存在时，纳米 TiO_2 对 Cd 离子的吸附作用使水中游离态 Cd 离子浓度降低，Cd 离子对铜绿微囊藻的毒性显著降低[27]。水中 0.01 mg/L Cu^{2+} 可以增加黑头呆鱼 (fathead minnow) 对外径为 8～15 nm 和 20～30 nm 两种多壁碳纳米管的生物积累系数，前者由 19.0 L/kg 变为 8.0 L/kg，后者由 2.7 L/kg 变为 42.9 L/kg[28]。在土壤中，纳米材料-重金属的作用对生物有效应的影响鲜见报道。已达成共识的是，污染物在土壤中的迁移转化特性决定了污染物的生物有效性。因此有人开展了纳米材料与有机污染物共迁移研究[29,30]。张柯柯[18]报道了纳米 TiO_2 可以与铅以结合态共迁移，增加铅在土柱中的流出率。但是要弄清应用于重金属污染土壤修复的纳米材料的生物毒理效应，纳米材料-重金属相互作用的生物毒理效应是问题的本质，纳米材料与重金属在土壤中的共迁移可能仅影响它们与土壤生物接触，增加或减少毒性效应。

因此，研究重金属在纳米材料上结合的微观机理，在此基础上，研究纳米材料-重金属相互作用下，纳米材料对蚯蚓的毒理效应机理，对于认识纳米材料应用于重金属污染土修复的生态环境风险十分必要。

(4)需要开展土壤-植物-动物系统中纳米材料-重金属对蚯蚓的联合毒理效应研究

　　土壤-植物系统是一个复杂的系统。植物是影响污染物生物效应的另一关键因素。植物与重金属的相互影响研究较为丰富。一方面，过量的重金属会通过影响植物根系对营养元素的吸收、植物光合和呼吸作用[31]，进而影响植物生长。另一方面，植物通过根系分泌物的配合作用[32,33]影响重金属的存在形态、迁移转化，进而影响重金属的生物有效性。根际对重金属络合、螯合以及纳米材料吸附重金属有显著的影响[34]。植物与蚯蚓的相互影响是一个古老农学研究课题，其研究结论是肯定的。蚯蚓主要通过改善土壤结构[35]、水分和养分供应[36]、提高土壤肥力促进植物生长[37]，还可以通过对植物根系的取食刺激植物的生长[38]，蚯蚓分泌小分子有机物可以改变污染物的形态[39,40]，影响植物生长。而植物对污染物的固定、转运、富集等也会影响污染物对蚯蚓的毒性。

　　迄今，植物对纳米材料毒理效应的影响报道较少。植物的根系可能会固定、吸收、转运纳米材料。有研究[41]在拟南芥的根尖观察到了纳米银颗粒，而纳米银的粒径(20 nm、40 nm、80 nm)远大于植物细胞壁的最大孔隙。这说明可能存在特殊的孔增大吸收机制，然后通过质外体或共质体途径在根尖转运。但是在土壤-植物系统中，纳米材料，尤其是应用于重金属污染土壤修复纳米材料，存在着纳米材料与重金属相互作用，不同植物能否通过对重金属或纳米材料的影响而影响纳米材料-重金属作用的毒理效应?这方面证据还很缺乏，解决此问题是判断纳米材料能否安全地应用于重金属污染土壤修复的前提。

(5)一些其他启示

　　蚯蚓体腔细胞具有自荧光性，污染物的存在可能将这些荧光信号淬灭，而且目前研究的碳纳米颗粒能引起细胞死亡的浓度基本在毫克级。因此在未来，可以利用蚯蚓体腔细胞污染物暴露-荧光检测的方法，或许可以在纳克、微克水平上快速、灵敏地探明不同碳纳米材料的毒性大小。

参 考 文 献

[1] Bhattacharjee S, Ershov D, Gucht J V D, Alink G M, Rietjens I M M, Zuilhof H, Marcelis A T. Surface charge-specific cytotoxicity and cellular uptake of tri-block copolymer nanoparticles[J]. Nanotoxicology, 2013, 7(1): 71-84.

[2] 周东美. 纳米 Ag 粒子在我国主要类型土壤中的迁移转化过程与环境效应[J]. 环境化学, 2015, 34(4): 605-613.

[3] 汪登俊. 生物炭胶体和几种人工纳米粒子在饱和多孔介质中的迁移和滞留研究[D]. 北京: 中国科学院大学, 2014.

[4] 刘玉真. 改性纳米黑碳的土壤环境行为及其环境效应研究[D]. 济南: 山东师范大学, 2015.

[5] Lowry G V, Gregory K B, Apte S C, et al. Transformations of nanomaterials in the environment[J]. Environmental Science & Technology, 2014, 7 (13): 6893-6899.

[6] Keller A A, Wang H, Zhou D, et al. Stability and aggregation of metal oxide nanoparticles in natural aqueous matrices[J]. Environmental Science & Technology, 2010, 44 (6): 1962-1967.

[7] French R A, Jacobson A R, Kim B, et al. Influence of ionic strength, pH, and cation valence on aggregation kinetics of titanium dioxide nanoparticles[J]. Environmental Science & Technology, 2009, 43 (5): 1354-1359.

[8] Metreveli G, Frombold B, Seitz F, et al. Impact of chemical composition of ecotoxicological test media on the stability and aggregation status of silver nanoparticles[J]. Environmental Science Nano, 2016, 3 (2): 418-433.

[9] Li X, Lenhart J J, Walker H W. Aggregation kinetics and dissolution of coated silver nanoparticles[J]. Langmuir the Acs Journal of Surfaces & Colloids, 2012, 28 (2): 1095-1104.

[10] Huynh K A, Chen K L. Aggregation kinetics of citrate and polyvinyl pyrrolidone coated silver nanoparticles in monovalent and divalent electrolyte solutions[J]. Environmental Science & Technology, 2011, 45 (13): 5564-5571.

[11] Liu J, Legros S, Von der Kammer F, et al. Natural organic matter concentration and hydrochemistry influence aggregation kinetics of functionalized engineered nanoparticles[J]. Environmental Science & Technology, 2013, 47 (9): 4113-4120.

[12] Surette M C, Nason J A. Effects of surface coating character and interactions with natural organic matter on the colloidal stability of gold nanoparticles[J]. Environmental Science Nano, 2016, 3 (5): 1144-1152.

[13] Zhang W, Yao Y, Li K, et al. Influence of dissolved oxygen on aggregation kinetics of citrate-coated silver nanoparticles[J]. Environmental Pollution, 2011, 159 (12): 3757-3762.

[14] Cheng Y, Yin L, Lin S, et al. Toxicity reduction of polymer-stabilized silver nanoparticles by sunlight[J]. Journal of Physical Chemistry C, 2011, 115 (11): 4425-4432.

[15] Chowdhury I, Hou W C, Goodwin D, et al. Sunlight affects aggregation and deposition of graphene oxide in the aquatic environment[J]. Water Research, 2015, 78: 37-46.

[16] Baalousha M, Sikder M, Prasad A, et al. The concentration-dependent behaviour of nanoparticles[J]. Environmental Chemistry, 2015, 13: 1-3.

[17] Merrifield R C, Stephan C, Lead J. Determining the concentration dependent transformations of Ag nanoparticles in complex media: Using SP-ICP-MS and Au@Ag core-shell nanoparticles as tracers[J]. Environmental Science & Technology, 2017, 51 (6): 3206-3213.

[18] 张柯柯. 纳米 TiO_2 在土壤中迁移及其与 Pb 共迁移机制研究[D]. 杭州: 浙江工商大学, 2015.

[19] Altantuya S. 纳米氧化锌在土壤与水体中迁移与团聚行为研究[D]. 杭州: 浙江工商大学, 2015.

[20] Zhao L J, Peralta-Videa J R, Hernandez-Viezcas J A, et al. Transport and retention behavior of ZnO nanoparticles in two natural soils: Effect of surface coating and soil composition[J]. Journal of Nano Research, 2012, 17 (6): 229-242.

[21] 曹圣来. 典型纳米金属氧化物对不同类型土壤中蚯蚓、小麦的毒性效应[D]. 南京: 南京大学, 2015.

[22] Grillet N, Manchon D, Cottancin E, et al. Photo-oxidation of individual silver nanoparticles: A real-time tracking of optical and morphological changes[J]. Journal of Physical Chemistry C, 2017, 117 (5): 2274-2282.

[23] Levard C, Hotze E M, Lowry G V, et al. Environmental transformations of silver nanoparticles: Impact on stability and toxicity[J]. Environmental Science & Technology, 2012, 46 (13): 6900-6914.

[24] Levard C, Reinsch B C, Michel F M, et al. Sulfidation processes of PVP-coated silver nanoparticles in aqueous solution: Impact on dissolution rate[J]. Environmental Science & Technology, 2011, 45 (12): 5260-5266.

[25] Levard C, Mitra S, Yang T, et al. Effect of chloride on the dissolution rate of silver nanoparticles and toxicity to *E. coli*.[J]. Environmental Science & Technology, 2013, 47(11): 5738-5745.

[26] Fan W, Cui M, Liu H, et al. Nano-TiO$_2$ enhances the toxicity of copper in natural water to *Daphnia magna*[J]. Environmental Pollution, 2011, 159(3): 729-734.

[27] 辛元元, 陈金媛, 程艳红, 等. 纳米 TiO$_2$ 与重金属 Cd 对铜绿微囊藻生物效应的影响[J]. 生态毒理学报, 2013, 8(1): 23-28.

[28] Cano A M, Maul J D, Saed M, et al. Trophic transfer and accumulation of multiwalled carbon nanotubes in the presence of copper ions in *Daphnia magna* and fathead minnow(*Pimephales promelas*)[J]. Environmental Science & Technology, 2017, 52(2): 794-800.

[29] 汪敏浩. 纳米材料在多孔介质中迁移-大孔隙作用及与污染物的共迁移[D]. 杭州: 浙江工商大学, 2015.

[30] 祁志冲. 氧化石墨烯纳米颗粒在饱和多孔介质中的迁移及对有机污染物迁移行为的影响研究[D]. 天津: 南开大学, 2015.

[31] 唐咏, 王萍萍, 张宁. 植物重金属毒害作用机理研究现状[J]. 沈阳农业大学学报, 2006, 37(4): 551-555.

[32] 傅晓萍, 豆长明, 胡少平, 等. 有机酸在植物对重金属耐性和解毒机制中的作用[J]. 植物生态学报, 2010, 34(11): 1354-1358.

[33] 旷远文, 温达志, 钟传文, 等. 根系分泌物及其在植物修复中的作用[J]. 植物生态学报, 2003, 27(5): 709-717.

[34] Yan L, Yu Y, Li T, et al. Rhizosphere effects of *Loliumperenne* L. and *Beta vulgaris* var. *cicla* L. on the immobilization of Cd by modified nanoscale black carbon in contaminated soil[J]. Journal of Soils & Sediments, 2017(4): 1-11.

[35] 黄福珍. 论蚯蚓对土壤结构形成及性态的影响[J]. 土壤学报, 1979(3): 211-217.

[36] 成杰民, 俞协治, 黄铭洪. 蚯蚓-菌根相互作用对 Cd 污染土壤中速效养分及植物生长的影响[J]. 农业环境科学学报, 2006, 25(3): 685-689.

[37] 蒋剑敏. 蚯蚓与土壤肥力[J]. 土壤, 1985, 17(4): 3-15.

[38] Cheng J M, Wong M H. Effect of earthworm(*Pheretima* sp.) density on revegetation of lead/zinc metal mine tailings amended with soil[J]. Chinese Journal of Population Resources & Environment, 2008, 6(2): 43-48.

[39] 成杰民, 解敏丽, 朱宇恩. 赤子爱胜蚓对 3 种污染土壤中 Zn 及 Pb 的活化机理研究[J]. 环境科学研究, 2008, 21(5): 93-99.

[40] 刘德鸿, 成杰民, 刘德辉. 蚯蚓对土壤中铜、镉形态及高丹草生物有效性的影响[J]. 应用与环境生物学报, 2007, 13(2): 209-214.

[41] Geisler-Lee J, Wang Q, Yao Y, et al. Phytotoxicity, accumulation and transport of silver nanoparticles by *Arabidopsis thaliana*[J]. Nanotoxicology, 2013, 7(3): 323-337.